U0247364

群芳谱诠释

〔明〕王象晋 纂辑　　伊钦恒 诠释

中华书局

图书在版编目(CIP)数据

群芳谱诠释/(明)王象晋纂辑;伊钦恒诠释. —北京:中华书局,2024.9
ISBN 978-7-101-16541-8

Ⅰ.群…　Ⅱ.①王…②伊…　Ⅲ.花卉-观赏园艺　Ⅳ.S68

中国国家版本馆 CIP 数据核字(2024)第 029811 号

书　　　名	群芳谱诠释
纂 辑 者	〔明〕王象晋
诠 释 者	伊钦恒
封面作画	曾孝濂
责任编辑	刘　明
文字编辑	汪　煜
装帧设计	毛　淳
责任印制	管　斌
出版发行	中华书局
	(北京市丰台区太平桥西里 38 号　100073)
	http://www.zhbc.com.cn
	E-mail:zhbc@zhbc.com.cn
印　　　刷	北京新华印刷有限公司
版　　　次	2024 年 9 月第 1 版
	2024 年 9 月第 1 次印刷
规　　　格	开本/880×1230 毫米　1/32
	印张 16¼　插页 4　字数 320 千字
印　　　数	1-3000 册
国际书号	ISBN 978-7-101-16541-8
定　　　价	98.00 元

黑颈鹤（曾孝濂 绘）

梅花（曾孝濂 绘）

出版说明

伊钦恒（1905—1985），广东梅县人，我国著名的农史学家、园艺学家。早年入私立南通农科大学学习，后任教于国立中山大学农学院。1952年，进入华南农学院（今华南农业大学前身）佛山分院工作。伊钦恒先生早年主要从事农学、园艺学的研究与教材的编写，晚年则致力于中国农业典籍，特别是园艺典籍的整理研究。先后撰有《实用蔬菜园艺》《实用果树园艺》《花镜校注》《授时通考辑要》《群芳谱诠释》等书。

《群芳谱诠释》是伊先生的代表作之一，对明代王象晋所撰《二如亭群芳谱》一书的整理有开拓意义。书中对《二如亭群芳谱》的谷、蔬、果、茶、竹、桑麻葛、棉、药、木、花、卉、鹤鱼等十二谱的主要条目进行了校订与诠释。全书诠释独到、资料丰富，自问世以来，一直是研读《二如亭群芳谱》、研究中国园艺的必备参考。

为满足读者需要，我局决定重版此书。此次重版，在农业出版社1985年版基础上，重新核对了底本，改正了原书的讹误，补回了被删去的若干条目，并为本书编制了条目索引、拉丁名索引以及新旧学名对照表，以方便读者使用。

中国科学院昆明植物研究所的曾孝濂先生慨允本书使用其创作的画作作为本书的封面以及插画，同所张全星先生对本书现代植物学内容进行了审核，并给予了不少专业意见，使本书增色不少，在此向两位先生表示感谢！

　　限于水平，本书编辑恐仍有未尽之处，敬祈读者批评指正。本书重版工作得到了伊钦恒先生家属的大力支持，在此谨表谢忱！

中华书局编辑部

二〇二三年八月

引　言

　　《群芳谱》是十七世纪初期论述多种作物生产以及与生产有关的一些问题的巨著。没有阅读过这部专书的人会以为《群芳谱》大概是一种论述几种香花、香草之类的书，其实这是一部内容丰富的谱录，专门论述与民生关系最密切、有经济价值或者某种特用的作物。广义的群芳包括许多常见的显花植物。在《群芳谱》里，首先提出的是《谷谱》，然后依次是《蔬谱》、《果谱》、《茶竹谱》、《桑麻棉葛谱》，还有《药谱》、《木谱》、《花谱》、《卉谱》，并附有《鹤鱼谱》等。它是汇集十六世纪以前的古代农学的大成，并结合作者的实践经验与体会写成的，范围相当广阔，论述亦颇为周详，用意极为深远。作者在《天谱小序》里提到："予谱群芳，谱谷，溥粒食也；谱蔬，谱果，谱茶，佐谷也；谱木棉，谱桑、麻、葛，广衣被也；谱药，谱木，谱竹，利用也；谱花，谱卉，傍及鹤鱼，资茂对，邲天机也。"可见作者作谱，旨在为民生着想，服务于人民。在数百年前的明代封建社会，作者尚有这种精神，是难能可贵的。

　　作者王象晋，字荩臣，号康宇，是明代山东济南府新城县（现桓台县）人，万历三十二年（1604年）进士，由中书舍人官至浙江右布政使，以后升任河南按察使。他身居官职，仍时时不忘农本要义，经常找机会到农村了解各种作物栽培措施及生产情况，并亲到现场细心观察体会。

　　他为人正直，得罪了当朝有权势的达官贵人，仕途很不得意。

从 1607—1627 年的 20 年中,他的大部分时间是在原籍经营农业,他特别喜爱种植花卉、果树、蔬菜等园艺作物,专门开辟了一块园地,种植蔬菜几十种、果树十多种和用途很广的竹子,其馀是花卉和草药。他选择的不一定都是奇花异卉,只要生意盎然足供观赏又有实用就可以了。他还试种甘薯,对它的育苗方法,有不少创新,如"剪三叶为一段,插入土中……,二分入土,一分在外"。对甘薯的食用、加工和留种,也作了不少补充。

通过长期的农业生产实践,积累了丰富的农业生产知识,又从古农书中汲取了不少宝贵资料。在此基础上用了十多年时间,编撰了《群芳谱》二十八卷,计四十馀万字,其中重视各种作物性状和形态特征的记述,这是其他农书所不及的。《辞海》生物分册,已将《群芳谱》列入生物学著作中。作者很注意作物名称的订正,纠正了其他农书中一些混淆之处,共订正了作物名称三十多种。迄今为《植物学大辞典》及《中国植物图鉴》所采用,并写明是《群芳谱》首先著录的。

他在所作《群芳谱》的自序里说:"尼父(孔子)有言:吾不如老农,不如老圃。世之耳食者遂哗然曰:'农与圃,小人事也。大人者当剂调二气,冶铸万有,乌用是踶踶者为?'果尔,则陈《豳风》者不必圣,爱菊爱莲者不必贤,税桑田树榛栗者不必称塞渊侈咏歌哉!予性喜种植,斗室傍罗盆草数事,……杂艺蔬茹数十色,树松竹枣杏数十株。……生意郁勃,可觇化机。美实陆离,可充口食。较晴雨,时浇灌,可助天工。培根核,屏蓄翳,可验人事。暇则抽架上农经花史,手录一、二则,以补咨询之所未备。……浅红浓绿间,听松涛,酬鸟语,一切升沉宠辱,直付之花开花落。因取平日所涉历咨询者,类而著之于编。……历十馀寒暑,始克就绪。题之曰'二如亭群芳谱',与同志者共焉。相与怡情,相与育物,相与阜财用而厚民生。即不敢谓调二气,冶万有,其于天地之大生广生,未必无小补云。因思尼父所言,盖恐石隐者流,果于忘世而非厌薄农圃,以为琐事不足为也,请以质诸世之所谓大人者。"

从这篇序里,更可看出作者生平重视农圃,鄙薄五谷不分的所谓大人者,视宦海升沉如花开花落,漠然视之。诚如《山东通志》所称誉的那样,他是济人利物常恐不及,乃爱国爱民、急公好义、关心国计民生的长者。

作者对农业生产很重视,身体力行,而且详实记载,设法推广。兹举数端如下:

万历中,甘薯才自国外传入闽省不久,他得悉近有初次引进与粮食有关的新品种,随即多方设法引入栽培、试验。经过几年反复观察试验,认为可以大力推广,并将试种经验公开出来。例如,种植甘薯的适宜土壤,管理方法以及留种、育苗、繁殖的技术,储藏应注意事项等等。同时特别指出,种植甘薯,可避免蝗螟为害,常年可得到丰产、稳产,其产量可多于种谷物20倍,可充粮食,并可加工酿造及饼饵,鼓励大家种植。另一方面,对于甘薯(亦称番薯)的应用也作了有力说明,指出既可生食,更宜蒸食、煨食,并可切片晒干储藏。可以酿酒及作粥饭、作粉,又可制糕饼、沙谷米等,为用至广。本谱于1621年刻版,随后,徐光启的《农政全书》(1628年初稿,陈子龙于1639年编定)便多方参考,并加以引用宣传。

玉蜀黍也是本谱早期所著录,其时尚称"御麦"。他记载说:"干叶类蜀黍而肥矮,亦似薏苡。苗高三、四尺,六、七月开花。穗苞如拳而长,须如红绒,粒如茨实,大而莹白。花开于顶,实结于节,以其曾经进御,故曰御麦。出西番,旧名番麦。味甘平,调中开胃。磨为面,蒸麦面者少加些须,则色白而开大。根、叶煎汤,治小便淋沥砂石痛不可忍。一名玉蜀黍,一名玉高粱,一名戎菽,实一物也。"记载相当详细。但《农政全书》却记得很简单,只说:"元扈先生曰:'别有一种玉米,或称玉麦,或称玉蜀黍,盖亦从他方得种。'"

又《群芳谱》中的《谷谱》记载有荞麦:"一名荍麦,一名乌麦,一名花荞。茎弱而翘然,易长易收。磨面如麦,故曰荞,而与麦同名。又名甜荞,以别苦荞也。南北皆有之。立秋前后下种,密种则实多,稀则少。八、九月熟,最畏霜。数年来又宜早种,迟则少收。苗高一、二尺,茎空而赤,叶绿如乌桕树叶。开小白花,甚繁密,花落结实三棱,嫩青,老则乌黑。性甘寒无毒。降气宽中,能炼肠胃滓滞,治浊带、泄痢、腹痛、上气之疾。气盛有湿热者宜之。若脾胃虚弱者不宜,多食难消。煮熟日中曝开口,舂取米可作饭。磨为面,滑腻,亚于麦面。北人作煎饼及饼饵日用,以供常食,农人以为御冬之具。南人但作粉饵食。和猪羊肉热食,不过十馀顿即患热风。忌同黄鱼食。"叶亦可茹食。同时,秸可烧灰淋汁熬干取硷,蜜调涂烂痛去面痣。又本谱《田事各款》有:"耕地荞麦二遍,只耕二遍。谚云:'懒汉种荞麦,懒妇种绿豆。'"可知其对荞麦种法及用途研究较为深入。但《农政全书》记载简单,只说:"元扈先生曰:'荞麦,一作荍麦,一作乌麦。烈日曝会开口,去皮取米作饭蒸食之。'"

此外,对其他粮食作物,亦作了有关栽培、管理技术的说明。

这些论述,在《中国农学遗产选集·粮食作物部分》均有转载。由此可见,作者对于作物栽培的研究是较为深入细致的。

在果树种植方面,作者从实践中认识到"地不厌高,土肥为上。锄不厌数,土松为良"。而在果树繁育方面,提出"凡果树以博接为妙,取其速肖也。枝条必择其美,宜宿条向阳者,气壮而茂。嫩条阴弱难成。根枝各从其类"。说明嫁接可以改良品质,可以引起定向变异,可以培育新品种。接穗要选择品质好、向阳强壮的枝条,而且根枝要各从其类。当时已提出六种接博方法:一为"身接",即一般大树采用高接法;二为"根接",贴小宜近地;三为"皮接",即腹接法;四为"枝接",同一砧木可接几个枝条;五为"靥接",即芽接中的盾形芽接,亦即嵌芽接;六为"搭接",即适用于砧与接穗粗细相近的嫁接。还谈到挨接与压条及扦插诸法,详细说明了有关的技术操作,指出在特殊情况下,播种实生苗亦有好处。

他对观赏植物品名做了许多观察试验,并首先著录了不少品名,见于《中国植物图鉴》及《植物学大辞典》所载的,即有三十多种,就中如蔷薇科的玫瑰、贴梗海棠、棠棣、垂丝海棠、木香;木兰科的玉兰;菊科的翠菊;芭蕉科的美人蕉;葫芦科的番南瓜、扁蒲;旋花科的番薯;吉祥草科的吉祥草;夹竹桃科的夹竹桃;千屈菜科的紫薇;秋海棠科的秋海棠;金丝桃科的金丝桃;锦葵科的锦葵;鼠李科的蘡薁;豆科的金雀花;罂粟科的丽春花;毛茛科的秋牡丹;石竹科的石竹;桑科的天仙果;泽泻科的苦草;兰科的建兰;禾本科的茭白(茭笋)等等。

各分谱的首端,均写有分谱的"小序",旨在简介该谱的概貌。接着是"首简",是概括本谱的要点,包含具有指导意义的内容。

不过古人对此亦不够谨严。例如《谷谱首简》，只转载《亢仓子》的《农道》与《吕览》的《审时》，作了删节和补充。《蔬谱首简》转载了洪舜俞的《老圃赋》等空泛文章。《果谱首简》则编列一些传说附会。《木谱小序》及《木谱首简》亦多迂腐、不切实际之词。《花谱首简》则收集"花神"、"花姑"、"卫花"等传说，附会封建迷信的糟粕。兹本着"古为今用、推陈出新"的方针，将《蔬谱》《果谱》《木谱》《花谱》等首简，改写为有关栽培管理的技术措施等适于实用的内容。

《群芳谱》在《明史·艺文志》农家类已有著录，列在《四库全书总目》谱录存目中，但卷数作三十。《郑堂读书记》著录也作三十卷，而书名冠以"二如亭"三字。根据作者的自序，本书原名的确如郑堂著录，只是一般都简称《群芳谱》。至于卷数不同，则是各种版本的分卷不一致的缘故。《四库全书》所用的本子和郑堂所见的本子，虽然都是三十卷，但分卷编排并不相同。汲古阁及作者之孙王士禛的《渔洋山人著述》中，所载的又都是二十八卷。不过，分卷虽然互异，内容则完全相同。作者自称喜爱种植，庭园中遍植花木，时时手录农经、花史，以补咨询之不足。如此前后记录了十几年才写成此书。书末有作者的自跋，题"天启辛酉"（1621 年），大约是定稿之后所写。书中每一植物项下大都记述有艺植（包括栽培、管理、留种、加工、制用等措施），系参考前人的著述并结合个人经验写成的，确实包括有不少可供参考的资料。

本书流传很广，历来都有许多刻本。现在可见到的，除汲古阁本和其他明代刻本以及《渔洋全集》刻本外，还有虎邱礼宗书院及沙村草堂、书业古讲堂、文富堂等刻本。有的没有作者的自跋,有的有毛凤苞、陈继儒、朱国盛或张溥的序。诠释时是采用虎邱礼宗书院及沙村草堂本参阅的。

《群芳谱》内容极为丰富,论述作物种类亦多。诠释工作是本着"取其精华、去其糟粕"的原则,采取吸收、批判的态度,审慎进行的。在十七世纪初,我国天文科学尚属幼稚时代,因此,对于《天谱》《岁谱》、日、月、星、汉以及风、云、气、虹、霓、雷、电、雨、露、雾、雹、霜、雪等均从略。所有五行六气、休征、咎征、占验、占候等,概行剔除。

在选择过程中,增加若干与原作物名称有连带关系的条目,如《果谱》棠梨以下增加华南四大名果之一的凤梨(菠萝),桃以下增加营养价值极高、大有发展前途并已引起国际间重视的猕猴桃,木瓜以下增加世界热带名果之一的番木瓜;《蔬谱》茄子以下增加营养价值高、栽培容易的番茄(华北叫西红柿),擘蓝以下增加甘蓝与芥蓝(芥兰);《花谱》芍药以下增加大丽菊,由于有的地区每将大丽菊混称为芍药,故列在一处,容易鉴别。

原列入《果谱》的百合、莲藕、芋、芡菱、慈姑等改列入《蔬谱》。

《蔬谱》所列蔓菁等 22 种蔬菜栽培管理技术措施以及《果谱》所列梅等 31 种果树,已为《授时通考》蔬部、果部所转载,亦可见其对本谱的依重。

各谱的作物中,有错列的情况。如将锦荔枝(按即苦瓜)错列入《果谱》;原列入《卉谱》的蕉,主要是供作水果的,应列入《果谱》;原列入《卉谱》的芡草,是生产茭笋的,应改列《蔬谱》为合;菠萝蜜又名树菠萝,古人以其果形大稍似冬瓜,而错列入《蔬谱》,

应改列入《果谱》，并附芒果一种；《谷谱》里的雕胡与《卉谱》里的
茭草实同一物，已合并改写为茭白，而列入《蔬谱》。*

在新版《辞海》生物分册的生物学著作部分，已把《群芳谱》
列入，且对作者评价说：在作者辞官的岁月中，"过着优闲的剥削
生活。平日家居，督率佣仆在田园里栽植谷、蔬、花、果、竹木、桑
麻、药草等，积累一些知识……成书于天启元年（1621 年）。内分
天、岁、谷、蔬、果、茶竹、桑麻葛苎、药、木、花、卉、鹤鱼等十二个谱。
对每一植物，都详叙形态特征，是此书的特点"。

本谱每种作物下面列有"丽藻"一目，选录了历代文人雅士有
关果、木、花、卉的诗词，今天看来作用不大，已节略，以免冲淡了与
农事措施有关的问题。

我原来觉得本谱卷末的《卉谱》《鹤鱼谱》关系不大，不合实
用，准备削简。梁中民同志适来谈及，认为缺少两谱，便不成完整
的文献，热诚地为我完成了最后的两谱。虎邱礼宗书院版脱落了
《花谱》中的萱、葵、兰、菊四种，梁同志更热情地与广州中山图书
馆联系，找到沙村草堂版，并作了缮录，完成了这部分的工作。谨
在此深表谢忱。

晧儿执笔诠释《木谱》上半部分及《药谱》全部，张超、黄梅
清、冯灿明婿、昀女等同志负责缮写及校对工作，并此致意。

佛山市图书馆襄助借阅礼宗书院《群芳谱》。

广州中山图书馆借阅沙村草堂《群芳谱》。

---

*编者注：选释者所言蕉由《卉谱》列入《果谱》，据原书虽改列，但仍于《卉谱》
保留蕉。又言雕胡与茭草合并，据原书并未合并，仍于《谷谱》中保留雕胡
米，而于《蔬谱》中列出菰，菰即选释者所言之茭白。

承山东省图书馆惠寄《山东通志》及《新城县志》部分有关复制版,在此一并致谢。

粤梅　伊钦恒谨识

1982 年 7 月

目　录

二如亭群芳谱叙

尼父有言，吾不如老农，不如老圃。世之耳食者遂哗然曰："农与圃，小人事也。大人者当剂调二气，冶铸万有，乌用是龊龊者为？"果尔，则陈《豳风》者不必圣，爱菊爱莲者不必贤，税桑田树榛栗者不必称塞渊侈咏歌哉！予性喜种植，斗室傍罗盆草数事，瓦钵内蓄文鱼数头，薄田百亩，足供饘粥。郭门外有园一区，题以"涉趣"，中为亭，颜以"二如"，杂艺蔬茹数十色，树松竹枣杏数十株，植杂草野花数十器，种不必奇异，第取其生意郁勃，可觇化机；美实陆离，可充口食；较晴雨，时浇灌，可助天工；培根核，屏葍蕦，可验人事。暇则抽架上农经花史，手录一、二则，以补咨询之所未备。每花明柳媚，日丽风和，携斗酒，摘畦蔬，偕一、二老友，话十馀年前陈事。醉则偃仰于花茵莎榻浅红浓绿间，听松涛，酬鸟语，一切升沉宠辱，直付之花开花落。因取平日所涉历咨询者，类而著之于编，而又冠以天时岁令，以便从事。历十馀寒暑，始克就绪。题之曰"二如亭群芳谱"，与同志者共焉。相与怡情，相与育物，相与阜财用而厚民生。即不敢谓调二气，冶万有，其于天地之大生广生，未必无小补云。因思尼父所言，盖恐石隐者流，果于忘世而非厌薄农圃，以为琐事不足为也，请以质诸世之所谓大人者。

好生居士王象晋荩臣甫题

小　序

　　谱群芳者何？凡两间之夭乔，无不卉也，无不芳也。故桐以乳掩，莍以旗蔽。稻、麻、黍、麦，落其获者，称以穗；榛、楩、楠、梓，取其林者，著以本。之数者孰非含花吐萼，秀造化之精英也邪？谱之者，叙其类也。客有嘲之而且诘曰：品物有万，不出一色一香，小者南强，大者北胜，业已九命而荣辱之矣。甚且宠木为仙，尊草为帝，呼花为圣人，奚啻氏锦心而郎绣腹也。段记室之《广植》，足裨见闻；陆师农之《埤雅》，寔资荒漏。则兹编者，弗既赘疣乎？予曰：吁胡！尔见之迳庭也。锦洞之天不设，谁悟蕉迷；红云之宴久虚，畴司花禁？是以扬雄之旧菜增伽，小菰非误；崔融之瓦松作赋，昨叶何殊。人第谓草木显绣蟠红而颜青，岂知萑苇乎性乃霜辛而露酸矣。新城宪伯王公，尝读氾氏之书，深悲无稷；每稽尹君之录，差可征葵。嵇含仅状夫南方，张骞略采乎西域，此虽后圃云未能灌园，诚不足也。况彻六合之外，八荒之表乎？是愿世有神瓜，人为桂父。冥郁荫如何之树，翠矣餐重思之米，堕英舞山香之曲，相赠殿娄尾之春。其为书也，显集幽通，横罄竖穷，鼓吹农皇，臣妾国风，碧杜红薇，男紫女青，葳蕤拟貌。糯稬成形，湖目思莲，醵面咒桃，引之齐赵，鼻选舌交。至鞞蟄之佉，曼殊之沙，可散而可贯者，皆佛国鹿苑之华，又存而不论者也。更若文章之树珑璁，科名之草茸茸，调五宜而进百益者，无非九锡吾之王公。谨叙。

海虞门人毛凤苞顿首拜撰

农事岁谱

农家年中每月主要作业是从《岁谱》里录出的,大都是根据华北地区气候和风土情况订制的,今录在这里,以供参考。*

正月 立春 雨水

种植:大麦、杏、豌豆、芋。

移栽:地棠、栀子、木香、紫薇、白薇、玫瑰、银杏、樱桃、锦带、榆、柏、金雀、木兰、柳、松、槐。

贴接:腊梅、梅、黄蔷薇。

插压:木樨、杜鹃。

壅培:石榴、梨、海棠。

浇灌:桃、李、瑞香、杏。

整顿:烧荒田,耕禾地,烧苜蓿根,理蔬畦,葺室宇,垄瓜畦,整农具,筑墙堵,修花圃,粪田亩,理篱堑。

修树:诸果树修去低小乱枝,勿分木力,则结子肥大。

稼树:元旦五鼓,以斧斫诸果树,则结子繁而不落,辰日亦可。李树、石榴以石安丫中、堆根下,则结子繁。

驱虫:元旦鸡鸣时,以火照诸树,无虫,此时虫尚未出,凡聚叶腐枝皆虫所穴,宜去之。

收采:络石、菊根。

---

*编者注:本部分是作者自《岁谱》中辑录出的十二月农事,每月农事各目下的小项原次序前后颠倒,并有脱误,现依《二如亭群芳谱》原貌加以调整订正。

二月　惊蛰　春分

种植：谷、黍、稷、蜀秫、韭、椒、葱、夏萝卜、梨、瓟子、王瓜、丝
　　　瓜、菠菜、苦荬。苋，宜晦日。山药、莴苣、稍瓜、茼蒿、
　　　生菜、茄、冬瓜、紫苏，四月芥、西瓜、香芋、银杏、十样
　　　锦、落花生、芝麻、莲藕、枸杞、剪春罗、黄精、决明、松、
　　　萱草、山丹、蜀葵、罂粟、荼䕷、柏、桑椹、红花、丽春、黄
　　　葵、金钱、剪秋罗、金凤、络麻、老少年。

移栽：萆麻子、映山红、茄、莴苣、各色藤菜、甘露、雪梅堆、栗、
　　　百合、苦荬、蕹、石榴、十姊妹、慈菰、木瓜、茱萸、甘菊、
　　　松、梧桐、葡萄、薄荷、黄精、牛旁、槐、紫荆、木槿、芙蓉、
　　　萱花、凌霄、杜鹃、桑、海棠、山茶、玉簪、迎春、玫瑰、菊、
　　　石竹、望江南、苎麻、芭蕉。

贴接：桃、李、梨、花红、梅、杏、柑、海棠、丁香、柿、栗、桑。

插压：石榴、芙蓉、栀子、梨、葡萄、瑞香、木槿、蔷薇。

壅培：木樨。

灌溉：樱桃、橙、芍药、牡丹、橘、瑞香。

收采：蒌蒿、蕨芽、板荞荞、笔管菜、白芨、荠菜、百合、马兰头、
　　　蚕豆苗、甘遂、薯蓣、王不留行、黄精、榆皮、人参、枸杞、
　　　蒲公英、黄蘖、云母、薹菜、白石英、石苇叶、白芷、白芨、
　　　甘草、紫石英、狼毒根、麝香、猪苓、地黄、金银花、麦门
　　　冬、白术、当归、知母、天门冬、苎根、牛膝、香附、茯苓、
　　　茯神、黄连、狗脊、藁本、茅香根、升麻、黄芩、紫苑、草
　　　薢、金雀花、前胡、防己、大黄、巴戟天、秦皮、地榆、天
　　　雄、杜仲、丁香、柴胡、楝实、蓬蒿、桂皮、虎杖。

整顿：去树裹,架葡萄。

三月　清明　谷雨

种植：谷、芝麻、薏苡、棉花、白扁豆、黍、黑豆、御麦、豇豆、落花生、蚕豆、刀豆、红豆、葫芦、山药、茄、生菜、菠菜、菘菜、茼蒿、萝卜、葱、穄、瓠子、茭笋、稍瓜、沿篱、香芋、韭、王瓜、南瓜、冬瓜、菜瓜、襄荷、茴香、姜、大豆、银杏、葡萄、蘿、荸荠、芋、香菜、樱桃、枸杞、椒、土瓜、白苏、天茄、望江南、梨、菊、紫苏、薄荷、玫瑰、十样锦、藕、栗、牛旁、凤仙、山丹、红花、紫草、薇、百谷、鸡冠、石竹、罂粟、商陆、葵、独帚、䒀麻子、决明、麻。

移植：石榴、地黄、梧桐、杨梅、木瓜、海棠、柑、橘、夜合、冬青、宝相、桧、桑、橙、菱、木槿、丽春、玉簪、杉、槐、芙蓉、蔷薇、秋海棠、芭蕉、楮、栀子、木香、醒头香、紫萼。

贴接：柑、柚。柿接桃。香橼。桐接栗。橙、橘。杏接梅。玉兰、枣。

收采：藤花、椿芽、笔管菜、䕏蒿、蒲公英、槐芽、菊芽、金雀花、荠菜、黄楝芽、蕨芽、葵菜、藜菜、看麦娘、黄连芽、灰苋、薇菜、斜蒿、老鹳嘴、蓬蒿芽、葛花、水苔、紫草、车前叶、牛舌科、牛膝、王瓜、钩藤、天茄苗、雁儿肠、厚朴、紫花、荆芥、碎米荠、天门冬、狗脊、土瓜、泽兰、川芎芽、紫参根、芫花、白附子、紫葛根皮、紫背浮萍、防葵、谷精草、青箱茎叶、泽漆茎叶、夏枯草、芫荑实、小水萍、玄参、枣、羊踯躅、白薇根、防风芽、白术、艾、桑寄生、黄芩、射干根。

整顿：开沟渠，修蜂窝，犁秧田，理花棚，收蚕沙、虎刺，浸稻，出菖蒲，锄蒜，拔蓬。

四月　立夏　小满

种植：秋王瓜、芝麻、萝卜、扁豆、粟、麦门冬、小豆、丝瓜、枇杷、葱、紫苏、菱、苋、瑞香、芡。

移植：石菖蒲、樱桃、茄、秋牡丹、枇杷、葱、秋海棠、茉莉换盆、栀子、翠云草、菊上盆、芋。

压插：玉绣毬、玉蝴蝶、木樨、栀子、锦葵、木香、荼蘼、芙蓉。

收采：豨莶草、菜子、白藓根、蜜蜂、楮实子、析冥子、蚕豆、柴胡、笋干、黄葵花、桃杏仁、红花、蕤仁、桑椹、苍耳子。

整顿：防露伤麦，晒皮毡，锄葱，晒书画，筑堤防，伐树，斫楮皮，收殭蚕、素馨，剪菖蒲，埋蚕沙，络麻。

五月　芒种　夏至

种植：晚大豆、夏萝卜、黑豆、黄豆、晚菘菜、赤豆、菉豆、瓜。

移植：枇杷、月季、荼蘼、石榴、锦带、蔷薇、木香、樱桃、瑞香、宝香、棠棣、玉堂春、西河柳、橘、素馨、剪春萝、竹、橙。

收采：菖蒲、卷柏、蒜薹、麦、诸菜子、马齿苋、青箱子、藤花、苋、天茄苗、白花菜、大小蓟、旋复花、红花、萱花、杜仲、蛇床子、酸浆草、黄柏、槐花、浮萍、蒲公英、马兰子、车前子、金银花、天麻、艾、益母草、豨莶草、罂粟子、麻黄、水仙根、泽泻。

整顿：割苎麻，采练葛。斫桑枝，粪桑。

六月　小暑　大暑

种植：秋赤豆、豇豆、萝卜、胡萝卜、秋菉豆、芥菜、晚瓜、蔓菁、素馨、小蒜。

壅培：麦冬、橙、橘。锄芋、韭。

灌溉：菊、牡丹、芍药、茉莉。

收采：花椒、刘苎、砍竹、青箱子、紫草、槐花、耵藕、天仙子、莲须、莲房、松香、杜仲、凤仙花茎、莲花、茅根、干漆、藿香、白芷、葛、菱科、苜蓿、灯草、郁李根、野白茅、苋菜、苇草、菌、旋覆花、眼子菜、地踏菜、泽泻、野荸荠。

整顿：晒书画，锄竹园，耕麦地，晒衣物，沤麻。

七月　立秋　处暑

种艺：萝卜、白菜、芜菁、芥菜、秋黄瓜、甜菜、菠菜、莴苣、芫荽、水仙根、苦荬、晚红花、牛膝、葱、乌菘、腊梅子、蜀葵、韭。

浇灌：桂树。忌浇橙橘粪。

收采：胡桃、干姜、蘑菇、斑猫、浮萍、楮实、瞿麦。刘蓝、卷柏、海棠、覆盆子、使君子、荜澄茄、麻子、藕、蔓荆子、麻黄茎、白蔷薇。刘苎、芋。石硫黄、马鞭草、露蜂房、石龙芮皮、鼠尾草、甜瓜蒂、天门冬、眼子菜、旋覆花、白蒺藜、荷叶、槐实、藿香、五加皮、菱、芡、石苇、蒺藜、漆。

整顿：沤晚麻，修城廓，翻麦地，伐木，修宫室，坏墙堵，修猪圈，斫竹。

八月　白露　秋分

种植：箭干菜、豌豆、蚕豆、莴苣、麦、水晶葱、萝卜、芥菜、蔓菁、蒜、春菜、菠菜、油菜、白菜、藠、红花、乌菘、胡荽、胡麻、鸡头、葱、木瓜、罂粟、黄矮菜、芍药、菱。

移植：樱桃、橘、李、柚、枇杷、柑、杏、梅、银杏、桃、栀子、芍药、枸杞、木樨、梧桐、橙、牡丹、玫瑰、丁香、木笔、石菊、百合、水仙、山丹。

压插：玫瑰、蔷薇。

贴接：牡丹、绿萼梅、海棠。

浇灌：牡丹、瑞香、芍药，并宜猪粪。

收采：割谷、薯实根、豇豆、石楠实、大枣、狼毒、牛膝、韭花、金毛狗脊、人参、酸枣、山药、桔梗、牡丹皮根、薏苡、草龙胆、白敛、当归、白蒺藜、升麻、芍药根、柴胡、黄芩、乌药根、秦艽、生地、泽泻、巴戟天、白藓皮、甘草、白术、黄连、萱草根、香附子、百合、知母、玄参、天门冬、山豆根、地榆、防己、前胡、茅香苗、胡黄连、萆薢、桂皮、茯神、苎根、蜀椒、椒、甘松、茯苓、丁香、猪苓、雷丸、王不留行根苗花子、蓝种、秦皮、虎杖、巴豆、角蒿。

整顿：修牡丹，芟芍药，菊加土，放芋根，锄竹园，兰换盆。刘苎，忌浇橙橘。

九月　寒露　霜降

种艺：小麦、大麦、油菜、豌豆、水仙、春菜、芫荽、乌松、莴苣、白菜、诸斑冬瓜、蒜、芥菜、罂粟。

移植：牡丹、芍药、萱草、山茶、腊梅、丽春、玫瑰、竹，诸果木。

收采：五倍子、五谷种、菊花、蔷薇子、芝麻秆、木瓜、干姜、兔丝、大豆、杜仲、白术、粟、厚朴、芎藭、橄榄、茱萸、栀子。皂荚、皂角、茶子、豆秸、茄种、松节、抓抓儿。

整顿：采菊花，锄席草，掘姜，粪麦门冬。刘紫草，收子。刘苎帚,掘芋,收苎麻子,去荷叶缸水。

十月 立冬 小雪

种艺:豌豆、油菜、葵菜、冬芥菜、麦、菠菜、乌菘、萱草、冬白菜、黄芪、防风。

移植:五味子、黄精、梅、柑、五加皮、菊、橙、橘。

收采:枸杞、枳壳、山茱萸、芎䓖、五加皮根、栀子、皂荚、麦门冬、苦参、白豆蔻、贝母、牛膝、女贞叶、桑叶、决明子、陈皮、地黄、山药子、槐实、芙蓉花、苎根、冬瓜、栝蒌根、蕨根、甘蔗、山芋。

浇培:橙橘诸果。包裹诸畏寒花果。墩诸畏寒花木根上土。壅苎麻,壅茴香根。

整顿:墐北牖,造牛衣。窖萝藦、芙蓉、兰、菊、菖蒲、夹竹桃、虎刺。耘麦,养萝卜,种莙荙菜。泥饰牛马屋。筑墙。

十一月 大雪 冬至

种艺:松、杉、桧、柏、春菜、菠菜、箭干菜、黄矮菜、茼蒿、莴苣。

移植:松、腊梅、桧。

壅培:石榴、牡丹、椒、瑞香、芙蓉、木香、竹、芍药、麦冬。

收采:冬葵子、陈皮、款冬花、鬼箭。

整顿:浇海棠,修荼蘼,芟蔷薇,芟木香,锄油菜。修房屋,刈牛草,埋雪水。修池塘,酵沟泥。收牛粪。

十二月 小寒 大寒

种艺:檾麻、茼蒿、菠菜、栽桑。

移植:山茶、玉梅、海棠、柳。

压插:石榴、蔷薇、十姊妹、月季、木香。

收采：大戟根节、穀树皮、款冬花、木兰皮、鬼箭、忍冬藤、冬葵
　　　子、蒲公英、菖蒲。

壅培：橘、韭、桑、苎麻、竹、芍药。

整顿：垦秧田，烧荒，浴蚕种，修杞柳，修桑，干蒿，伐竹木，磨
　　　桑叶，造农具，挑沟塘，砍穀树，刈茅草，葺园篱，醡河
　　　泥，贮雪水，贮麻油。

群芳谱诠释之一

*

谷 谱

谷谱小序

　　《说文》曰："谷,善也,养也。"谷以养人,较蔬果尤为切要,故诸谱以谷为先。《尔雅翼》云："梁者,黍稷之总名;稻者,溉种之总名;菽者,众豆之总名。三谷各二十,蔬果之属,助谷各二十,是为百谷。"《孝经援神契》曰："黄白土宜禾,黑墳宜麦,赤土宜粟,汙泉宜稻。山田宜强苗,泽田宜弱苗,良田宜种晚,薄田宜种早。"良田非独宜晚,早亦无害,薄田晚种必不成实。诚能顺天时,因地宜,相继以生成,相资以利用,又何匮乏之足虑哉?作谷谱。

济南王象晋荩臣甫题

【诠释】

　　谷是百谷的总称,也就是禾谷类、粟谷类和豆类的总称。我国的作物总类是很多的,各类作物中还有许多不同品种,这是我国农民和农学家世世代代辛勤培育的结果。根据《格物总论》解释谷字的含义,古代所谓三谷,是指稻、粱、菽;所谓五谷,是指麻(脂麻)、黍、稷、麦、菽,亦作稻、粱、稷、麦、菽。六谷是指稻、黍、稷、粱、麦、苽(雕米)。九谷是指稷、秫、黍、稻、麻、大豆、小豆、大麦、小麦等。所谓百谷,此谷字包括各种粮食作物。

　　禾本科谷类的栽培植物,是人类重要的粮食作物。它们在我国各地尚保存着数以万计的不同变异种类和生态类型以及某些野生类型。这都足以说明中国确是农业起源的中心之一。我国的一些农作物可以追溯到 7000 年前的新石器时期,那时我们的祖先已经在东亚辽阔的土地上播种"百谷果蔬"。我国劳动人民祖祖辈辈在从采集到栽培的漫长岁月中,选择和培育过大量的栽培植物种类。至今我们还可以看到的有:具有古老历史的多种多样的稻麦品种,以及优质的大豆、高粱等等。

谷谱首简

原首简系转载《亢仓子》的《农道》,《吕览》的《审时》《任地》《辨土》,《管子》的《地员》《金粟》,氾胜之的《论耕》,苏轼的《稼说》诸篇,都是论述农业生产之作。现仅选录汉代农学家氾胜之《论耕》一篇,尚有《田事各款》及《田事宜忌》,均从略。

氾胜之 *《论耕》

凡耕之本,在于趋时,和土〔一〕,务粪泽〔二〕,早锄早获。春冻解,地气始通,土一和解〔三〕。夏至,天气始暑,阴气始盛,土复解。夏至后九十日,昼夜分,天地气和。以此时耕田,一而当五,名曰膏泽〔四〕,皆得时功。春,地气通,可耕坚硬强地黑垆土,辄平摩其块,以生草,草生复耕之。天有小雨,复耕和之勿令有块,以待时,所谓强土而弱之也〔五〕。春候地气始通,椓橛木长尺二寸,埋尺见其二寸。立春后,土块散上没橛,陈根可拔。此时。二十日以后和气去,即土刚。以此时耕,一而当四;和气去耕,四不当一。杏始华荣,辄耕轻土弱土,望杏花落复耕,耕辄蔺之。草生,有雨泽,耕重蔺之。土甚轻者,以牛羊践之。如此则土强,此谓弱土而强之也。春气未通,则土历适不保泽,终岁不宜稼,非粪不解。慎无旱耕!须草生。至可种时,有雨即种土相亲,苗独生,草秽烂,皆成良田,此一耕而当五也。不如此而旱耕,块硬,苗秽同孔出,不可锄治,反为败田。秋,无雨而耕,绝土气,土坚垎,名曰腊田。及盛冬耕,泄阴气,土枯燥,名曰脯田。脯田与腊田,皆伤。田,二岁不起稼,则一岁休之。凡爱田,常以五月耕,六月再耕,七月勿耕,谨摩平以待种时。五月耕一当三,六月耕一当再,若七月耕五不当一。冬雨雪止,辄以蔺之;掩地雪,勿使从风飘去。后雪复蔺之,则立春保泽,冻虫死,来年宜稼。得时之和,适地之宜[六],田虽薄恶,收可亩十石。

【诠释】

《耕田第一》篇(即《论耕》一篇)主要是介绍播种前的耕作技术及原理,其中涉及到耕作学和土壤学的一些带有根本性的问题。

〔一〕趋时,同"趣时",意思是赶上季节。和土,使土壤松软。

〔二〕务粪泽,即做到保肥、保水。务,力求、必须。粪和泽都是名词,这里作动词用。

〔三〕地气始通,土一和解:地气指土壤中温度、湿度。春天解冻,土温开始上升,土壤经过冻结与解冻,交替膨胀收缩,因而变得疏松。

〔四〕膏泽,形容土壤湿润墒情好。夏至后 90 日是秋分,气候适宜,耕一遍抵得五遍。

〔五〕强土而弱之:使板结地变得松软一些。

〔六〕得时之和,适地之宜:得到适宜的气候和土壤条件。时,季节、时令,这里指气候。和,调和、适宜。宜,相宜、适宜。

* 氾胜之(公元前一世纪人)是汉代的农学名家,在指导农业生产方面富有经验。刘向《别录》说:"使教田三辅(京畿附近地区),有好事者师之,徙为御史。"又《晋书·食货志》记载:"汉遣轻骑使者氾胜之督三辅种麦,而关中遂穰。"氾氏根据自己的生产实践并总结劳动人民的经验所写成的《氾胜之书》十八篇,是我国最古的农学专著。但很不幸,这部著作在北宋初已散佚了。从北魏贾思勰《齐民要术》及《太平御览》两书征引的一鳞片爪看,《氾胜之书》包括了农业科学的整个领域,有耕种、操作规则及其所根据的原理,有选种、保纯方法,有种子储藏处理与播种前的处理。除《耕田》《收种》两篇之外,其它各篇分别论述晚禾、麦、稗、黍、大豆、小豆、麻(雌株)、枲(雄株)、瓠、桑、芋的个别栽培方法。他在《耕田第一》一文中所阐述的耕种基本原则是:趋时和土,务粪泽,早锄早获,即应争取时间调和土地,注意肥料供给,早耕耘早收获,而且种植要依本地情况而定。这是科学的实事求是的态度。《氾胜之书》是我国北部干旱地区耕种技术的极其珍贵的经验总结。虽大部失传,但仍保存下来一些有份量的内容,算是不幸中的大幸。

谷　谱

1. 麦

一名来，俗称小麦。秋种厚狸，谓之麦苗。生如韭，成似稻，高二、三尺，实居壳中，芒生壳上，生青熟黄。秋种夏熟，具四时中和之气，兼寒热温凉之性，继绝续乏，为利甚普，故为五谷之贵。亦可春种至夏便收，然不及秋种者。性有南北之异。北地燥，冬多雪，春少雨，麦昼花，薄皮多面，食之宜人。南方卑湿，冬无雪，春多雨，麦受卑湿之气，又夜花，食之生热，腹痛难消。且鱼稻宜江淮，羊面宜河洛，亦地气使然也。北麦固佳，陈者更良。《说文》云："麦属金，金旺而生，火旺而死。"他如燕麦、篇麦、雀麦、荞麦，皆殊形异性，至瞿麦则药名耳。

种麦：八月白露节后逢上戊为上时，中戊为中时，下戊为下时。种须简成实者，棉子油拌过，则无虫而耐旱。大约杏多则不蛀，宜肥地，土欲细，沟欲深，种欲匀，喜粪，有雨佳。谚云："无雨莫种麦。"又云："麦怕胎里旱。"又云："要吃面，泥里缠。"春雨更宜。谚云："麦收三月雨。"春间锄一遍，收子多。若三春有雨，入夏时有微风，此大有之年也。谚云："麦秀风摇。"初种忌戊日。谚云："无灰不种麦，两经社日佳。"以灰粪拌种妙。

【诠释】

通称麦。《诗经·鄘风》:"爰采麦矣,沫之北矣。"可知栽培历史悠久。小麦之名始见于《名医别录》,系禾本科越年生或一年生草本,学名 *Triticum aestivum*。与大麦相似,惟芒较短而少。小穗通常由4~5朵花合成,两侧生船形的颖。果实为颖果。果实供食用,秆可编草帽或制纸。

我国疆域广阔,南方高温多湿,北方各地较干燥。本篇多从传论附会,因此有"南方卑湿,冬无雪,春多雨,麦受卑湿之气,又夜花,食之生热,腹痛难消"的不科学的臆说。古人以为南人不宜多食麦,这完全是没有科学根据的荒谬传说。作者没有进行分析研究,因此对麦有些错误解释。这是由于当时科学水平低、封建迷信占上风所致。其实,麦为人类主要食料,且营养亦比大米为高。同时麦在寒、温、热三带都适宜栽培,尤宜于温带。故我国种植小麦,南北各省皆宜。而水稻性喜湿热,黄河以南即难得良好生长。同时麦为旱地作物,栽培作业亦不若水稻费工。将来扩大耕地,利用机耕,实行大农制度,亦以发展小麦为有利。据近年统计,小麦供应亦远较水稻为广。本谱所记小麦情况完全不符合事实,殊不足信。

欧美各国及我国北方数省均以小麦为主要粮食,近几年来南方各省食面及麦粉制品亦日渐普遍。很久以来,欧美各国人士就有"小麦是粮食之主"的论断。

2. 大麦

一名牟麦,一作䴹。茎叶与小麦相似,但茎微粗,叶微

大,色深青,而外如白粉。芒长,壳与粒相粘,未易脱。小麦
磨面作饼饵食,大麦止堪碾米作粥饭及喂马用,此其所异
也。性平凉滑腻。作饭宽中下气,煮粥甚滑,磨面作酱甚甘
美。春秋皆可种。《阴阳书》曰:"大麦生于杏,二百日秀,秀
后五十日成。生于亥,壮于卯,长于辰,老于巳,死于午,恶于
戌,种忌子丑。"他如穬麦、赤麦、青稞麦、黑穬麦,大抵与大麦
一类而异种。

【诠释】

　　大麦是禾本科大麦属一年生或越年生草本,学名 *Hordeum
vulgare*。能直立,高 1~1.3 米。茎中空,有明显的节。叶细长而
尖,有平行脉,下部成鞘状。《植物名实图考》载:"大麦北地为粥,
极滑。初熟时,用碾半破,和糖食之,曰碾粘子。为面、为饧、为酒,
用至广大。小麦用殊而苗相类。大麦叶肥,小麦叶瘦。大麦芒上
束,小麦芒旁散。"这些是大麦与小麦的区别。

　　燕麦茎高 1 米起,叶细长而尖,与大麦茎相似。5 月间茎梢抽
生稍疏的大穗,微生下垂的花,绿色。花后结实,有细长的芒。学
名 *Avena sativa*。栽培种,麦粒多供制麦片用。

3. 稷

　　一名穄,可供祭。一名粢。《礼》称明粢。关西谓之糜,冀北
谓之䅟。苗似芦,茎高三、四尺,有毛。结子成枝而疏散,外
有薄壳,粒如粟而光滑,色红黄。米似粟米而稍大,色黄鲜。

麦后先诸米熟,炊饭疏爽香美,故以供祭。食之益气、安中、宜脾、利胃,凉血解暑,压丹石毒,属土脾之谷也。脾病宜食,多食发冷病,忌与瓠子、附子同食。三月种,耘四遍,七月熟。四、五月亦可种,但收少迟耳。刈穄欲早,八、九分熟便刈,少迟,遇风即落。

4. 黍

一名秬,黑黍。一名秠。一稃二米。种植苗穗与稷同宜肥地,多收。《说文》云:"黍,暑也。当暑而生,暑尽而获。"《六书精蕴》云:"禾下从氽,象细粒散垂之形,有黄、白、黎三色。米皆黄,比粟微大。北人呼为黄米,属火。南方之谷性温。益气补中,久食令人多热,小儿忌食。"他如牛黍、燕颔、马革、驴皮、稻尾、大黑黍、成赤黍,皆黍之异名也。刈后乘湿即打则稃易脱。迟则稃着粒上,难脱。

【诠释】

稷名见苏恭《唐本草经》。李时珍《本草纲目》则称为穄,学名为 *Panicum miliaceum*,一年生草本。稷茎高达 1 米,叶长阔而尖,有粗毛。秋日茎上分生细枝,散生多数花穗,略向下垂,每一小穗由一花所成,有雄蕊,呈绿色。果实呈淡黄白色,比粟粒稍大,有光泽。

稷在先秦及以后的文献中,多与黍并称。古时已认识到黍、稷为一类,认为是比较相近似的作物。由于粟已有粱、禾、谷等名称,显然稷是另一种作物,而不是粟。北魏贾思勰在《齐民要术》中特加注明:"谷者总名,非止百粟也,然今人专以稷为谷,盖俗名之耳。"又他在所列举的38种谷中,也只称粟、谷、粱,而没有称稷的。《直省志书》及宛平县(属河北省)称稷,有黑、白、黄三种,保定、长清也有类似的记载,并说明穄是古代稷的别名。

粟、稷、黍都是耐旱作物,极能适应比较干旱的地区。自殷周以后,一直为我国黄河流域及其以北地区的重要秋收作物,在江南各省则栽培不多。它们在明代仍占作物栽培面积四分之一。明代以后,始逐渐为高粱、玉米(玉蜀黍)、甘薯等作物所代替。就目前而言,黍稷的栽培虽不很多,但粟仍是北方主要粮食作物之一,其重要性仅次于稻麦而已。

由于自然环境特别是气候的变化,因而历代相传有"种谷必杂五种"的说法。就是说一个地区,或是一个农场,要播种两种以上的作物,以防遭到灾害而全部失收。这是《汉书·食货志》所载之经验总结,而为后世农书和群众所极重视的。本谱还提出要早晚品种兼种,不要单种一个品种,也有这个道理。

为了稳定和提高作物的产量,必须考虑前后作物的关系,以避免重茬,调节地力,减少草害,防止病虫害。

稷在古代文献中有穄、秫、穈、明粢诸名称,现今北方一般叫黍子,或糜子,或黍稷并称。实际上黍与稷是有区别的,黍与稷为同科,株形相似,区别在于成熟后子实性质的不同。粘性或糯性的为黍,不粘性或粳性的为稷。考察黍稷发展史,早期只有一种,就是稷。《说文》云:"秫,稷之粘者。稷有粘穄之分,粘者谓之黍,穄者谓之稷。黍稷本一名,因其有粘有穄,遂别分为二名。"

5. 谷

　　粟米之连壳者,本五谷中之一,粱属也。北方直名之曰谷,今因之。脱壳则为粟米,亦曰小米粟,古文作㵵,象穗在禾上之形。盖粱之细者,秆高三、四尺,似蜀秫,秆中空有节,细而矮。叶似芦小而有毛。穗似蒲有毛。颗粒成簇,性咸淡。养脾胃,补虚损,益丹田,利小便,解热毒,陈者尤良,北人日用不可缺者。青粱谷穗有毛,粒青米亦微青,而细于黄白粱。壳粒似青稞而少粗,夏月食之,极清凉。但以味薄色恶,不如黄白粱,故人少种。此谷早熟而收少,作饧清白胜馀米。谚云:"谷三千。"一穗之实至三千颗,言多也。其名或因姓氏地里,或因形似时令,早则有赶麦黄、百日粮、六十日还仓之类,中则有八月黄、老军头之类,晚则有雁头青、寒露粟、铁鞭头之类。又有粱谷、滑谷、白谷、白谷黄米、黄谷白米之类。《齐民要术》云:"夫粟成熟有早晚,苗秆有高下,收获有多寡,性质有强弱,滋味有美恶。总之,顺天时,量地力,则用力少而成功多,任情返道劳而无获。"

【诠释】

　　谷是禾本科一年生草本,或称为粟,学名为 *Setaria italica*,*北方习惯称小米,连壳称谷。《名医别录》已著录,是五谷之一。叶似玉蜀黍而较狭,互生。9月间茎梢排生花穗,密生,多数小花,呈圆

---

*编者注:据《中国植物志》,此学名指粱,而粟为粱之变种,学名为 *Setaria italica* var. *germanica*。

筒形。果实为颖果,小粒状,带黄色,有糯和粳两种,都供食用。

〔附录〕穄子。一名龙爪粟,一名鸭爪稗,北地荒坡处种之。苗叶似谷,至顶抽茎有三棱,开细花。结穗如粟而分数岐,状如鹰爪。子如黍而细,褐色,味涩,稃甚薄。碾米煮粥炊饭、磨面蒸食皆宜,可救荒。

【诠释】

穄子即龙爪稷,又名鸭跖粟,学名 *Eleusine coracana*,高1米许,系禾本科一年生草本。叶狭长。夏日茎梢生穗4~5枝,很肥大,呈绿色。栽培于旱地,性强健,耐旱耐瘠,收获甚多,产量高。粟米磨粉可作糕饼或其他食用,最宜作救荒作物。

6. 稻

一名稌。有粳有糯。粳者硬也,堪作饭作粥,南方以为常食,北方以为佳品。《礼记·祭祀》谓稻为嘉蔬,《周官》有稻人,汉有稻田使者,盖通粳糯而言也。粳即秔也,粳之熟也。晚粳之小者谓之籼,籼熟早谓之早稻。有早、中、晚三熟,水旱二类。南方土下泥涂多,宜水稻;北方地平惟泽土,宜旱稻。种类甚多。其谷之红白、大小不同,芒之有无、长短不同,米之坚松、赤白、紫乌不同,味之香否、软硬不同,性之温凉、寒热不同。大要北粳凉,南粳温;赤粳热,白粳凉,晚白粳寒;新粳热,陈粳凉。叶与梗似小麦,穗似大麦,稃与实不相粘。温中益气,止烦渴,和肠胃。合芡实作粥,益精强志,聪耳明目。其类为香稉、一名香子,粒小色斑,以三十五粒入他米数升,炊之芬芳香美。**小香稻**、赤芒,白粒,其色如玉,食之香美,凡享奠延宾以为上品,出闽中。**雪里拣**、粒大色白,秆软而有芒。**三穗子**、一穗三百馀粒,出湖州。**箭子**、粒细长而白,味甘香,九月熟。稻之上品。**胭脂赤**、香柔而甘者,煮之,作纯赤色,晚稻上品。有一种性不畏卤,可当咸湖,近海口之田不得不种。**盖下白**、正月种,五月刈,根复生,九月熟。**麦争场**、三月种,六月熟。此种早熟,农人甚赖其利,食新者争市之,价倍贵。**青芋稻**、六月熟。**累子稻**、**白漠稻**、七月熟,此三种,出益州,大而长,米半寸,亦嘉种也。**六旬稻**、一名拖犁归。粒小色白,四月种,六月熟。又有八十日稻、百日赤。毗陵亦有六十日籼、八十日籼、百日籼之品。**百日赤**、**百日籼**,俱白稃而无芒,七八月熟,其味白淡而红甘。**香杭**、粒小而性柔,七月熟,有红芒、白芒之等。**乌籼**、早稻也。粒大而芒长。秸柔而韧,可织履。饭之香美,浙中以供宾客及老疾、孕妇。三月种,七月收,其田以莳晚稻,可再熟。又有虎掌稻、赤穬稻、蝉鸣稻,俱七月熟。**早白稻**、一名小白,一名细白,粒赤而稃芒白,五月初种,八月熟。九月熟者谓之晚白,一名芦花白,一名大白。**中秋稻**、粒白而大,四月种,八月熟。八月望熟者,谓之早中秋,又谓之闪西风。**一丈红**、五月种,八月收,能水,水深三四尺,漫撒水中,能从水底抽芽出水,与常稻同熟,但须厚壅耳。**穤柳稻**、粒大而色斑。五月种,九月熟。性硬,皮、茎俱白。松江谓之胜红莲。**紫芒稻**、粒白,壳紫。五月种,九月熟。**红莲**、粒大,芒红,皮赤。五月种,九月熟。**三朝齐**、一名下马看,秀最易。**矮白**、又名师姑,粒白,无芒,秆矮,五月种,九月熟。**摭稻**,春种,夏获,七月初再插,至十月熟。**金城种**,粒尖,色红而性硬,四月种,七月熟,高仰所种,松谓之赤米,下品也。**乌口稻**,一名冷水结,再莳而晚熟,稻之下品。他如黄稻、黄陆稻、豫章青、赤芒、青甲等稻,未可枚举。糯稻：一名秫稻，苗叶茎穗与粳稻同。米可炒食，可酿酒，可熬饧，可作粢，可煮糕，可蒸糕。水稻赤色者，酒多糟少。一种粒白如霜，长三、四分。《齐民要术》："糯有九格、雉木、大黄、马首、虎皮、长江、惠成、黄满、方满、荟柰、常秫、火色等名。"糯者，懦也。性粘滞难化，多食令人身软，拥诸经络，气发痹疝，疮痏中痛，合酒食醉难醒，小儿及病人最忌。孕妇杂肉食之，令子不利。小猫犬食之，脚屈不能行。马食之，足重。芦黄糯、一名泥里变，言不待日晒也，粒大，色白，芒长，熟最早，其色易变，酿酒最佳。金钗糯、粒长而酿酒多。乌香糯、色乌，气香。籼糯、一名赶陈糯，一名赶不着，粒最长白，稃有芒，四月种，七月熟。小娘糯、不耐风水，四月种，八月熟。青秆糯，稃黄，芒赤，已熟而秆微青。最宜良田，四月种，九月熟。矮糯、一名矮儿糯，尖大而色白，四月种，九月熟。碌砂糯、一名胭脂糯，芒长而谷多白斑，五月种，九月熟。羊脂糯、色白性软，五月种，十月熟。虎皮糯、白斑，五月种，十月熟。铁梗糯、秆挺而坚。马骔糯，芒如马骔，色赤。秋风糯。一名瞒官糯，一名冷粒糯，粒圆白而稃黄。大暑可刈，易种多收，农人喜种之，饭则糯，酿则粳，粜则减价，多以代粳输租。

犁田：须犁耙三、四遍，青草或粪穰灰土厚铺于内，窨烂打平，方可撒种，则肥而发旺。

浸种：宜甲戌、壬午、壬辰成开日。早稻清明节前浸，晚稻谷雨前后浸。用稻草包裹一斗或二、三斗投于池塘水内，缸内亦可，昼浸夜收。不用长流水，难得生芽。若未出，用草窨之浸三、四日，微见白芽如针尖大，取出于阴处阴干，密撒田内。候八、九日秧青，放水浸之。糯稻出芽较迟，浸八、九日，如前微见白芽方可。种撒时必晴明，则苗易竖。亦须看潮,候二、三日复撒稻草灰于上,易生根。

插秧:就水洗根去泥,约八、九十根作一小束,却于犁熟水田内插栽。每四、五根为一丛,约离五、六寸插一丛。脚不宜频那,舒手只插六丛却那一遍,再插六丛再那一遍,逐旋插去,务要整直。

耘稻:扬稻后,将灰粪或麻豆饼屑撒田内,用水耘去草,尽净。近秋放水将田泥涂光,谓之熇稻。待土裂,车水浸灌之,谓之还水。谷成熟方可去水,或遇天少雨,急锄一遍,勿令开裂。俟天兴云,则浇肥粪待雨,勿致缺水,则稻发不遏。

〔附录〕雕胡米。一名菱米,一名雕蓬,一名雕苽,一名蒋,生水中。叶如蒲苗,有茎梗者谓之菰蒋。至秋结青实,长寸许,霜后采,大如茅针,皮黑褐色。米白而滑腻,作饭香脆。杜诗:"波飘菰米沉云黑",又云:"滑忆雕胡饭",又云:"为我炊雕胡,逍遥展良觌",又云:"雕胡吹屡新",又古诗:"炊雕留上客",柳诗云:"香春菰米饭",皆菱也。《周礼》供御,乃九谷之一。内则曰:"鱼宜苽,皆水物也。"《西京杂记》云:"汉太液池边,皆雕胡,紫箨绿节,盖菰之有米者。"味甘冷。解烦热,调肠胃。菱中生菌,如瓜形,色白,秋月采之。甚脆嫩,可作羹菜,晒干冬月煮肉更佳。一种不结实,惟堪作荐,故《尔雅》云:"啮雕蓬,荐黍蓬。"黍蓬即菱之不结实者。杨升庵《厄言》谓黍蓬乃旱蓬,青科,结实如黍,羌人食之。今松州有之,恐另是一种。

【诠释】

稻*是我国主要的粮食作物,为禾本科一年生草本,学名 *Oryza sativa*,我国原产,栽培历史有四千多年。现在全国各省区均有栽培,品种繁多。本谱记载粳稻有 37 种,糯稻有 13 种。根据《授时通考》所载,清初水稻品种已达百数十种。迨至清末转到民国以后,水稻品种更多。惟产量都低,亩产平均只有 200 多斤。全国各地都存在缺粮现象,若遇水旱之年,每每需要进口大米接济。

新中国成立以来,党和政府制定了一系列促进农业生产发展的方针政策,大力培育新品种,推广科学种田,粮食产量不断提高。我国以不到世界 7% 的耕地养活了超过世界五分之一的人口,这是举世公认的伟大成就。近年来又先后育成高产品种"桂朝二号"及"桂阳矮 C.17"。1977 年又进行这两个品种的杂交,应用组群筛选法选育,于 1979 年育成"双桂一号"新品种。两、三年来,经广东、广西多点试验和大面积试种,证明"双桂一号"矮秆,耐肥,高产,抗倒伏,对白叶枯病和稻瘟病有较强抗性,米质较好。它的抗倒伏、抗病和丰产稳产性能均优于"桂朝二号",在较好的栽培管理条件下,亩产可达千斤以上。

"双桂一号"具有感温性强、感光性弱的种性特点,可作早、晚季兼用品种。早造种植全生育期约 140 天,比"桂朝二号"约迟熟 5 天。提早播种,生育期延长;推迟播种,则生育期相应缩短。晚造表现早熟,全生育期约 125 天。在 7 月初播种,下旬移植,可于 9 月底至 10 月初齐穗,有利于安全避过寒露风。

由于有了经验,今后推广这个高产、稳产、抗倒伏、抗病的早晚兼用的新品种,年年丰产丰收就更有保证了。

　　* 稻种古叫稌(音徒),包括水稻和陆稻。我国古代文献相传,神农氏族部落和黄帝氏族部落在原始社会时期已经开始播种五

谷。在史前栽培稻已分布于长江流域及黄河流域,以后遍及全国,这可从近30多年来我国发现的新石器时期原始社会遗址中所保存下来的炭化稻谷子实得到证明。我国考古工作者对于论证我国稻种栽培历史的悠久是有贡献的。1921年在河南省渑池县仰韶村新石器遗址发现稻遗体,仰韶文化从此得名。1958年在浙江省吴兴县钱山漾新石器遗址中发现稻米,经鉴定,包括粳稻和籼稻两种。

7. 脂麻

　　一名芝麻,一名油麻,一名胡麻,一名巨胜,一名方茎,一名藤弘,一名狗虱。沈存中《笔谈》云,胡麻即今油麻。古者中国止有大麻,张骞始自大宛得油麻种来,故名胡麻。巨胜即胡麻之角巨如方胜者。方茎以茎名,狗虱以形名,油麻、脂麻以多油名。曰藤弘者,弘亦巨也。隋大业中又改为交麻,今俗作芝麻者非。陶弘景曰:"胡麻,八谷之中,惟此为良。"李时珍曰:"脂麻有早、晚二种,黑、白、赤三色,茎皆方,高者三、四尺,叶光泽,有本团而末锐者,有本团而末分三丫如鸭掌形者。葛洪谓一叶两尖为巨胜,盖不知乌麻、白麻皆有二种叶也。秋开白花,似牵牛花而微小,亦有带紫艳者。节节生枝,结角长者寸许,四棱、六棱者房小而子少,七棱、八棱者房大而子多,皆随地肥瘠。苏恭谓四棱为胡麻,八棱为巨胜,谓其房大胜诸麻也。枝四散者,角繁子多。一茎独上者,角稀子少。取油以白者为胜,可以煮煎,可以然点。服食以黑者为良,胡地者子肥大,其纹鹊,其色紫黑,取油亦多,尤妙。其色黑入肾,能润燥也。赤者状如老茄子,钱乙治痘疮,变黑归肾。用赤脂麻煎汤,送百祥丸,取其解毒耳。"

种植:须肥地,荒地亦可,但多加粪。二、三月为上时,四月上旬为中时,五月上旬为下时。望前种实多而成,望后种子少多秕。每亩二升,取沙土中拌和之,则入地匀。须多种。宜甲子、壬申、丙子、壬午及六月三卯日,忌西南风及辛亥寅未日。一云夫妇同种则茂。

【诠释】

脂麻属胡麻科胡麻属,学名 *Sesamum orientale*,我国栽培历史悠久。脂麻列入谷类,见于《诗经·大雅·生民》:"禾、麻、菽、麦……"又《吕氏春秋·月令》和《黄帝·素问》中提到"麻、麦、稷、黍、豆"五谷,麻居首位。汉时《氾胜之书》中的"胡麻"*,三国时《吴普本草》中的"方茎",南齐时《名医别录》中的"狗虱",唐时《食疗本草》中的"油麻",都是指谷食的芝麻,即脂麻。脂麻的种子,生食起来也很香美。不难设想,原始社会的人类在采集野生植物的过程中,发现这种既可生食、味道又美的麻子时,对这种食物是会十分重视的。

新中国成立以后,科学工作者对于我国古代地下遗存和地上植物资源进行了大量的考察工作。在江苏省吴兴县钱山漾新石器时期遗址和浙江省杭州水田畈史前遗址,都发现了古代脂麻种子。从这些资料看来,我国不只是在西周,而是在史前的原始社会已经利用脂麻了。

　　自汉代以来,对于脂麻的栽培历史以及脂麻与大麻两者究竟哪一种是谷食之麻的问题,议论纷纷,莫衷一是。甚至有许多文献以为大麻就是我国谷食的麻,而把脂麻说成是从大宛引种的。这种看法与实际情况不相符合。事实上,大麻是我国古代织布的麻,其种子只可入药,不宜食用。脂麻才是我国古代所称为谷食的麻。关于汉代张骞是否从大宛带回过脂麻的问题,其实很清楚,从西域引进的应是亚麻,而不是脂麻。脂麻实在是我国的原生植物。

　　脂麻与大麻的用途,古代就已区别开来,这有文献可以查考。《尚书·禹贡》记载的是原始社会夏禹时期的事情,如"厥贡岱畎丝枲",此处"枲"很明显是指纤维用的麻,而不是食用的麻。稍后,商周时期的《诗经》中有"麻麦幪幪",《大雅·生民》中有"禾、麻、菽、麦……食我农夫"等诗句。诗中的"麻"都可以被认为是谷食的麻,而不属于纤维的麻。同一时期的《礼记·月令》说:"孟夏之月,天子乃以犬尝麻,先荐宗庙。"这种麻如果不是滋味香美,奴隶主贵族是不会这样重视它的。大麻虽可食,但粗恶不堪,怎能充当统治阶级的食品呢?此外,《楚辞·九歌》有"折疏麻兮瑶华"的词句,"疏麻"应是脂麻,那么脂麻的栽培在西周之前就已经很普遍了。

　　*《氾胜之书》及一些古籍将"脂麻"与"胡麻"混称,这是由于我国古代"胡"字有表示"礼器"、"重大"和虞夏姓氏的意义。例如,《左传》有"胡簋之事,则尝学之矣"。"胡簋",礼器名,夏曰胡,禹后姓胡,所以"胡麻"有指在谷食之中占重要地位的意思。金文中"麻"字作"𪎭"。青铜器有"司麻簋"、"司麻鼎"。《诗经·小雅·伐木》说"陈馈八簋",就是说用鼎簋簠之器八别盛八

种谷物食品。

8. 蜀黍

　　一名高粱,一名蜀秫,一名芦穄,一名芦粟,一名木稷,一名荻粱。以种来自蜀,形类黍稷,故有诸名。种不宜卑下地,春月早种得子多。秋收茎粗,高丈馀,状似芦荻而内实,叶亦似芦。穗大如帚,粒大如椒,红黑色。米性坚实,黄赤色。熟时,先刈其穗,秸成束,攒而立之,方得干。米有二种。粘者可和糯秫酿酒,作饵;不粘者可作糕煮粥,可济饥,亦可养畜。茎可织箔、编席、夹篱、供爨。梢可作筅帚。壳浸水色红,可以红酒。有利于民者最博。性甘温涩。温中涩肠胃,止泄泻。

【诠释】

　　蜀黍茎干粗而中心充实,高达 2 米馀。叶阔大,长达 3~4 分米。叶与茎部都呈淡绿色,略带赤褐色。夏月茎梢分梗抽穗,集成大圆锥花序,呈绿色,花后结红褐色的果实。一年生草本,亦名高粱,学名为 *Sorghum vulgare*。本种尚有两个变种:芦粟秆内含糖分,可以生食或制糖;扫帚粟果穗可作扫帚。

9. 玉蜀黍 *

　　干叶类蜀黍而肥矮,亦似薏苡。苗高三、四尺,六、七月开花。穗苞如拳而长,须如红绒,粒如芡实,大而莹白。花开于顶,实结于节,以其曾经进御,故曰御麦。出西番,旧名番麦。味甘平,调中开胃。磨为面,蒸麦面者少加些须,则色白而开大。根、叶煎汤,治小便淋沥砂石痛不可忍。一名玉蜀黍,一名玉高粱,一名戎菽,实一物也。

【诠释】

玉蜀黍,名见《本草纲目》,亦名包谷。茎高 2~3 米。叶长而大,呈披针形,互生。7~8 月间茎顶生雄花穗似芒而大。叶腋生花穗,包着数片大形的苞,有红色的毛状花柱透出苞外。学名 *Zea mays*,一年生草本,中美和南美原产。果实供食用。

《王祯农书》和《本草纲目》都说蜀黍"种来自蜀",因而得名。蜀黍在先秦和两汉文献中均无记载,最早是见于张华《博物志》(三世纪)和陆德明《尔雅·释文》(七世纪),故不能不信其有据。至于蜀黍是否是在三世纪传入我国以及是否是先传入四川,尚待进一步考证。

玉蜀黍传入我国时代更晚,故本谱仍未用此名。但在十六世纪传到杭州以前,已在别处栽培了一个时期,这是可以肯定的。

由于蜀黍、玉蜀黍能耐旱,适应性强,故产量高。除充作粮食外,还可用来酿酒,兼充家畜饲料,自子实至藁秆皆无弃物。又由于这两种作物的栽培方法和时间大致相仿,故在不同地区常互为增减。蜀黍、玉蜀黍分布全国,是夏季旱物中的主要作物,栽培面积亦日益广阔。

古人对蜀黍、玉蜀黍的栽培方法和今日相仿,一般同于粟谷。

对于蜀黍,不宜重茬,秋耕要深,春播要早,不宜深播;要多耘多锄,壅土根。对于玉蜀黍,宜加灌溉,留存穗中部子粒做种,如发现品种退化,需要换种,等等。这些内容在许多文献中,如《王祯农书》《农蚕经》《马首农言》《齐民要术》等都有论述。

　　* 由于玉蜀黍品质形态都好,最初传入时曾经进御,因而当时称为御麦。本谱曾经以御麦之名,将其列入大麦之后,作为附录,今改正。

10. 薏苡

　　一名苣实,一名屋菼,一名赣米,一名解蠡,一名薏珠子,一名西番蜀秫,一名回回米,一名草珠儿,处处有之,交趾者子最大,出真定者佳。今多用梁汉者,气劣于真定。春生苗,茎高三、四尺,叶如黍叶,开红白花作穗,五、六月结实,青白色,形如珠子而稍长,故呼薏珠子。取用以颗小、色青、味甘、粘牙者良。形尖而壳薄,米白如糯米,此真薏苡也。可粥,可面,可同米酿酒。性微寒无毒。养心肺,上品之药。健脾益胃,补肺清热,去风胜湿,消水肿,治筋急拘挛,去干湿脚气大验。久服轻身辟邪,令人能食。

【诠释】

　　薏苡系禾本科薏苡属一年生植物,学名为 *Coix lacryma-jobi*。茎高 1.3~1.7 米。叶狭长,脉平行。花单性,雄蕊成穗状花序,生于梢之上。果实椭圆形,仁壳薄,白色,供食用和药用。有健脾补肺、利水除湿之功效，主治风湿水肿等症。

11. 黑豆

处处有之。苗高三、四尺，蔓生，茎叶蔓延。叶团有尖，色青带黑，上有小白毛。秋开小白花成丛，结荚长寸馀，多者五、六粒，亦有一、二粒者，经霜乃熟。紧小者为雄豆，入药良。大者止堪食用、作豉及喂牲畜。下种忌壬子日。味生则平，炒则热，煮则寒。作豉主发散。造酱及生黄卷平，牛食之温，马食之冷。一体之中用之数变。小儿以炒豆同猪肉食，多壅气致死，十岁以上则无妨。服荜麻子及厚朴者，并忌炒豆，犯之胀满致死。豆者，荚谷之总名也。大者皆谓之菽，小者皆谓之荅，叶谓之藿。

种植：槐无虫宜豆。夏至前后下种，上旬种则花密荚多，宜甲子、丙子、戊寅、壬午及六月三卯日，忌西南风及申卯日。肥地宜稀，薄地宜密，才出便锄，草净为佳。使叶蔽其根，不畏旱。获宜晚，荚赤、茎苍，叶微黄方获。

12. 黄豆

亦有小、大二种。种耘收获、苗叶荚萁与黑豆无异，惟叶之色稍淡，结角比黑豆稍肥。其豆可食，可酱，可豉，可油，可腐。腐之滓可喂猪，荒年人亦可充饥。油之滓可粪地。其可然火。叶名藿，嫩时可为茹。

【诠释】

黑豆、黄豆都是大豆（*Glycine max*）。古代称豆为菽，列为五谷之一，在粮食作物中占有较重要的地位。菽亦是概括各种豆类的总称。黄豆是豆科大豆属一年生陆田耕作物。一般夏至前后下种。苗高 1 米左右，叶圆而尖，秋开蝶形花，成丛结荚，经霜乃枯。《本草纲目》载，大豆有黑、白、黄、褐、青斑数种。黑者名乌豆，可入药及充食作豉。黄者可作豆腐、榨油、造酱。馀可作豆粉及炒食而已。根据大豆的品质可分为含高蛋白的（蔬菜用大豆）和含高油分的（油用大豆）两种。此外，还有结荚集中和分散的，有易裂荚和不易裂荚的，有大粒型和小粒型的，有圆型和扁粒的……品种繁多，这是我国人民长期培育和选择的结果。

值得注意的是，我国古代劳动人民很早就从切身经验中认识到，栽培大豆和其他豆类都有"沃地"的作用。在先秦时期，大豆与禾本科作物已经是相互轮换或套种了。大豆的确是一种可贵的栽培植物。

根据各方面考察的结论，虽然东北盛产大豆，但大豆的原产地却为我国西南地区，特别是云贵高原一带，因为大豆是典型的短日性作物，对日照长短的反应极为敏感。从我国东北、黄河流域、长江流域一直到华南、西南等地，都有野生大豆的分布，这不仅可以说明我国是大豆的原产地，而且也表明它的分布是由南方向北方发展的。

13. 白豆

一名饭豆。色白，亦有土黄色，较绿豆差大，粥饭皆可用。四、五月种,苗叶似赤小豆而微尖,嫩者可作菜,亦可生食。味甘平。调中,补五脏,暖肠胃肾之谷也,肾病宜食。浙东一种味更胜,作酱、作腐极佳。北方水白豆,相似而不及。

14. 绿豆

绿以色名也,作菉非,圆小者佳。大者名植豆,功用颇同。四月下种,苗高尺许。叶小而有毛,至秋开小白花,荚长二、三寸,比赤豆荚微小。有二种。粒粗而色鲜者为官绿,又名明绿,皮薄粉多;粒小而色暗者为油绿,又名灰绿,皮厚粉少。早种者名摘绿,可频摘也;迟种名拔绿,一拔而已。性甘寒无毒。肉平皮寒,用宜连皮。解金石、砒霜、草木、一切诸毒。生研新汲水服,反榧子壳害人。合鲤鱼鲊食,久则令人肝黄,成渴病。北人用之甚广,可作豆粥、豆饭、豆酒、煼食,炒食,水泡磨为粉澄滤作饵,蒸糕,盪皮压索为食中要物,亦可喂牲畜,真济世良谷也。

15. 赤小豆

一名赤豆,一名红豆,处处种之。夏至后下种,苗高尺许。叶本大末尖。至秋开花,淡银褐色,有腐气。荚长二、三寸,比绿豆荚稍大,色微白带红。三青二黄时即收之。色赤黯而粒紧小者入药,甘酸平无毒,心之谷也。性下行通乎小肠,能入阴分,治有形之病。行津液,利小便,消胀、除肿、止

吐,治下痢肠澼,解酒病,除寒热,排脓散血,通乳汁,下胞衣,
利产难,皆病之有形者。水气、脚气最为急需。有人患脚气,
袋盛此豆,朝夕践踏,久之遂愈。此豆可煮,可炒,可粥饭,可
作面食馅。并良久服,则津血渗泄,令人肌瘦身重。合鱼鲊
食,成消渴。其稍大而鲜红淡红者,止可食用。

16. 豌豆

　　一名胡豆,一名戎菽,一名毕豆,一名青小豆,一名青斑
豆,一名麻累,一名回鹘豆,一名𫞩豆,一名淮豆,一名国豆。
种出西胡,北土甚多。八、九月下种,亦有春种者。苗生柔弱
宛宛然,故有是名。蔓生,有须叶,似蒺藜。叶两两相对,嫩时
可食。三、四月开小花如蛾形,淡紫色。结荚形圆,长寸许,子
圆如药丸。嫩时色青,可煮食。老则斑麻,可炒食,可作面食
馅。磨粉面甚白而细腻。出胡地者,大如杏仁。百谷之中最
为先熟,又耐久藏,宜多种。可和酱作澡豆去𪒠𪒕,令面光泽,
亦可喂马。性甘平无毒。调营卫,平气益中,治消渴。淡煮食
之良。煮食杀鬼毒心病、下乳汁,研末涂痈肿痘疮。

【诠释】

　　豌豆为一年生或越年生的蔓性作物,学名 *Pisum sativum*。性
强健,善耐寒。茎圆心空而质脆,极易折断,有蔓性、半蔓性、矮性
三种。蔓自 0.8 米至 1.9 米,叶色浓绿,带有白粉,为羽状复叶。普
通中肋的左右有两枚圆形叶片,而末端 3 枚叶片则变为卷须,伸

长缠绕于他物,起支持茎的作用。叶柄的附着部有两枚宽大的托叶,将茎包围。开花迟,普通约自 10 叶以上于叶腋间生出花梗,着生 1~2 个花蕾。花系大蝶形花冠,有白色和蓝紫色两种。荚扁平而长,向腹面弯曲,末端尖,向背弯曲。荚有软、硬两种。软荚种虽充分发达,荚仍柔软,味美,可煮食或炒食。硬荚种种实较硕大,但荚质硬,不能食。种实有大、小,色泽有绿、白,种皮有皱、滑等的区别。一般花呈蓝紫色、种实有褐色斑点的,可剥出供食,或晒干磨粉作糕饵。绿色种可剥出制罐头食品。紫花种系圃场用种,白花种系园艺用种。前者即硬荚种,种实多供粮食用,后者供蔬菜用。

17. 蚕豆

一名胡豆。《太平御览》云:"张骞使外国得胡豆种归。"今南北皆有,蜀中尤多。八月下种,冬生嫩苗可茹。茎方而肥,中空。叶如匙头,圆而下尖,面绿背白,柔厚,一枝三叶。二月开花如蛾状,紫白色,结荚连缀,蜀人收其子备荒。性甘,微辛,平,无毒。快胃,和脏腑,解酒毒,误吞金银等物者,用之皆效。

【诠释】

（一）蚕豆系豆科一年生或二年生直立性草本作物,学名为 *Vicia faba*。茎肥厚,成四角形。叶对生,由 5~6 片小叶而成。*一

＊编者注：蚕豆叶互生,为偶数羽状复叶,通常有 1~3 对小叶。此处作者称"叶对生,由 5~6 片小叶而成",未知何故。

叶腋仅结 1~2 荚。荚因品种不同而有大有小,普通为长圆形略扁,内藏种子 2~7 粒。种实扁平,分白色、绿色两种,成熟后为绿褐色或赤褐色。种实柔软时,可为各种烹调供食,味美,富滋养。老熟后晒干,可炒食,或磨粉制糕饼,或制豆酱、酱油等。

蚕豆栽培,起源极古。约在 4000 年前,海南部某些地方曾发现野生的蚕豆,多信为该地原产。欧洲首先栽培,次传入埃及、希腊,至纪元前一世纪左右传入我国。《太平御览》载:"张骞使西域,得其种归,故又名胡豆。"《本草纲目》载:"豆荚状如老蚕,故名。"种实嫩时摘下供蔬食,老熟时则可代粮食。本种原列入《蔬谱》,现改列入《谷谱》。

(二)现将绿豆、赤豆、白豆综合诠释如下:

i. 绿豆名见《开宝本草》,《直省志书》写作绿豆,系一年生作物,栽培于田圃间,学名 *Phaseolus aureus*。叶为复叶,小叶 3 片。花为黄色的蝶形花,龙骨瓣卷成螺旋状。*果实为荚,无节,内含小形绿色种子。

种子供食用,亦可酿酒、制豆粉或豆芽菜。

ii. 赤豆在《本草经》中称为赤小豆,学名 *Phaseolus angularis*。茎高 6~7 分米。叶为复叶,由 3 片小叶合成,类似绿豆叶。夏日叶腋生蝶形花,呈黄色。花后结长荚果,表面有毛,中含赤色种子数粒。又有蔓生的品种,茎较长,种子较小。

种子可和米煮粥或饭,或制成豆沙充作糕饼的馅。

iii. 白豆亦名白小豆,系菜豆属,是赤小豆的一种,其用途与赤

---

*编者注:绿豆龙骨瓣为镰刀状,此处作者称"螺旋状",未知何故。

小豆同,学名 *Phaseolus radiatus*。因其种子色白,故名。日本则名
"石碱豆"。

　　以上几种小豆均原产我国。古代所称的"小豆"是指赤小豆,
后来又有了绿豆和白豆以及豌豆、豇豆、蠜豆等,也被称为小豆(见
《齐民要术》)。紫花硬荚的豌豆系供作粮食用,白花软荚的豌豆乃
蔬菜用种。

18. 荞麦

　　一名荍麦,一名乌麦,一名花荞。茎弱而翘然,易长易
收。磨面如麦,故曰荞,而与麦同名。又名甜荞,以别苦荞
也。南北皆有之。立秋前后下种,密种则实多,稀则少。八、
九月熟,最畏霜。数年来又宜早种,迟则少收。苗高一、二
尺,茎空而赤,叶绿如乌桕树叶。开小白花,甚繁密,花落结
实三棱,嫩青,老则乌黑。性甘寒无毒。降气宽中,能炼肠
胃滓滞,治浊带、泄痢、腹痛、上气之疾。气盛有湿热者宜之。
若脾胃虚弱者不宜,多食难消。煮熟日中曝开口,舂取米可
作饭。磨为面,滑腻,亚于麦面。北人作煎饼及饼饵日用,以
供常食,农人以为御冬之具。南人但作粉饵食。和猪羊肉热
食,不过十馀顿即患热风。忌同黄鱼食。

【诠释】

　　荞麦是蓼科一年生或二年生草本植物,学名为 *Fagopyrum*
esculentum。高 0.6~0.7 米。叶互生,呈心脏形,如三角状,有长柄。

种子供食用。

荞麦之所以受到古人的重视,主要由于它是一种短期作物,适应性与耐旱性都强,能春播、夏播,也能秋播。在麦收以后,或早稻收获以后,或天旱早稻苗枯死以后,都可以播种一熟,也可以同苜蓿、油菜同播。这样,对于土地的利用,对于增加复种面积和防旱济荒都有重大作用。其次,在用途方面,除了子粒供给食用外,叶也可食,藁秆既可供药用,还可作家畜饲料。

关于荞麦的栽培技术,古人的经验是密植、施肥、早收早获。密植可行耧播、点播或撒播,但撒播不便于收获。此外,荞麦畏霜,陈种不能生长,出苗即死。荞麦的其他一些生长习性,古人也是早已了解的。

群芳谱诠释之二

*

蔬谱

蔬谱小序

谷以养民，菜以佐谷，两者盖并重焉。菜名曰蔬，所以调脏腑，通气血，疏壅滞也。壅滞既疏，腠理以密，可以长久，是以养生家重之。不宁惟是，纵天之水旱不时，五谷不登，苟菜茹足以疗饥，亦可使小民免流离捐瘠之苦。树艺之法，安可不讲也？第为民上者，使民以菜茹疗饥，三年九年之蓄。谓何？真西山有云："百姓不可一日有此色，士大夫不可一日不知此味。"《鹤林玉露》云："百姓之有此色，正缘士大夫不知此味。"旨哉言也！作蔬谱。

济南王象晋荩臣甫题

蔬谱首简（选释者新撰）

原谱系转载洪舜俞的《老圃赋》，乃属词华空泛的文章。其次系集录《清异录·圃神》一篇，纯属迷信无稽之谈。其馀栽种及制用各项，亦属迂腐不适用的材料。鉴此，特为改写如下：

蔬菜被利用，可能比其他作物被利用的历史还要悠久。它不需要等到结实成熟，而在幼嫩时就可作为食物来采收。它的历史可以追溯到有史以前。在西安半坡村距今六、七千年的原始社会遗址掘出谷粒的同时，还发现一个小陶罐，里面有已经炭化的芥菜或芜菁一类的种籽,说明半坡氏族的人们当时已有了原始的农业。

我国最古的文献,如《竹书纪年》等,已有关于蔬菜的片断记载,由此还可上溯烈山氏的时代。所谓种植"百谷百蔬",那已是新石器时期的早期——神农时代了。由于采摘野生植物以供食用,所以人们相对地更注意草本植物的茎叶乃至根部,将其煮食或混入粥饭里,逐渐形成了习惯。这种情况导致了农业方面的蔬菜生产仅次于粮食作物。到了东周(公元前770年至公元前256年)后期,人们对蔬菜的需求日趋迫切起来。《诗经·齐风》有"折柳樊圃"的诗句,就是折取柳枝作场圃的篱笆。后来《管子》里说,齐国城郊有不少人以场圃种菜为职业。孔子的弟子樊迟曾向孔子请教种菜的方法,孔子回答说:"吾不如老圃。"所谓"老圃",是指种菜有经验的人,可见当时有些地方已经兴起种菜来了。

其时,有些蔬菜已有栽培。但亦有些蔬菜仍然是野生的。后来,随着人口增殖,交通逐渐发达,人们日常需要的蔬菜也日益蕃衍起来。有些蔬菜在西周以前可能是野生的,到了战国时期就成为栽培种了,因而不易辨别从何时起由野生转入栽培。同时,就各个地区而言,由于风土习惯等种种关系,由野生转入栽培的蔬菜也有迟早先后之分。

我国人民早就认识到蔬菜对人体有补益健康的作用。神农的《内经·素问·藏气法时论》就有这样的记载:"五谷为养,五果为助,五畜为益,五菜为充,气味合而服之,以补益精气。"把蔬菜作为五谷的补充和辅助食品,并且正确地指出,只有谷、果、肉、菜四者互相调剂配合,才能达到补益精气的效果。那时所指的"五菜",据后来王冰诠释为"葵、藿、薤、葱、韭也"。这是当时比较流行的常蔬。

现以我国最早的一部诗歌总集——《诗经》来说明一下有关情况。《诗经》大部分是西周到春秋的诗歌,其中占大部分篇幅的《国风》是从民间采集来的。这些诗篇生动地表现了古代劳动人民勤劳勇敢的优良传统。他们战天斗地,披荆斩棘,创建农业生产,取得了辉煌成就。《诗经》里所反映的以及《山海经》《尔雅》著录的各地的常蔬有葵、藿、菽、薤、葱、韭、蔓菁、芥菜、菘菜、荮、菲、芹、笋、蒲菱、苋瓜、荷、薯蓣、芋、荸荠、蓴、荇、蘘荷、藻堇、蘋、藜蓼、蓉耳、蕈菌等。西汉时张骞出使西域带回有胡瓜、胡蒜、胡荽、胡豆等,以后又陆续引入一些国外品种。

《四民月令》还述及播种、分栽、收获、加工等生产技术。《齐民要术》记载有黄河流域中下游的蔬菜30多种。明代李时珍的《本草纲目》蔬谱中,收集蔬菜达104种。

栽培蔬菜多集中在菜圃里,诸如淘汰品质不高的菜种、创造新品种和引入良种等等,都在菜圃里进行筛选、复种、套种、间种。加之北方气候干燥严寒,当天然植被大都处于休眠状态时,而菜圃仍有葱绿的生意。在南方,夏季酷热,人们在菜圃搭起阴棚,进行立体栽培,于棚下阴凉处播种"细菜"。因此,无论复种、连作、选种、选育、保护、管理,都需要有相当高的技术水平。我国勤劳的农民在长期实践中积累了丰富的生产经验,并有独特的技术成就。例如,加温栽培、促成栽培、无土栽培、菌瘿栽培等等,几百年前就已经实行。目前著名的蔬菜,如白菜、芥菜、萝卜、葱、薤、菲、笋、莲藕、沙葛、水芹、芜菁、冬瓜、南瓜、越瓜、薯蓣等,都原产于中国。我国农民在生产实践中创造了许多优良品种,尤以无土栽培的豆芽和软化栽培的韭黄在世界上最负盛名。

蔬菜栽培要达到周年供应,可采用促成栽培、软化栽培和排开播种、分期采收等方法,使得全年都有新鲜蔬菜供应,以满足人民的需要。

蔬　谱

1. 姜

御湿之菜也。苗高二、三尺,叶长对生。苗青,根嫩白,老黄,无花实。处处有之,汉温池州者良。三月种,五月生苗如嫩芦。秋社前后新芽如指,采食无筋,尖微紫,名紫芽姜,又名子姜。秋分后者次之,霜后则老。性恶湿畏日,秋热则无姜。气味辛微温,无毒。通神明,避邪气,益脾胃,散风寒,除壮热,治胀满,去胞中臭气,解菌蕈诸毒。生用发热,熟用和中,留皮则凉,去皮则热。八、九月多食,春多患眼。孕妇忌食,令儿盈指。

种植:宜白沙地,小与粪和种,熟耕,纵横七、八遍佳。清明后三日种,阔一步作畦,长短随地。横作垅,垅相去一尺,深五、六寸,垅中安姜,一尺一科,带芽大三指,盖土三寸,覆以蚕沙,无则用熟粪,鸡粪尤好。芽出后有草即耘,渐渐土盖之。已后垅中却令高,不得去土,为其芽向上长也。芽长后从傍揠去老姜,耘锄不厌数。五、六月覆以柴棚或插芦蔽日,不奈寒热。八月收取,九月置暖窖中,寒甚作深窖,以糠秕和埋暖处。勿冻坏,来年作种。

【诠释】

姜系蘘荷科多年生草本,学名 *Zingiber officinale*。初收的名生姜,原产印度。高 0.7~1 米。叶长披针形,互生,翠绿色,叶脉平行,与蘘荷叶相似而小。生于暖地的姜,夏秋时期自根茎抽出花轴,顶端开球花,花被淡黄色,不整齐。若在寒地,则不开花,根茎肥大多肉,为不正扁圆形。肉灰白色或黄白色,含有一种苦尔苦敏(curcumin, $C_{14}H_{14}O_4$)黄色素及刺激性的挥发油。风味辛香,愈老愈辣。李时珍曰:"姜初生,嫩者其尖微紫,名紫姜或子姜。"不但可以菜食,且有御寒发汗,驱风化痰等功效。姜除充辛香料外,并可晒干或制糖渍及盐渍食品,或充姜汁、姜油、辣酱油等原料。宋·苏轼有"先社姜芽肥胜肉"的诗句,可知子姜在古代就已为人所好食。数千年来,我国人民对姜一直都很重视。《论语》云:"不撤姜食。"又《史记·货殖传》云:"千畦姜韭,其人与千户侯等。"说明种姜的利润很高。日本姜系由我国输入,栽培亦不少。欧美各国,尚少栽培。

至于所谓"孕妇忌食,令儿盈指",以其芽多似多指,于是产生疑虑,以为孕妇食了会使小儿多指。这种谬说是毫无科学根据的,不足置信。

气候对于姜的生育影响很大。雨量切不可过多,若姜株被水淹浸 2 日以上,即有患病或枯死之虞。故雨量过多时,应当设法排水,时间愈速愈好。但若雨量过少,则又每致干萎,虽可用人工灌水,总不及天然雨水好。气候以温和爽朗为宜。

姜生长期间,温度不宜过高。夏季日光强盛,天气炎热,姜叶每致晒焦枯萎,故须架搭凉棚,以为荫蔽,或间种遮荫作物。冬季过冷时,需用草覆盖,以资保护。和风对于姜的生育有利。栽植于避风地方,发育常常不良。但风过大,每遭损害。

2. 椒

一名花椒,一名大椒,一名檓,一名秦椒,生秦岭、泰山、瑯琊间,今处处有之。椒秉五行之精,叶青,皮红,花黄,膜白,子黑,气香,最易蕃衍。枝间有刺,扁而大。叶对生,形尖有刺,坚而滑泽,蜀吴制作茶。四月开细花,五月结实,生青熟红,大于蜀椒,其目亦不及蜀椒光黑。出陇西天水,粒细者善。今成皋诸山,有竹叶椒,小毒热,不堪入药。东海诸山上亦有椒,枝叶亦相似,子长而不圆,甚香,味似橘皮。椒闭口者杀人,五月食损气伤心,令人多忘。中毒者,凉水麻仁浆解之。

种植:先将肥润地耕熟,二月内取子种之,以灰粪和细土覆盖则易生。此物乃阳中之物,不耐寒,冬月草苫免致冻死。来年分栽,离七、八尺,用麻糁灰粪和细土栽,忌水浸根,又宜焦土、干粪壅培,遇旱用水浇灌。三年后换嫩枝,方结实。以发缠树根或种香白芷,或种生菜,皆避蛇食椒。

〔附录〕川椒、肉厚皮皱,粒小子黑,外红里白,入药以此为良,他椒不及也。崖椒、蔓椒、地椒、皆野生,止堪入食料,不堪入药。胡椒、生西戎摩伽拖国,今南番诸国、滇南、海南、交趾诸地皆有之。其苗蔓生,茎极柔弱,叶长半寸,有细条与叶齐,条上结子,两两相对,其叶晨开暮合,合则裹其子于叶中。子形似汉椒,至芳辣。六月采,今作胡盘肉皆用之。番椒。亦名秦椒,白花,子如秃笔头,色红鲜可观,味甚辣,子种。

【诠释】

秦椒系芸香科落叶灌木,学名 *Zanthoxylum piperitum*,有一种香气,甚佳。茎高 3 米多。叶为一回羽状复叶,自许多小叶而成。夏日开花,单性,雌花与雄花异株。果实为干果,熟成暗红色,能裂开,现出黑色的种子。叶与茎皮及果实均可作香味料。

胡椒原产印度,其苗蔓生,子形如汉椒,有芳香,为胡椒科植物,学名 *Piper nigrum*。花小,成长穗。果实球形,初为绿色,熟则呈红色。干燥后皮上生皱变黑,称为黑胡椒。除去黑皮,则为白胡椒。有芳香及辛味,粉末供香辛料及药用。

番椒亦通称辣椒,起源于南美热带地方,为茄料辣椒属一年生作物,在热带地方则为多年生,学名 *Capsicum annuum*。叶为披针形,无缺刻,至生本叶 8~9 片时,始开白色花,生于叶腋间。果实形状依品种而异,有长角形、圆锥形、球形、椭圆形等。色泽未熟时概为深绿色,熟则变为赤色、黄色或紫色。果实生长有向天的、向下的,味有极辣的、稍淡的。番椒以本谱著录为最早,《本草纲目》亦未著录。现在栽培面积广阔,南北各省均有栽培,品种有狮子椒、灯笼椒、羊角椒、朝天椒等。番椒可作兴奋剂,有助消化及增进食欲之功效。可炒食,亦可盐腌瓶藏。

3. 茴香

一名蘹香。宿根深,冬生苗作丛,肥茎,绿叶。五、六月开花,如蛇床花而色黄。子如麦粒,轻而有细稜,俗呼为大茴香。近道人家园圃种者甚多,以宁夏者为第一。其他处小者,名小茴香。辛平无毒。理气开胃,夏月祛蝇避臭。煮臭肉下少许,即不臭,臭酱入末少许亦香,故曰回香食料。

〔**附录**〕八角茴香。来自番舶,裂成八瓣,一瓣一核,黄褐色,有仁,味更甜。

种植:收子阴干,宜向阳地以粪土和子种之。仍种麻一窠,以避日色。十月斫去枯梢,以粪土壅根下。

【诠释】

茴香名见《本草纲目》,《唐本草》以蘹香著录,是伞形花科多年生宿根草本,全株有芳香。本种原产欧洲,学名为 *Foeniculum officinale*。春季从宿根丛生数茎,高达 2 米馀。叶大,分裂成丝状细片。夏日开小花,排列成复伞形花序,花瓣 5 片,黄色。果实及茎蒸馏所得的茴香油,可作香料或驱风祛痰药。

八角茴香,名见《本草纲目》,通称大茴香,与莽草极相似,容易误认。学名 *Illicium verum*,系木兰科常绿灌木。山野自生,分布于闽、粤等地。果实芳香甚烈。中医供药用,寻常作香料,含有挥发油 5%。

4. 葱

一名芤,一名菜伯,一名和事草,一名鹿胎。初生曰葱针,叶曰葱青,衣曰葱袍,茎曰葱白,叶中涕曰葱苒。叶温。

白与须,平。味辛无毒。有数种。一种冻葱,即冬葱,夏衰冬盛。茎叶气味俱软美,食用,入药最善。分茎莳栽而无子,人称慈葱,又称大官葱,谓宜上供也。一种汉葱,春末开花成丛,青白色,冬即叶枯,亦供食品。胡葱生蜀郡山谷,状似大蒜而小,形圆皮赤,叶似葱,根似蒜,八月种,五月收。一名蒜葱,又名回回葱,茎叶粗硬。茖葱,山葱也,生于山谷,似葱而小,细茎大叶。生沙地者,名沙葱。又有一种楼葱,人呼为龙角葱、龙爪葱、羊角葱,皮赤,茎上生根,移下种之,亦冬葱之类。每茎上叶出岐如八角,故名。葱白,辛。叶温。根须,平。主发散。是处皆有,生熟皆可食,更宜冬月。戒多食。四月每朝空心服葱头酒,调血气。正月忌食,令人面起游风。生同蜜食,作下利;烧同蜜食,壅气杀人。生合枣食,令人病。合犬雉肉食,多令人病血。服地黄、常山,人忌用。

种植:子味辛,色黑,作三瓣状,有皱纹。收取阴干,勿令浥湿,浥湿则不生。留春月调畦种,良地三剪,薄地再剪,剪宜平旦避热,宜与地平,勿太深、太高。八月止,不止则无袍而损白。凡栽葱,晒稍蔫,将冗须去净,疏行密排,猪、鸡、鸭粪和粗糠壅之,不拘时。崔寔曰:"三月别小葱,六月别大葱,冬葱暑种则茂。"

【诠释】

葱亦叫汉葱,系百合科多年生植物,学名为 *Allium fistulosum*。据《山海经》载:"北单之山多葱韭。"《尔雅·释草》说:"茖,山葱。"可知葱系我国原产。普通所种,系一年生或二年生,茎叶全

部均可利用。我国黄河以北栽培最富,尤以河北、山东等省所产品
质至佳,四时均可采收。北方喜欢生食,南方多与鱼类或肉类共
煮,或切少量用作香辛料。性温热,有开胃发汗的功效,故医药上
用为健胃剂或发汗剂。葱的品种繁多,古时多自山野采摘,经过长
期驯化栽培,逐渐演变有大葱、分葱、丝葱等等。百多年来还引种
有洋葱头。依葱头的颜色,分为白色、黄色及赤色等种。

5. 韭

　　一名丰本,一名起阳草,一名草钟乳,一名懒人菜。茎名
韭,白花名韭菁。丛生,丰本长叶青翠,八月开小白花成丛,
淹作茹,益人。韭根多年交结则不茂。秋月掘出去老根分
栽,壅以鸡、猪粪。亦可子种,一种久生,故谓之韭。可生、可
熟、可淹、可久菜之,最有益者,是处有之。叶高三寸便剪,剪
过粪土壅培之,剪忌日中,一年四、五剪。留子者,止一剪,子
黑而扁。九月熟收子,风中阴干,勿令浥郁。韭叶热,根温,
功用同。生则辛而散痰散血,熟则甘而补中补肾,除热下气,
益阳止泻。子甘温,暖腰膝,治鬼交及梦遗溺血、妇人白淫白
带。春食香,夏食臭,多食昏神暗目。不可与蜜及牛肉同食,
热病后十日食之即发。冬月多食动宿饮,吐水酒后犹忌。宿
韭忌食,五月食韭损人。北人冬月移根窖中,养以火炕,培以
马粪。叶长尺许,不见风日。色黄嫩,谓之韭黄,味甚美。但
不益人,多食滞气发病。

　　种植:土欲熟,粪欲匀,畦欲深。二月、七月种,先将地掘

作坎,取碗覆土上,从碗外落子。以韭性向内生不向外生也。常薅令净。《四时类要》云:"收韭子种韭,第一番割弃之,主人勿食。"《事类》书云:"韭畦用鸡粪尤佳。"至五年,根必满蟠蚪而不长,择高腴地分种之。正月上辛日扫去畦中陈叶,以铁杷搂起,下水加熟粪,高三寸便剪用。凡近城郭有园圃者,种之。三十馀畦,贸易足供家费。秋后又可采韭花,供蔬茹。至冬养韭黄,比常韭易利数倍。或只就畦中,覆以马粪。北面竖篱障,以御北风。至春,其芽早出,长二三寸便可卖,较之他菜,为利甚溥。

【诠释】

韭是百合科多年生宿根植物,学名为 *Allium odorum*,原产我国,《山海经》早有记载。山谷间尚有野生,又名菜钟乳。(《本草拾遗》云:"言其温补也。")分蘖力强,一年中可采收数次。8~9月抽穗开伞形花,白色。11月间种子成熟。结黑色细小种子。春夏采割嫩叶,供蔬食。秋冬间进行软化栽培,嫩叶浅黄色,叫韭黄,为名贵蔬菜。软化栽培,北方在土窖内,南方多在露地,用瓦筒遮光,进行软化。

6. 蒜

一名葫,一名大蒜,一名荤菜。叶如兰,茎如葱,根如水仙,味辛。处处有之,而北土以为常食。八月分瓣种之,当年便成独颗。及熟,每囊五、七瓣或十馀瓣,亦有独颗者。苗嫩时可生食,夏初食薹,秋月食种,干者可食至次年春尽。花中有实,亦作蒜瓣而小,可食。孙愐《唐韵》云:"张骞使西域,始得大蒜。"初时中国止有小蒜,一名蒚,一名泽蒜,为其生于野泽也。又有山蒜、石蒜,为其生于山或石边也。吕忱《字林》云:"苳,水中蒜。"然则蒜不特生于平原及山石,而又生于水矣。性辛温,有小毒。其气熏烈,能通五脏,达诸窍,去寒湿,辟邪恶,消痈肿,化症积。肉食解暑毒岚瘴,第辛能散气,热能助火、伤肺、损目、伐性、昏神,有茌苒受之而不知者。炼形家以小蒜、大蒜、韭、芸薹、胡荽为五荤,道家以韭、薤、蒜、芸薹、胡荽为五荤,佛家以大蒜、小蒜、兴渠、慈葱、茖葱为五荤。虽品各不同,然皆辛熏之物,生食增恚,熟食发淫,有损性灵,故绝之云。独颗者切片,灸痈疽肿毒最效。《月令》:"三月勿食蒜。"亦忌常食。

种植:熟耕地一、二次,爬成沟二寸,一窠种一瓣。苗出高尺馀,频锄松根旁,频以粪水浇之,拔去薹,则瓣肥大,不则瘦小。泽潞种蒜,初出如剪韭,二、三次愈肥美。虏中有胡蒜,味尤辛。一说九月初于菜畦中稠栽蒜瓣,候来年春二月先将地熟锄数次,每亩上粪数十担,再锄,耙匀,持木撅插一窍栽一株,栽遍。或无雨,常以水浇。至五月,大如拳,极佳。

【诠释】

大蒜系百合科的多年生植物,原产在亚洲西部,学名为 *Allium sativum*。2000 多年以前就有栽培,我国栽蒜历史最为久远。蒜除嫩叶可供食用外,花梗嫩时也可食用,叫蒜薹或蒜苔,鳞茎叫蒜头,含多量的硫素及磷素,营养率高,各部俱含有辛味及臭味。北人喜生食,有消食和预防传染病等功效。国内各地无不种蒜,黄河以北栽培更是普遍。

7. 薤

一名䪘子,一名莜子,一名火葱,一名菜芝,一名鸿荟。本文作䪥,韭类也。叶似葱而有稜,气亦如葱,体光华露难伫,古人所以歌薤露也。八月栽根,正月分莳,宜肥壤,数枝一本则茂而根大。二月开细花,紫白色,根如小蒜,一本数颗相依而生。五月叶青则握之,否则肉不满。其根煮食,芼酒、糟藏、醋浸皆宜,故内则云:"切葱薤,实诸醢以柔之。"味辛苦温滑,无毒。温中,散结气,治泻痢,泄滞气,助阳道,利产妇,治女人带下。赤白与蜜同捣,涂汤火伤甚速,白者补益,赤者疗金疮及风生肌肉。《王祯农书》云:"生则气辛,熟则甘美,种之不蠹,食之有益,故学道人资之,老人宜之。"

【诠释】

薤系百合科的宿根植物,学名为 *Allium chinense*。《山海经》记载:"崃山其草多薤、韭,又边春之山草多薤、韭。"可知我国是薤的原产地,自古即采摘以作常蔬。欧美各国鲜有栽培薤者。日本的薤是由我国传入的。宋·苏轼诗:"细思种薤五千本,大胜取禾三百廛。"可见我国古代对薤的重视。在医药上,薤有治夜汗的功用,性能温中通神,用途颇广。

8.芥

一名辣菜,一名腊菜。其气辛辣,有介然之义,又可过冬也。性辛温无毒。温中下气,豁痰利膈。处处有之,种类不一。有青芥、叶大子粗,叶似菘,有毛,味极辣,可生食,子可藏冬瓜。紫芥、茎叶纯紫可爱,作菹最美。白芥、一名胡芥,一名蜀芥,来自胡戎而盛于蜀。高二、三尺,叶如花芥,叶青白色,为茹甚美。茎易起而中空,性脆,最畏狂风大雪,须谨护之。三月开花,结角子如粱米,黄白色。又有一种茎大而中实者尤高,子亦大。白芥子堪入药,味极辛美,利九窍,明耳目,通中。他如南芥、刺芥、旋芥、马芥、花芥、石芥、皱叶芥、芸薹芥之类,皆菜之美者。芥极多心,嫩者为芥蓝,极脆。李时珍曰:"芥性辛热而散,久食耗真元,昏眼目,发疮痔。"刘恂《岭南异物志》云:"南土芥高五、六尺,子大如鸡子。"此又芥之尤异者也。

种植:地用粪耕,亩用子一升。秋月种者三月开黄花,结荚一、二寸,子大如苏子,色紫味辛,收子者即不摘心。白芥取子者二月乘雨后种,性不耐寒,经冬即死,故须春种。五月熟而收子。第地有南北寒暖异,宜种植早晚又当随其俗也。

【诠释】

芥菜系十字花科芸薹属,学名为 *Brassica juncea*,一年生或二年生植物,原产我国。由于古代人民对芸薹属中某些甘辣风味的爱好,一种具有特殊辛的风味作物就被选择保留下来。由于叶上有毛,味辛辣,所以叫作辣菜。芥菜除作蔬食外,包括芥叶籽在内,还具有"发汗散气"的功能,"取其气辛(辣)而有刚介之性,为菜中之芥然者,故从介"。这在李时珍《本草纲目》中已有记载,所以叫芥菜。芥菜在我国栽培的历史是很悠久的。因为在我国古代文献中有关这类蔬菜的记述比较多,所以有人认为西安半坡村遗址出土的菜籽很可能是芥菜籽。汉代(公元前一世纪)芥菜的栽培,已经正式见于农书。一定的品种,就有一定的播种时期和收获时期,所以芥菜的利用已发展到包括蔬食、调味、油用和药用各个方面,足见其有重要意义。芥与姜一向被我国劳动人民当作同等重要的蔬菜。农民每天劳作辛苦,风吹雨淋,难免不感受风邪,如果经常吃一点姜芥之类的蔬菜,就可兼收驱寒散风、减少疾病的功效,所谓"菜重姜芥"是很有道理的。

芥菜经过长期培育和选择之后,出现种种不同类型或变种:有形态像白菜的青芥(又名刺芥),即"春不老",叶有柔毛;大芥菜也叫皱叶芥,大叶深绿,味更辛辣;它的另一个变种是青菜头,即"四川榨菜",由茎部膨大而成瘤块状,新鲜状态的青菜头以及加工之后的榨菜,风味甘美,是四川的特产;大头芥也叫大头菜,也是芥菜中的一个著名变种,它的根部肥大呈肉质状,例如云南的紫大头菜和浙江的香大头菜,各有特殊风味。此外,叶部引起变异的,有细叶芥,它是一种小芥菜,也有叫"辣菜"者,叶多缺刻,一名马芥或花芥;有紫芥,茎叶纯紫色,很像紫苏;有盛产于四川的白芥,一名蜀芥,叶像花芥而青白色,种子粗大,白芥可制芥辣粉和榨油,并可入药;在两广和福建盛产一种结球类型的包心芥菜,更是世界上少有的品种,等等。这些都是我国不同地区出产的古今有名的品种。

9.芹

古作蘄,一名水英,一名楚葵。有水芹,有旱芹。水芹生江湖波泽之涯,旱芹生平地。赤白二种。二月生苗,其叶对节生似芎藭,茎有节棱而中空,气芬芳,五月开细白花如蛇床花。白芹取根,赤芹茎叶并堪作菹。味甘,无毒。止血,养精益气,止烦,去伏热,杀药毒,令人肥健。治女人崩中、带下。置酒酱,香美;和醋食,滋人。但损齿。又有一种马芹,《尔雅》谓之茭,又名牛蘄。叶细锐,可食,亦芹类也。一种黄花者,毛芹也。有毒,杀人。三、八月食生芹,蛟龙病。

【诠释】

水芹是我国原产的宿根植物,系伞形花科,学名为 *Oenanthe javanica*。栽培在池沼中,有匍伏性的茎,容易自节间生根。叶有粗锯齿,系二回羽状复叶,互生。形状与旱芹菜相类似,有一种香味。我国栽培水芹极早。《诗经》有"思乐泮水,薄采其芹"。《吕氏春秋》有"伊尹对汤曰,菜之美者有云梦之芹(云梦属楚地)"。《尔雅》有"芹,楚葵也"。可见我国自古水芹即供食用。后世需要日多,乃行栽培。现在各地均有种植。

旱芹属伞形花科,系东亚原产的宿根作物,学名为 *Apium graveolens* var. *dulce*。我国原野间尚有野生种。根叶有特异的香气,炒食煮食均可,或与其他蔬菜调和,作为香辛料。我国各地栽培颇广,尤以闽、粤、滇、川、江、浙等省栽培最盛,可算是冬季的良好蔬菜了。近年来,各地多有种植,进行软化栽培,改进品质,然后供食用。

10. 蓨蓘

一名香蓘,一名胡蓘,一名胡菜,处处种之。茎青而柔,叶细有花岐。立夏后开细花成簇如芹菜,花淡紫色。五月收子如大麻子,亦辛香。子叶俱可用,生熟俱可食,甚有益于世者。根软而白,多须绥绥然,故谓之蓘。张骞得种于西域,故名胡蓘,后因石勒讳胡,改作香蓘。又以茎叶布散,呼为蓨蓘。味辛,气温。消谷,止头痛。治五脏,补不足,利大小肠,通心脾窍及小腹气,拔四肢热,治肠风。合诸菜食,气香,令人口爽。辟飞尸、鬼疰、蛊毒。冬春采之,香美可食,亦可作菹。道家五荤之一,伏石钟乳,久食损精神,令人多忘。凡腋气、口臭、䘌齿、脚气、金疮久病人,不可食根,损阳滑精,发痼疾。同斜蒿食,令人汗臭。难产、服补药,及药中有白术、牡丹皮者,忌。

【诠释】

芫荽系伞形花科的一年生作物,*学名为 *Coriandrum sativum*。茎为方形,高 0.6 米,紫色,嫩时青绿色。叶为根出叶,小叶圆形,有深缺刻,系羽状复叶。4~5 月间开花、结实。花为白花,群生茎梢。嫩茎幼叶具有香气,生熟皆可食,供放入肴馔上,作为装饰与香辛料。南北各省均有栽培,不少地方喜欢生食。原产南欧地中海沿岸,于汉时传入我国,故名胡荽。

---

*编者注:据《中国植物志》,芫荽为一年生或二年生作物。

春秋两季都可播种。寒地春播,要在上年先行秋耕,翌春解冻后,再行耕锄。芫荽喜欢轻松的土质,土质愈轻松,生长愈良好。播后约1星期发芽,生长2星期左右即可开始间拔,以后即可陆续采收。

11. 萝卜

一名莱菔,一名芦菔,一名雹葖,一名紫花菘,一名温菘,一名土酥,处处有之,北土尤多。其状有长圆二类,根有红白二色。茎高尺馀,苗稠则小,随时取食,令稀则根肥大。叶大者如芜菁,细者如花芥,皆有细柔毛。春末抽高薹,开小花,紫碧色。夏初结荚子,大如麻子,黄赤色,圆而微扁,生河朔者颇大,而江南安州、洪州、信阳者尤大,有重至五、六斤者。大抵生沙壤者脆而甘,生瘠地者坚而辣。根叶皆可生、可熟、可菹、可齑、可酱、可豉、可醋、可糖、可腊、可饭,乃蔬中之最有益者。气味辛甘无毒。下气消谷,去痰癖,止咳嗽,利膈宽中,肥健人令肌肤细白。同猪羊肉、鲫鱼煮食,更补益。熟者多食滞膈中成溢,饮服地黄、何首乌者食之发白。以萝卜多食渗血,性相反也。

〔附录〕水萝卜、形白而细长,根叶俱淡脆,无辛辣气,可生食。亦有大如臂长七、八寸者,则土地之异也。出山东寿光县者尤松脆。胡萝卜。有黄赤二种,长五、六寸,宜伏内畦种,肥地亦可漫种。大者盈握,冬初掘取。生熟皆可啖,可果可蔬。茎高二三尺,有白毛,气如蒿,不可生食。贫人晒干,冬月亦可拌腐充饥。三伏内治地点种。地肥则漫种,频浇则肥大。欲收种者,留至次年。开碎白花,攒簇如伞。子如蛇床子,稍长而有毛,褐色,又如莳萝子。元时来自虏中,故名胡萝卜。甘辛、无毒,下气补中,利胸膈,安五脏,令人健。食有益无损。子治久痢。一种野胡萝卜,根细小,用亦同。金幼孜《北征录》云:"交河北有沙萝卜,根长二尺许,大者径寸,下支生小者如箸。色黄白,气味辛而微苦。气似胡萝卜。想亦胡萝卜之类,但地利人力之不同耳。"

种植:头伏下种,宜沙地,地欲生则无虫,耕地欲熟则草少。治畦长一丈,阔四尺,每子一升可种二十畦,子陈更佳。先用熟粪匀布,细土覆之,苗出三、四指便可食。择其密者去之,疏则根大。尺地只可留三、四窠,厚壅频浇,其利自倍。月月可种,月月可食。欲收种,于九月、十月择其良者,去须带叶移栽之,浇灌以时,至春收子可备种莳。锄不压频,忌带露锄,恐生虫。

【诠释】

萝卜是另一种由十字花科分化出来的莱菔属植物,学名 *Raphanus sativus*。它的地上部分变化不大,而地下部分由于储藏养分的增多,终于进化成萝卜。栽培萝卜是从莱菔属植物的所谓野生萝卜进化来的,萝卜是我国最古老的栽培植物之一。据历史记载,上古叫芦萉,以后叫莱菔,也叫紫花菘,现在通称萝卜。这在我国古代文献中,如《尔雅》、《诗经》和《神农本草经》等,都有记载。《尔雅》说:"葖、芦萉,紫花大根,俗呼雹葖。"也叫紫花菘或温菘、芦萉。《诗经·谷风》中的"采菲",就是泛指十字花科蔬菜,包括萝卜在内。还有所谓"蕒",《尔雅》解释为"大叶,白华(花),根如指",这是指开白花的小萝卜而言。以上所说的大萝卜和小萝卜,直到如今还在我国栽培和食用。但事物是发展的,现在的萝卜种类已有很多了,可见我国栽培萝卜历史的悠久。萝卜在我国最早用于中药,这也可以作为中国是萝卜原产地的一个例证。现在萝卜主要用作蔬菜,也可以生食,北京的"心里美"萝卜已成为大众化的水果。萝卜有去热清火、止咳定咳的功效,还能助消化,解酒醉,治晕船,解煤气中毒等等。生食升气,熟食降气,真实不虚。平常多吃一点萝卜是有益于健康的。

水萝卜是萝卜的品种之一。本品种中的紫红水萝卜,以北京生产为多,叶中等大,缺刻深,表里两面均有细毛,叶柄及叶片基部为深紫红色。根上部露出地面,短圆筒形。一般重约0.6公斤左右,外皮深紫红色,肉全面有紫红晕,肉皮脆而爽,味甘多汁,无辛味,生食最宜。

12. 胡萝卜（参阅前条附录）

【诠释】

胡萝卜系伞形科植物,学名 *Daucus carota* var. *sativa*,别名金笋、黄萝卜、番萝卜,赤珊瑚、甜芦菔、丁香萝卜等,日本称"人参"。李时珍谓:"元时始自胡来,气味微似萝卜,故名。"胡萝卜为一年生或二年生蔬菜。叶是根出叶,浓绿色,有长叶柄,为三回羽状复叶。茎高1~1.5米。夏月开花,花小,白色,雄蕊5枚,与花瓣同数,互生,复伞形花序,总苞自羽状复叶而成。种子扁长椭圆形,黄褐色,长约0.33厘米。根长圆锥形,也有纺锤形、球形或短圆锥形的。色泽普通多赤色、橙黄色、黄色,也有白色的。肉质致密,有特殊之香气。此赤色素中含有一种化学成分,叫胡萝卜素,如果用化学方法把它提出,则成为一种橙黄色的结晶体,与维生素 A 有相似的效用,和番茄、辣椒所含的赤色素相同。甘辛可口,含滋养分极富。关于原产地,有人说是英国,有人说是中亚,尚未确定。

13. 蔓菁

　　一名芜菁,一名葑,一名须,一名蕦芜,一名荛,一名芥,一名九英菘,一名诸葛菜。根长而白,形如胡萝卜,霜后特软美,蒸煮煨任用。稍似芋魁,含有膏润,颇近谷气。茎粗,叶大而厚阔。夏初起薹,开黄花,四出如芥,结角亦如芥子,匀圆似芥。子紫赤色,茎叶稍逊于根,亦柔腻,不类他菜。人久食蔬菜无谷气,即有菜色。食蔓菁者独否,蔓菁四时皆有,四时皆可食。春食苗,初夏食心,亦谓之薹,秋食茎,冬食根。数口之家,能莳数百本,亦可终岁足蔬。子可打油然灯,甚明。每亩根叶可得五十石,每三石可当米一石,是一亩可得米十五、六石,则三人卒岁之需也。此菜北方甚多,河东太原所出,其根最大。气味苦温无毒。常食通中下气,利五脏,止消渴,去心腹冷痛,解面毒。入丸药服,令人肥健,尤宜妇人。

　　种植:耕地欲熟,七月初种,一亩用子三升。种法:先薅草,雨过即耕,不雨先一日灌地使透,次日熟耕作畦,或耧种或漫撒,覆土厚一指。五、六日内有雨不须灌,无雨戽水灌沟中遥润之,勿浇土,令地实。以沙土高者为上,故墟坏墙尤佳,宜厚壅之。择子下种,出甲后即耘出小者为茹。若不欲移植,取次耘出存其大者,令相去尺许。若欲移植,俟苗长五、七寸,择其大者移之,先耕熟地作畦,深七、八寸,起土作垄,艺苗其上,垄土虚浮,根大倍常;一法:子欲陈,用鳗鲡汁浸之。曝干种,可无虫。取子者,当六、七月种,来年四月收。若中春种,亦即生薹,与秋种者同熟。但根小、茎矮、子少耳。供食者,正月至八月皆可种。凡遇水旱,他谷已晚,但有隙地,即可种此,以济口食。一法:地方一尺五寸,植一本。一步十六本,一亩三千六百本。每本子一,合可得三石六斗,比菜子可多三四倍利。

【诠释】

蔓菁,亦叫芜菁,是十字花科的作物,学名为 *Brassica rapa*。它起源于一种具有辛辣味的野生芸薹属植物。由于受北方地理气候和昼夜温差的影响,它在通过晚秋和越过冬季时,养分储藏在地下宿根部分,由此逐渐形成蔓菁的肉质根。

在西周(公元前十一世纪)以前,我国已经把蔓菁作为重要蔬菜之一。据《周礼·天官·醢人》(公元前三世纪)说:"朝豆之事,其实菁菹。"《吕氏春秋·本味篇》记有:"菜之美者,具区之菁。"这里"菁菹"是指用蔓菁加工制作的腌菜,"菁"就是蔓菁。秦汉以前,蔓菁早已被培育成为优良的蔬菜品种,并已普及到东南吴越地区。西汉(公元前一世纪)农书《四民月令》中有"四月收

芜菁及芥"的记录,这说明从这个时期起,我国农学家崔寔已将芜
菁与芥区别开来,并正式采用两种不同的名称。由于定向培育和
选择的结果,一种是利用地上部分的芥叶,一种是利用地下部分的
肉质芥根,完全成为两种不同的植物类型。

蔓菁的品种颇多,有依根的形状分为圆形、长圆形的,有依色
泽分为白色、黄色、红色的,有依供给食用时期分为秋冬蔓菁、四季
蔓菁的。秋冬蔓菁类有大头菜、盘菜、疙瘩菜等,四季蔓菁有金町
蔓菁等。

蔓菁性喜滋润,但又不宜过湿,致根株腐烂,过干则发育难畅,
故宜酌量情形,施行排水或灌溉。生长期内,除雨后停留水量过多
须行排水外,如天气晴朗,平均每周须灌溉一次,使土壤保持滋润。

蔓菁虽连作无甚妨碍,但如遇病虫害,则不易防除,故后作可
用茼蒿、豌豆、蚕豆、大麦、小麦、芸薹等,前作以瓜类、豆类为宜。

秋冬蔓菁播种后 80~90 日,四季蔓菁 40~50 日,可以采收,逾
期则根部肉质疏松,色变,品质亦劣。每亩收量,大形种约 4,000
斤,小形种约 2,500 斤,采种法与萝卜同。

14. 菠菜

一名菠薐,一名菠斯草,一名赤根菜,一名鹦鹉菜,出西
域颇陵国,今讹为菠薐,盖颇陵之转声也。茎柔脆中空。叶
绿腻柔厚,直出一尖,傍出两尖,似鼓子花叶之状而稍长大。
根长数寸,大如桔梗,色赤,味甘美。四月起薹尺许,开碎白
花,有雌雄。雌者结实,有刺,状如蒺藜。叶与根味甘,冷滑

无毒。利五脏,通肠胃热,开胸膈,下气调中,止渴润燥,解酒毒,服丹石人最宜。麻油炒食甚美,北人以为常食。春月出薹,嫩而且美,春暮薹渐老,沸汤晾过,晒干备用甚佳。可久食,诚四时可用之菜也。南人食鱼、稻,多食则冷大小肠。忌与鲴鱼同食,发霍乱。

　　种植:正二月内将子水浸二、三日,候胀捞出,控干,盆覆地上。俟芽出,择肥松地作畦,于每月末旬下种,勤浇灌,可逐旋食用。秋社后二十日种者,至将霜时马粪培之,以避霜雪。十月内沃以水,备冬蔬。此菜必过月朔乃生,即晦日下种,与十馀日前种者同出,亦一异也。春种多虫,不如秋种者佳。

【诠释】

　　菠菜系藜科一年生或二年生作物,学名为 *Spinacia oleracea*,栽培的区域极广。高约 0.6 米,生长颇速。叶浓绿或带褐色,互生,卵圆形或不正三角形,叶基部两侧极尖,叶面平滑,叶柄长而肉厚。花小,黄绿色,单性,雌花和雄花异株。根带红色,种子灰褐色,分有刺和无刺两种。有刺种种子大,一钱约有种子 323 粒;圆形种种子小,一钱约有种子 330~340 粒。菠菜的原产地,专家学者论说不一,以产波斯较为可据,唐时传入中国。据《唐会要》载:"太宗时,尼婆罗国献波稜菜,类红蓝,实如蒺藜,火熟之能益食味。"宋·苏轼诗:"北方苦寒今未已,雪底波薐如铁甲。岂知吾蜀富冬蔬,霜叶露芽寒更苗。"茎叶味甘,质柔,富含维生素及可溶性铁素,滋养率高,炒煮俱宜,又可晒干或渍腌。多食对于治疗便秘、肾脏病、贫血病等,均有效。

　　菠菜性喜温暖气候,且能耐寒,除极冷及酷热的天气外,随地都可栽培。土质要多含腐植质,以肥沃砂质壤土,粘质壤土或地势潮湿的地方为佳。适于夏季栽培,春秋播种,容易腐败。

　　菠菜栽培的地方,要多耕锄。施基肥后做成平畦,如地方低温,可用高畦。将种子条播畦中,覆土 1.3~1.6 厘米,或将圃地划成 0.8 米宽的长方形,上面撒播种子,照前法覆土,再加稻草覆盖。随时浇水,以免干燥。

　　播种分春秋两季。春播自 3 月上旬至 5 月上旬,可用耐寒力弱的圆形种。秋播自 8 月下旬至 10 月中旬,可用我国普通种。夏季在冷湿的地方也可栽培。通常于播种后 10 馀日发芽,苗长到 0.6 分米许即可匀苗,最后一次按株距 6~7 厘米留植 1 株。匀下的苗,可先供蔬菜用。

　　菠菜喜欢肥沃的土地,要多施有机质和氮素肥料。播种时以堆肥、钙肥、人粪尿、油粕、过磷酸钙、草木灰等为基肥,追肥用稀薄人粪尿。发芽后 1 个月,施用一次,秋播的于再经 20 日,又施肥一次。普通中等地,基肥约需人粪尿 1,500 斤,过磷酸钙 16 斤,草木灰 20 斤。追肥可施稀薄人粪尿 2,000 斤,分两次施下。

15. 白菜

　　一名菘,诸菜中最堪常食。有二种。一种茎圆厚微青,一种茎扁薄而白。叶皆淡青白色,子如芸薹子而灰黑。八月种,二月开黄花,四瓣,如芥花。三月结角,亦如芥。燕、赵、淮、扬所种者最肥大而厚,一本有重十馀斤者。南方者,畦内过冬。北方多入窖内。味甘温无毒。利肠胃,除胸烦,解酒渴,利大小便,和中止嗽,冬汁尤佳。夏至前,菘菜食发皮肤风痒,动气发病。

种植:五月上旬撒子,用灰粪盖,粪水频浇,密则芟之,六月中旬可食。

〔**附录**〕黄芽菜。白菜别种,叶茎俱扁,叶绿茎白,惟心带微黄,以初吐有黄色,故名黄芽。燕京圃人以马粪拥培,不见风日,苗叶皆嫩黄色,脆美无滓,佳品也。春不老:一名八斤菜,叶似白菜而大,甚脆嫩,四时可种,腌食甚美。

【诠释】

白菜,又名菘,分大白菜,黄芽白,包心白等品种,是十字花科的作物,学名 *Brassica pekinensis*。叶自根生,叶片广阔,形稍圆,叶缘有缺刻,叶面皱褶,具有茸毛,也有无缺刻皱褶茸毛的。叶色淡黄或青绿,叶势向上直生,或向四面开展,还有结球性的。叶柄或叶肋发育颇大,肉质有厚有薄,但都柔软多汁,甘脆无滓,煮渍生食俱宜。春季发生花梗,高 0.8~1 米,花小,色黄,形如十字,质硬,肉脆,汁多。未开花前也可供食,叫白菜薹或白菜心。种子初夏成熟,色赤褐或黑褐,每重 1 钱,约有种子 1,200 粒。

白菜原产于我国,数千年来均有栽培。种类颇多,品质优良。《本草纲目》载:"南方之菘,畦内过冬。"北方者多入窖内。燕京圃人又以马粪入窖培壅,不见风日,长出苗叶皆嫩,黄色,脆美无滓,谓之"黄芽白",通称大白菜。北方冬季栽培极盛,品质也较优,河北、山东等省是大白菜的著名产地。

栽培白菜,气候最宜冷凉,并需适当的湿润,时有雨水。气候愈冷,生长愈旺,故概宜于秋季栽培。结球性白菜在生育末期,冷气渐增,最能获得良好结果。因为气温高,发育旺盛,只长外叶,不长心叶,即使结球,也难得坚实。春夏栽培的白菜,易罹病虫害,且未及充分成长即行抽薹,故春季天气温暖时,仅适合小白菜的栽培。

土质宜粘质壤土或砂质壤土,多含腐植质滋润,但过湿又常遭病害,成熟后也不易贮藏。结球性白菜尤适于粘质壤土。

白菜一类的栽培植物在我国占有极其重要的地位,是人们生活中不可缺少的辅助食物。它们被利用的历史可能比粮食作物要古远,因为它们不需要等到成熟结实,就可以作为食物采集。这类蔬菜的栽培,可以追溯到有史以前。在我国新石器时期的西安半坡原始村落遗址中发现过菜籽(芥菜或芜菁籽),距今约有六、七千年。根据古代文献记载,《诗经·谷风》中有"采葑采菲,无以下体"的记录。这说明在距今3000年左右时期,人们对于葑(蔓菁、芥菜、菘菜之类)与菲(萝卜之类)的利用已很普遍,栽培和采集可能是同时进行的。因为当时尚处于野生状态的大量芸薹属植物,已经成为人们的日常采集对象。

16. 擘蓝(由《卉谱》改列《蔬谱》)

一名芥蓝,叶色如蓝,芥属也。南方谓之芥蓝,叶可擘食,故北方谓之擘蓝。叶大于菘,根大于芥薹,苗大于白芥,子大于蔓菁,花淡黄色。三月花,四月实。每亩可收三四石。叶可作菹,或作干菜,又可作靛,染帛胜福青。

种植：种无时,收根者须四、五月种。少长,擘其叶,渐擘根渐大,八、九月并根叶取之。地须熟耕,多用粪土,喜虚浮土,强者多用灰粪和之。

【诠释】

芥蓝属十字花科蔬菜,原产我国南方,为广东特产之一,学名 *Brassica alboglabra*。栽培历史已有一千多年,主要产于广州附近以及中山、新会、江门、珠海等县市,梅县及汕头地区亦有栽培。全年均有芥蓝供应市场,但以秋、冬、春三季为主要生产季节。除供应内地外,还有大宗外调出口。

芥蓝为一年生或二年生草本植物,全部秃净而粉绿。茎直立,分歧力强。叶卵形至近圆形,基部宽大,全缘或波状浅缺刻,基部常深裂成耳状裂片,叶面平滑,青色或黄色。食用部分为鲜嫩粗大的薹茎(有如胡萝卜一般粗大)及其茎生嫩叶。一般每次刈割后,即加施肥,复抽生嫩薹茎,可以刈割3~4次。产品质佳,外销港澳等地。汕头、梅县等地区,尚有专采叶的品种。

广州地区栽培的品种有早熟种(早芥蓝),早熟耐热,薹叶较疏而稍狭,7月至9月播种,10月至12月供应,品种又分尖叶、柳叶等。中熟种和晚熟种薹叶稍密,9月至11月播种,两个月后可采收,供应品种有江门、中花、荷塘芥等,品质好,很受市场欢迎。

17. 甘蓝(新增)

学名为 *Brassica oleracea*,结球的甘蓝叫球叶甘蓝,别名椰珠菜、椰菜、包心菜、包菜、洋白菜、番芥蓝，系十字花科芸薹属二年生作物。种子和白菜子相似。叶柄短，叶厚而硬，呈淡绿、浓绿或紫色，表面平滑或有皱纹，上有白粉。当初叶数很少，其后渐次增加，形成互相抱合的叶球。花比芸薹花为大，有4花瓣，淡黄色，总状花序，花期在4~5月。花谢结荚，形圆细长，6~7月间成熟，一钱种子1,200~1,300粒，经4~5年尚可发芽。在分类方面，有依叶色分为绿色种、紫色种的，有依形状分为平头、圆头的。

原产于欧洲，二千年前已有栽培，现在法国、丹麦和英国南部海岸尚有野生种。我国于何时传入，尚无可考，现在各大都市均有栽培。《广州府志》载："椰球菜，一名番芥蓝而大，一株重至数斤，茎端嫩叶圆结似椰子内球，味甘绝，来自番舶。"甘蓝多含滋养分，极有营养价值，且富有磷的成分，可为清血剂。耐贮藏，除煮食、炒食外，并可盐腌、醋渍，在蔬菜中占有重要地位。春秋两季均可播种，育成苗，定植前先施基肥。

18. 茼蒿

茎肥，叶绿，有刻缺，微似白蒿，甘脆滑腻。四月起薹，高二尺馀。开花深黄色，状如单瓣菊花，一花结子近百。易繁茎，以佐日用，最为佳品。主安气养脾胃，消水饮。多食动风气，薰心，令气满。

种植：肥地治畦，如种他菜法。二月下种，可为常食，秋社前十日种，可为秋菜。如欲存种，留春菜收子。

【诠释】

茼蒿,又名菊蒿、菊菜,系菊科一年生或二年生作物,学名为 *Chrysanthemum coronarium*。种子小,形稍长,呈褐色,一钱约有种子两千数百粒。叶腋生侧枝,向四方繁茂抽薹,高 0.8~1 米。叶是二回羽状复叶,深裂,绿色,互生。花黄色或白色,头状花序,外围的花舌状花冠,中部的花筒状花冠。外观美丽,可供观赏。原产在我国,各地均有栽培。嫩茎叶供食用。《农桑通诀》载:"茼蒿,春二月种,可为常蔬;秋社前十日种,可为秋菜。如欲出种,春菜食不尽者,可为子,供播畦种。其叶又可汤泡,以配茶茗,食菜中之有异味者。"

欧美各地尚无栽培。日本在三百年以前由我国传入,栽培日益增多。

茼蒿,不论何种土质俱可栽培,但以肥沃的粘土繁殖最盛。性稍耐寒,在南方可安全越冬。北方寒期很长,多冰雪的地方便有冻伤的损害。

茼蒿的品种大体可分为下列三种:

i. 通常种;分蘖性强,横枝繁多。叶狭长,绿色,缺刻很深。

ii. 大叶种:南方各省栽培极盛。叶广阔长大,浓绿色,缺刻浅。肉厚味浓,耐寒力弱。

iii. 帚种:和通常种形状相似,茎有直立性,分蘖较少。

茼蒿播种分春、秋两期。春播 3 月乃至 5 月,秋播在 8~9 月,普通用直播法。于 1~1.3 米幅的畦上,条播两行,或行撒播,薄覆以土。每亩播种量为 3~4 升,播种后 7 日至 10 馀日发芽,其后随时拔嫩苗供食,最后使株间有 17~20 厘米的距离。定苗后,如天气干旱,每日或间日浇水一次,使土壤滋润,不致干燥。基肥用豆粕、人粪尿、腐熟堆肥,通常不施补肥。倘生长期间发育不旺,可酌施稀薄人粪尿。

　　茼蒿无论春秋播种,都可采收种子。秋播的翌年3月至4月抽薹开花,春播的5月至6月抽薹开花。所结子实,其色黑褐,采下晒干,留作种用。春播约经50日,秋播约经150日,生长达10~13厘米时,即可采收。春季因气温日趋和暖,抽薹极速,迟则花穗抽发,茎叶粗老,品质变劣,故采收宜早。秋播的自10月至翌年初春,随时均可收获。

19. 山药

　　原名薯蓣,一名山薯,一名土薯,一名玉延,一名修脆,处处有之。南京者最大而美,蜀道尤良,入药以怀庆者为佳。春间苗生,茎紫,叶青,有三尖,似白牵牛叶更厚而光泽。五、六月开细花成穗,淡红色,大类枣花。秋生实于叶间,青黄。八月熟落根下处,薄皮,土黄色,状似雷丸,大小不一,肉白色,煮食甘滑与根同。冬春采根,皮亦土黄色,薄而有毛。其肉白色者为上,青黑者不堪用。生山中者根细如指,极紧实,刮磨入汤,煮之作块,味更佳,食之尤益人。入药以野生者为胜,性甘温平,无毒。镇心神,安魂魄,止腰痛,治虚赢,健脾胃,益肾气,止泄痢,化痰涎。久服耳目聪明,轻身不老。

【诠释】

　　山药系薯蓣科植物,学名为 *Dioscorea batatas*,本名薯蓣,原产我国。据《山海经》记载"景山草多薯藇",又"升山其草多薯藇"。说明先秦时代,已采掘山药供作杂粮及蔬食。又据李时珍《本草纲目》转引寇宗奭说:"薯藇又作薯蓣。唐代避代宗名预的讳,改为薯药;到英宗时又避英宗名曙的讳,改称为山药。"除见于《山海经》记载的景山、升山以外,各省丘陵山地的草野间亦发现有不少种类的山药。据《中国种子植物科属辞典》记载,我国山药有80种,主要产在西南至东南一带,西北及北部较少。在薯蓣品种中,河南怀庆府(在今焦作市一带)及附近各县所产的称为怀山药,通常简称淮山,有健胃等药效。至于两广方面,多栽培参薯和甜薯,主要供食用。根据其块茎(薯)的形状和颜色,又可分为多种。此外,还有薯莨,为中南和台湾特产,尤以广东西江和广西交界各县栽培最多,供作工业用途。其它各省栽培情况,尚未深入了解。

　　繁殖有用种薯和零馀子两种。用种薯繁殖薯蓣,在9~10月间选择生长健全的老根,切取上端10~13厘米留作种薯,切口涂上草木灰,以防腐烂。切种薯的时候也要注意形状,因为不正形的种薯常常产生不正形的薯。种薯取得后,可藏于窖内,但温暖的地方不用窖也无妨碍,可择向阳的地方,用土砂混合埋入地中,次年3月间取出下种。用零馀子繁殖薯蓣,系在8~9月间,当薯蓣成熟的时候,采下肥大的零馀子,选择形正粗大的照前法收藏,翌年春季取出育苗。

20. 甘薯

　　一名朱薯,一名番薯,大者名玉枕薯,形圆而长,本末皆锐，肉紫皮白，质理腻润，气味甘平无毒。补虚乏，益气力，健脾胃，强肾阴，与薯蓣同功，久食益人。与芋及薯蓣自是各种。巨者如杯，如拳，亦有大如瓯者，气香，生时似桂花，熟者似蔷薇。露扑地传生，一茎蔓延至数十百茎，节节生根。一亩种数十石，胜种谷二十倍，闽广人以当米谷，有谓性冷者非。二、三月及七、八月俱可种，但卵〔一〕有大小耳。卵八、九月始生，冬至乃止，始生便可食。若未须〔二〕者，勿顿掘，令居土中，日渐大，到冬至须尽掘出，不则败烂。

树艺：种薯宜高地沙地，起脊尺馀，种在脊上，遇旱可汲井浇灌。即遇涝年，若水退在七月中，气候既不及秋五谷，即可剪藤种薯。至于蝗蝻为害，草木荡尽，惟薯根在地，荐食不及，纵令茎叶皆尽，尚能发生。若蝗信到时，急令人发土遍壅，蝗去之后，滋生更易。是天灾物害，皆不能为之损。人家凡有隙地，但只数尺，仰见天日，便可种得石许，此救荒第一义也。须岁前深耕，以大粪壅之，春分后下种，若地非沙土，先用柴灰或牛马粪和土中，使土脉散缓，与沙土同。庶可行根，重耕起要极深。将薯根每段截三、四寸长，覆土深半寸许，每株相去纵七、八尺，横二、三尺。俟蔓生既盛，苗长一丈，留二尺作老根，馀剪三叶为一段，插入土中，每栽苗相去一尺，大约二分入土，一分在外，即又生薯。随长随剪，随种随生，蔓延与原种者不异。凡栽须顺栽，若倒栽，则不生。节在土上即生枝，在土下则生卵。约各节生根，即从其连缀处断之，令各成根苗，每节可得卵三、五枚。

藏种：九月、十月间，掘薯卵，拣近根先生者，勿令损伤，用软草包裹,挂通风处阴干。一法:于八月中,拣近根老藤,剪七、八寸长,每七、八根作一小束,耕地作畦,将藤束栽畦内,如栽韭法。过月馀,每条下生小卵,如蒜头状。冬月畏寒,稍用草盖覆,至来春分种。若老条原卵在土中,无不坏烂。一法霜降前取根藤,曝令干,于灶下掘窖约深一尺五、六寸,先下稻糠三、四寸,次置种其上,更加稻糠三、四寸,以土盖之。一法七、八月取老藤种入木筒或磁瓦器中,至霜降前置草篅中,以稻糠衬置向阳近火处,至春分后依前法种。

收蔓:枝节已遍地,不能容者即为游藤,宜剪去之,及掘根时卷去藤蔓,俱可饲牛羊猪,或晒干冬月喂,皆能令肥腯。

【诠释】

〔一〕卵,指薯。

〔二〕须,指发根。

甘薯系旋花科宿根蔓性植物,学名为 *Ipomoea batatas*,种类颇多。原产中美洲,由西班牙人传入吕宋。我国于明万历二十二年始由南洋群岛传入栽培,别名番薯、红薯、白薯、甜薯、土薯、玉枕薯等。日本名为琉球薯、萨摩薯或唐薯,栽培极广。温带地方为一年生草本。茎细长,匍匐地上。叶心脏形或掌状形,有长叶梗,互生。花合瓣,花冠紫色,与漏斗和牵牛花相似。蔓之各节容易生根,入泥土中便膨大成块根。块根多肉,味甘,供食用或酿酒作饴制淀粉。嫩茎幼叶可充蔬菜,茎蔓供饲料。薯能生不定芽,为繁殖之用。

甘薯生长快,产量高,用途广,故各地种植日益增多。本谱于

1621年出版,比《农政全书》(1639年)早十几年。当时甘薯产量就已很高,而且稳产、丰产,比种谷强20倍。甘薯可供蔬食,可作粮食,可晒干储藏,可生食,可熟食,可煮食,可煨食,可切末晒干收作粥饭,可晒干粉作饼饵,可取粉作丸,似珍珠沙谷米,可造酒……故各地多将番薯列入杂粮。

21. 生菜

一名白苣,一名石苣,似莴苣而叶色白,断之有白汁。正、二月下种,四月开黄花如苦荬,结子亦同。八月、十月可再种,以粪水频浇,则肥大。谚云:"生菜不离园。"宜生食,又生挼盐醋拌食,故名生菜,色紫者为紫苣。一云紫苣和土作器,火煅如铜。唐时立春日设春饼,生菜号春盘。

【诠释】

生菜系一年生或二年生作物,学名为 *Lactuca sativa*。叶为根出,叶面平滑或皱缩,色有淡绿、浓绿、黄绿、红绿等种,又有结球和不结球的分别。一般茎叶脆嫩,肉质肥厚,汁液味甘,微苦,炒煮俱宜,并适于生食。多食能使血液循环良好,且有调和神经、治愈不眠症和利尿的功效。

一般可分为直立生菜、刈叶生菜、结球生菜三大类型。播种普通分春秋两季,春播自3月下旬至4月下旬,秋播自8月中旬至9月中旬。

22. 菾菜

一名莙荙。叶青白色,似白菜叶而短。茎亦相类,但差小耳。煮熟食良,微作土气。正、二月下种,宿根亦自生,时以粪水沃之。四月开细白花,结实状如茱萸球而轻虚,土黄色,内有细子,根白色。味甘苦大寒滑,无毒。开胃,通心膈,利五脏,理脾气,去头风,补中下气,宜妇人。冷气人不可多食,勤气患腹冷人食之必破腹。十月以后宜于暖处窖藏。

【诠释】

菾菜系藜科二年生作物,与根菾菜系同种,嫩时可自下部逐渐采摘供蔬食。花和果实生长状态与根菾菜同。学名为 *Beta vulgaris*,又有红色菾菜叫"火焰菜"。

南方各省栽培较盛,风味略似菠菜,微有土气,以煮食为主,或供饲料。菾菜适应性较广,对土质不甚选择,在滋润的粘质壤土生长更佳。寒地栽培过迟,品质不良。

23. 蕹菜

干柔如蔓,中空。叶似菠薐及蹇头,开白花。南人编苇为筏,作小孔浮水上,种子于中,长成茎叶皆出苇孔中,随水上下,南方之奇蔬也。陆种者宜湿地,畏霜雪。九月藏窖中,三、四月取出,壅以粪土。节节生芽,一本可成一畦。生岭南,今江夏、金陵多莳之。

【诠释】

蕹菜也叫空心菜,我国原产,系旋花科一年生蔓性作物,学名为 *Ipomoea aquatica*。茎中空,柔软,色绿。叶互生,有长叶柄,叶片稍似菠菜,系鎞头形,色淡绿或浓绿。生长渐盛,自叶腋间生分蘖。花多白色,间有淡红色,形似牵牛花。嫩梢嫩叶可作蔬菜,通常分为水旱两种。最初种水蕹时,可能有人在个别竹筏上铺泥种植,这种情况绝少见。当然,这样种菜水足肥足,生长很快。水蕹叶淡绿色,质柔味淡。旱蕹叶色浓绿,食味较甘。《闽书》:"蕹菜蔓生,花白,茎中虚,摘其苗土压辄活,一名壅菜。"《本草纲目》载:"蕹与壅同。此菜壅以粪土,即节节生芽,一本可成一畦,故得此名。"水蕹多种在水边,旱蕹则种在平地。蕹菜喜欢温暖的气候,最忌霜害,寒地栽培要在初夏播种。土质以深厚的砂质壤土或砂质粘土、肥沃滋润、灌溉便利的地方为宜。至于水蕹,更宜在水田或浅泽中栽培。

24. 苋

凡六种,赤苋、白苋、人苋、紫苋、五色苋、马苋。人苋、白苋俱大寒,又名糠苋、胡苋,二苋味胜他苋,但大者为白苋,小者为人苋耳。紫苋茎叶皆紫,无毒,不寒。赤苋一名蕡,又名花苋,茎叶深赤。五色苋今稀。有细苋,俗名野苋、猪苋,堪喂猪。诸苋皆三月种,叶如蓝,茎叶皆高大易见,故名苋。开细花成穗,穗中细子扁而光黑,与青葙子、鸡冠子无别。老则抽茎甚高,六月以后不堪食。子霜后始熟,九月收。六苋俱气味甘冷利,无毒,并利大小肠。治初痢,滑胎,通窍,明目,除邪,去寒热。白苋补气除热,赤苋主赤痢、射工、沙虱。紫苋杀虫毒,治气痢。

【诠释】

苋是苋科一年生作物,学名为 *Amaranthus mangostanus*。叶互生,卵圆形,叶柄长。夏秋之间,花梗自茎梢抽出,花细小,呈黄绿色。苞与果实同长或稍长,种子细小,黑色,有光泽。幼苗时期,采嫩茎叶供蔬食,也有采收成长粗大的苋菜茎,用盐渍、糟腌,供食用。

原产于东印度,我国栽培极古。《易经·夬卦》:"苋陆夬夬。"《南齐书·王智深传》:"智深家贫,无人事,尝饿五日不得食,掘苋根食之。"现南北各省栽培苋菜颇为普遍,专采幼苗或稍长大的植株,供蔬。浙江宁波、绍兴一带,多采苋茎供食。欧美各国尚少栽培。

25. 马齿苋

一名马苋,一名五行草,一名五方草,一名长命菜,一名九头狮子草,处处有之。柔茎布地,叶对生比并,圆整如马齿,故名。六、七月开细花,结小尖实,实中细子如葶苈子状。苗煮熟晒干,可为蔬。有二种。叶大者为独耳草,不堪用。小叶者又名鼠齿苋,节叶间有水银,每十斤可得八两或十两。气味酸寒无毒,散血消肿,利肠滑胎,解毒通淋,治产后虚汗。

【诠释】

马齿苋是马齿苋科一年生草本,学名为 *Portulaca oleracea*,生于郊野庭园中。茎带赤色,肉质多汁,平卧地上,分枝甚多。叶小,倒卵形,厚而柔软,可供蔬食,又名"瓜子菜"。

26. 芸薹菜

单茎,圆肥,淡青色。叶附茎上,形如白菜,嫩时可炒食。既老,茎端开花如萝卜花,结角中有子。味温,无毒,主腰脚痹,破症瘕、结血。多食损阳气,发疮,口齿痛,又生腹中诸虫。

【诠释】

芸薹一名,常见于古代文献。后来,由于芸薹种子多用作榨油,便通称为油菜,与白菜、芥菜同属十字花科植物。三国时(三世纪)有芸薹作蔬菜的记录,说:"乃人间所啖菜。"(南齐《名医别录》)。唐时(七世纪)除用芸薹作蔬菜外,还用芸薹种子榨油(《唐本草》)。宋时(十一世纪)开始用油菜名称,并有了介绍其利用价值的文章。至明时(十四世纪)栽培已遍及全国,成为重要的油料作物(明《便民图纂》)。我国青海、新疆、内蒙古等省区,可能是芸薹生长最早的地区。

由于各地气候的差异和生活上要求不同,油菜生态和形态也随着向两个不同的方向变异。一是为了蔬食的需要,人们着重于叶片的选择,由此引起叶片的发展。例如乌金白和紫菜薹,前者叶片坚实暗绿,风味清脆;后者茎紫皮而叶紫红,菜薹多涎而微苦,是一种具有特别风味的蔬菜,为湖北武昌的特产。另一种是着重在种子的利用方面,即油用油菜,是一种适应性强、经济价值高的油料作物,已成为专一的工艺植物了。

27. 黄瓜

　　一名胡瓜,蔓生。叶如木芙蓉,叶五尖而涩,有细白刺如针芒。茎五棱,亦有细白刺,开黄花。结实青白二色,质脆嫩,多汁。有长数寸者,有长一、二尺者,遍体生刺,如小粟粒,多谎花。其结瓜者即随花并出,味清凉,解烦止渴,可生食。种阳地暖则易生,行阵宜整两行,微相近,用树枝棚起如人脑高,附蔓于上,两行外相远以通人行。喜粪壅,频锄,勿令生草,瓜生至初花锄三、四次。亦有随地蔓生者。摘瓜时宜引手摘,勿踏瓜蔓,亦勿翻覆之。此瓜可生食,亦可腌以为菹。性甘寒,小儿不宜多食。

　　种植:下种宜甲子、庚子、壬子、辛巳黄道开成日。二月上旬为上时,三月上旬为中时,四月上旬为下时,至五、六月,止可种藏瓜耳。预先将畦𤲛数遍,以土熟为度,加熟粪一层,又翻转以耙耧平,水饮足。将子用软布包裹水湿生芽出,天晴日中种子,于内掩以浮土二指厚,每晨以清粪水灌浇。俟苗长茂,带土移栽,苗大发旺,用竹刀开其根,跗间纳大麦一粒,结瓜硕大而久。栽苗之畦修治与上同,粪要熟而细,一切草根须去尽。

　　收子:取生数叶即结瓜者,谓之本母子,留至极熟摘下,截去两头取中央者洗净眼干,取干燥处,勿令浥湿,浥湿则难生。

28. 稍瓜

蔓生。较黄瓜颇粗,色绿而黑,纵有白纹界之,微凹,体光而滑肤,实而韧。味甘寒。利肠,去烦热,止渴,利小便,解酒热。宣泄热气,不益小儿,不可与乳、酥、鲊同食。宜忌大略与黄瓜同。

29. 菜瓜

北方名苦瓜,蔓叶俱如甜瓜。生时色青,质脆,可生食。间有苦者,亦可作豉腌菹,故名菜瓜。熟亦微甜。生秋月,大小不一,止可腌,以备冬月之用。

30. 丝瓜

一名蛮瓜,一名布瓜,一名天罗絮,一名天丝瓜,蔓生。茎绿色,有棱而光。叶如黄瓜叶而大,无刺,深绿色。宜高架,喜背阳向阴。开大黄花,少以盐渍可点茶。结实色绿,状如瓜,有短而肥者,有长而瘠者。嫩者煮熟,加姜醋食,同鸡鸭猪肉炒食佳。不可生食。性冷,解毒。多食败阳。九月将老者,取子留作种,瓢丝如网,可涤器。

31. 冬瓜

　　一名白瓜,一名水芝,一名蔬瓋,在处莳之,附地蔓生。茎粗如指,有毛,中空。叶大而青,有白毛如刺。开白花,实生蔓下,长者如枕,圆者如斗,皮厚有毛。初生青绿,经霜则青皮上白如涂粉,肉及子亦白。八月断其稍简,实小者摘去,止留大者五、六枚,经霜乃熟,十月足收之。味甘,微寒,性急善走,除小腹水胀,利小便,止渴益气,除满,耐老,去头面热,炼五脏。有热病宜食,阴虚及患寒疾人、久病人忌之。霜降后方可食,不然,反成胃病。

　　种植:种冬瓜,务傍墙阴地作区,围二尺,深五寸,以熟牛粪及土相和。正月晦日种,频浇之。十月亦可区,种如常法。冬则堆雪,区土润泽,肥好胜春种者。《东鲁王氏农书》

32. 南瓜

　　附地蔓生,茎粗而空,有毛。叶大而绿,亦有毛。开黄花,结实形横圆而竖扁,色黄有白纹,界之微凹。煮熟食,味面而腻,亦可和肉作羹。又有番南瓜,实之纹如南瓜而色黑绿,蒂颇尖,形似葫芦。二瓜皆不可生食。

33. 葫芦

　　匏也,一名蓏姑,蔓生。茎长,须架起,则结实圆正,亦有就地生者。大小数种,有大如盆盎者,有小如拳者。茎韧,有丝如筋。叶圆,有小白毛,面青背白。开白花。有甘苦二种。甘者性冷无毒,利水道,止消渴。苦者有毒,不可食,惟可佩以渡水。陆农师曰:"项短大腹曰瓠,细而合上曰匏,似匏而肥圆者曰壶。"

种植:葫芦、冬瓜、茄、瓠子、黄瓜、菜瓜,俱宜天晴日中下种,每晨以清粪水浇之。二月下旬栽,则五月中旬结实。若三月种,则太迟矣。种法:正月预以粪和灰土实填作一坑,候土发过热,筛过,以盆盛土。种诸子,常洒水,日晒暖,夜收暖处。候生甲时分种于肥地,常以清粪水灌浇,上用低栅盖之。待长,带土移栽。俟引蔓结子,子外之条掐去之。凡留子,初生二、三子不佳,取第四、五者留之。每科留三枚即足,馀旋食之。种大葫芦,正月中掘地作坑,深数尺或至一丈填实。油麻、菉豆、烂草叶一层,粪土一层,如此数重,向上一尺馀粪土填之,坑方四、五尺,每坑只种十馀颗。二月下子。待生长尺许,拣择肥好者四茎,每两茎相缚着一处,仍以竹刀刮去半边,以物缠住,以牛粪黄泥封之,一如接树法裹。待生做一处,只留一头,取此两茎,亦如前法。四茎合作一根,长大只留一根,待结葫芦,只拣取两个周正好大者,馀俱去之。依此葫芦极大,每个可盛一石。长颈葫芦如前法。如欲将长头打结,待葫芦生成,趁嫩时将其根下土,挖去一边,却轻擘开根头,挜入巴豆肉一粒在根里,仍将土罨其根。俟二、三日通根藤叶俱哭敝欲死,却任意将葫芦结成或绦环等式,仍取去根中巴豆,照旧培浇。过数日,复鲜如故,俟老收之。

34. 瓠子

　　江南名扁蒲。就地蔓生，处处有之。苗、叶、花俱如葫芦。结子长一二尺，夏熟，亦有短者，粗如人肘，中有瓤，两头相似。味淡，可煮食，不可生啖。夏月为日用常食，至秋则尽，不堪久留。性冷，无毒。除烦止渴，治心热，利水道，调心肺，治石淋，吐蛔虫，压丹石毒。

【诠释】

　　黄瓜、稍瓜、菜瓜、丝瓜、冬瓜、南瓜、葫芦、瓠子都是葫芦科草本植物，具有茎变化的卷须，以攀援他物。单叶，互生，直叶柄，叶基部常呈心脏形，都是掌状分裂。花单性，雌雄同株异花。雄花有蕊 5 枚，药胞屈曲。雌花的萼上生，花冠 5 裂，子房下位 3 室，花柱有 3 个柱头，分歧。果实为浆果，即通常所称的瓜，多数不分裂。种子有富含油分的大形子叶，不含胚乳。这些都是普通供蔬菜用的葫芦科植物，栽培种外观近似，栽培的风土相同，病虫害亦类似。

　　i. 黄瓜：果实为长形的浆果，表面有小刺，老熟时果皮呈黄色。果实嫩时可生食，成长后多供熟食或加工成酱瓜、酸瓜。由于最初系由西域传入，故名胡瓜，学名为 *Cucumis sativus*。传入我国约在纪元前一世纪左右。我国栽培甚为普遍，为夏季重要蔬菜之一。

　　ii. 稍瓜：又名菜瓜、越瓜、生瓜、白瓜，可能尚有地方名称，学名为 *Cucumis melo* var. *conomon*。果实长椭圆形，外皮平滑或带暗条纹。果实可生食，也可制酱瓜。

　　iii. 丝瓜：嫩时瓜纤维柔细，味甜滑，可炒煮供食。成熟以后，纤维粗老,这种纤维叫丝瓜络或丝瓜筋,用途甚广。可代海绵,可供洗刷器物及药用。广东梅州地区叫长丝瓜为絮瓜,广州地区则称为水瓜。另有棱丝瓜,横断面为多角形,西南各省栽培极多,肉质柔软可供食用,纤维亦较好。学名为 *Luffa cylindrica*。

iv. 冬瓜:果实有长椭圆形、长筒形、球形等,学名为 *Benincasa hispida*,重达 10 公斤左右。表面密生茸毛,老熟时敷有白色。瓜果供蔬食,又可制蜜饯。变种有节瓜,差不多节节结瓜,学名为 *Benincasa hispida* var. *chieh-qua*,为广州附近常见的瓜类,产量很高,是该地区主要蔬菜之一。瓜呈暗绿色,比黄瓜略长而粗,长约 15~20 厘米,径约 4~8 厘米,老熟时仍被粗毛,无白蜡质粉被。叶和花都与冬瓜无稍差异,惟子房的被毛污浊而色暗。果实远远小于冬瓜,食味亦不同。农家多于春节期间育苗,争取早春供应市场。

v. 葫芦:目前常蔬蒲瓜为多,学名为 *Lagenaria siceraria*,亦名瓢。花形和冬瓜花相似,但概为白色。生长极其旺盛,结瓜较迟。外皮呈青白色而平滑,形状有长圆筒形、扁球形、葫芦形。肉质柔软,味淡泊而美,切片晒干叫做瓠脯,味甘美。瓜渐老,表皮渐坚,不宜供蔬食,晒干后可作器物。

35. 苦瓜(选释者改写)

锦荔枝,一名癞葡萄,元时名红姑娘。即《诗》所云"瓜苦"也。蔓生,叶如葡萄,有微刺。蔓上有须,茎叶皆柔。结瓜有长、短二种,色青绿,皮上礌砢。架作屏,红绿陆离,最为可玩。瓜味微苦,小熟之,调以姜醋,可为蔬,清痰火,和肉煮食亦佳。熟则黄红斑斑如锦,其中肉赤如血,味甘美。春时种,秋结实。子可入药。

【诠释】

本谱将苦瓜以"锦荔枝"名义附在"荔枝"之后,这是不当的。现在移到《蔬谱》的瓜类中,合并诠释。

苦瓜,又名凉瓜,学名 *Momordica charantia*,系葫芦科一年生蔓性植物。由于其瓜果表面纵有大小不平的瘤状突起,骤看起来微似荔枝壳,因又名锦荔枝。本谱及后来的《农政全书》《授时通考》等书,均将其附在荔枝之下,误列入果类。蔓性,茎长达 5~6 米。叶浅绿色,为数个分散掌状复叶。花为雌雄异花,合瓣花冠。果实嫩时绿色,渐次变白色,成熟时为红色。果实成熟后末端裂开,自内部露出鲜红色的瓤和淡黄色种子。果肉味苦,嫩时可炒食或和肉类煮食,为夏季佳蔬。又可入药,能解暑气。一般成人比较喜食,幼年人比较少食。生性极为强健,不拘何种风土,均可栽培。新垦地种植,亦可获得一定收成。

36. 茄子

一名落苏,有紫、青、白三种,老则黄如金,来自暹罗。紫者又名紫膨脝,白者又名银茄。又一种白者,名渤海茄,形圆,有蒂有萼,大者如瓯。又一种白花青色稍扁,一种白而扁,谓之番茄。此物宜水勤浇,多粪则味鲜嫩。自小至大,生熟皆可食,又可晒干冬月用。如地瘠少水者,生食之刺人喉。
一种水茄,形稍长,亦有紫、青、白三色,根细末大,甘而多津,
可止渴。此种尤不可缺水与粪。此数种在在有之,味甘寒。
丹溪谓茄属土,甘而降火。茎粗如指,紫黑有刺。叶如蜀葵,
叶亦紫黑有刺。开花时摘其叶,布通衢,规以灰,令人物践踏
之,则子繁。熟者食之厚肠胃,火灸食之甚美。北方以为常
食,南人不敢生食,云动气。发疮及痼痰患冷气人忌用。秋
后茄发眼疾。

种植:二月下子,须肥熟地,常浇灌之。俟四、五叶带土
移栽,相离尺许,根宜筑实,虚则风入难活。区土不宜有浮
土,恐雨溅泥污叶,则萎而不茂。宜天晴栽,锄治培壅,功不
可缺。

收种:九月黄熟时,摘取擘四瓣或六瓣晒极干,悬之房内
或向阳处,勿浥湿。临种时,水泡取子淘净,去其浮者。

【诠释】

茄系茄科一年生草本作物,但其茎木立性,枝叶甚繁茂,成小
灌木状,在热带地方有越年生的,学名为 *Solanum melongena*。叶
卵圆形或椭圆形,互生,叶面粗糙,为暗绿色或绿色。花紫色,合瓣
花冠。蓏实大,系浆果,普通为倒卵形、球形、扁球形或长椭圆形。
皮有暗紫色、白色、淡青色等。茄以煮食为主,也可干晒腌渍,并可
作药用。

本种东亚各国栽培极盛。我国栽培已有 1500 多年的历史,
为夏季蔬菜中的要品。欧洲除地中海沿岸外,由于土地夏季生育

期间短,栽培较少。

茄的生长期间较长,自春季至秋季降霜为止,可以继续生长。但茄发芽力迟,播种前须先用温汤浸一昼夜,再覆在发热的堆肥中,经两昼夜,至芽即将萌出时取出播种。也有仅用冷水或温水浸种催芽后播种的。茄最忌连作,宜行轮栽,每年都要易地栽种。

在茄生育期间,必须注意除去侧芽。由于茄的分枝力强,自各叶腋间发生侧枝极多。实验结果表明,自本叶 4~5 片间发生的枝结茄力强,故宜多用这些枝结茄,以达到丰收。

37. 番茄(新增)

别名红茄、西红柿,日本名为六月柿,学名 *Lycopersicon esculentum*,系一年生稍近蔓性的作物。茎叶最易繁茂徒长,倘任其自然生长,往往贻误结茄。变种极多,性质也有差异。一般性状:茎叶淡绿色或浓绿色,表皮有粗刚细毛和油腺,分泌出一种液汁,发散臭气。叶腋间发生侧芽。叶形因品种而异,大的长约30 厘米,叶面有缩皱,缺刻,深达中肋部,略似马铃薯叶,成不规则形的复叶。普通在第 7~8 叶间才生花梗,以后每隔 3~4 叶着生花梗,花小、黄色,系穗状花序。每花梗簇生十数朵,构造和茄花相似。茄实为浆果,形状有球形、椭圆形、扁圆形、卵圆形等,外皮有红、黄、橙、白等色。肉质柔软多浆,甘酸适度,且有一种香气,可生食或煮食。多含滋养分,能助消化,并可制罐、盐腌或醋渍。汁可作夏季饮料的代用品。种子小,形扁,色淡黄,有淡灰色的绒毛。

番茄栽培起源不过数百年,原产南美秘鲁,逐渐传播到世界各地,美洲大陆和西印度诸岛栽培最早。十六世纪中期,番茄才传入葡萄牙,最初不过供观赏而已。至上一世纪,人们渐渐明了食用的方法。我国只是近百年来才开始栽培。日本于二十世纪初传入。现在秘鲁海岸和墨西哥等国仍有原种。

38. 豇豆

一名蜂蹑,红、白二种,处处有之。谷雨前后下种者,六月子便种,一年可两收。四月种者,七、八月收。一种蔓长丈馀,一种蔓短,悬架则蕃,铺地则不甚旺,宜灰壅。其叶俱本大末尖,嫩时可茹。花红、白二色。荚有白经,紫赤斑驳数色,长者一、二尺,生必两两并垂,有习坎之义。子微曲如人肾形,所谓豆为肾谷者,宜以此当之。性甘咸无毒。理中益气,补肾健胃,和五脏,调营卫,生精髓,止消渴、吐逆、泄痢,利小便。数与诸疾无禁,但水肿忌,补肾不宜多食。此豆嫩时充菜,老则收子。可谷、可果、可菜,取用最多,豆中上品也。指为胡豆者,误。

【诠释】

豇豆简称豆角,有蔓性与矮性两种,学名为 *Vigna sinensis*。蝶形花冠,花谢后结荚一对,荚细而长,形似笔杆。短荚种纤维较粗,容易硬化。长荚种品质较好,为夏秋间最常食的豆类。

39. 藕豆

　　一名蛾眉豆，一名沿篱豆，二月种，蔓生，人家多种之篱边，或以竹木架起。每叉三枝，一居顶，二对生。一枝三叶，亦一居顶，二对生。叶大如杯，团而有尖。花有红、白二色，状如小蛾。荚生花下，花卸而荚现，及老，长寸馀，有青、白二色，形微弯如眉，又有如龙爪、虎爪之类，皆累累成枝。一枝十馀荚，成穗。白露后，实更繁衍。嫩时煮熟作蔬食，盐渍作茶料，老则收子煮食。子有黑、白、赤、斑四色，每荚子或一或二三。白者堪入药，微炒用。气味温，无毒。和中下气，止泄痢，消暑，暖脾胃，除湿热，止消渴，治女人带下，解酒毒、河豚鱼毒、一切草木毒。

40. 刀豆

　　一名挟剑豆，人家多种之。蔓引一二丈，叶如豇豆叶而稍长大。五、六、七月开紫花，结荚长者近尺，微似皂荚，扁而剑迹三棱。嫩青，煮食、酱腌、蜜煎皆佳；老则微黑，子大如拇指，顶淡红色，同鸡猪肉煮食甚美。气味甘平无毒。温中下气，利肠止饩逆，益肾补元。

　　种植：将地锄松，深半尺，熟粪拌匀。清明时，先用布湿微水润豆令胀，将见芽，锄前土作穴，每穴一粒，侧放入，不可深。此豆体重，深则难出上。用锯末拌土薄盖一层，一云用草灰。日日浇令湿，俟生蔓，竹木架起。

【诠释】

刀豆,学名为 *Canavalia gladiata*,性质强健,茎粗大,长达 4 米左右。能耐寒,暖地栽培,生长更佳。

41. 甘露子

一名地环,或云即蘘荷,高二三尺,叶如蔴叶。根形长,如联珠,色白而味甘而脆。二三月锄宜沃,土宜沾湿。凡种,宜于园圃近阴处或树荫下疏种之,至秋乃收。生熟皆可食,又可蜜煎,可酱渍,可作豉。雨中以灰杂松土覆掩根,锄草净则生繁。至冬,锄取。一云:叶上露滴地即滋胤,是以有甘露之名。

42. 藜

一名地肤,一名地葵,一名地麦,一名益明,一名落帚,一名独帚,一名王帚,一名王篲,一名白地草,一名涎衣草,一名鸭舌草,一名千头子,一名千心妓女,今之独帚也。春间皆可种,处处有之。一本丛生,每窠约二、三十茎,团团直上,有赤有黄。七月开黄花,子色生青,似一眠起蚕沙之状,最繁。嫩苗可作蔬茹。至八月而藋干成可采,子落则老。八月以草束其腰,九月刈,以石压扁,可为帚。性苦寒无毒。治膀胱热,利小便,补中益精。久服耳目聪明,轻身耐老。可作汤沐浴,同阳起石服,主丈夫阴事不起,补气益力。

43. 荠

一名护生草,野生,有大小数种。小荠花叶茎扁,味美,最细者名沙荠。大荠科叶皆大,而味不及小荠。茎硬有毛者名菥蓂,味欠佳。冬至后生苗,二、三月起茎五六寸,开细白花,结荚如小萍,有三角,荚内细子名葶,四月收。师旷所谓甘草先生即此。和肝气,明目。凡人夜则血归于肝为宿血之脏,过三更不睡,则朝旦面色黄燥,意思荒浪,以血不得归故也。若肝气和,则血脉流通,津液畅润。

44. 苦菜

一名苦苣,一名苦荬,一名褊苣,一名游冬,一名天香菜。叶狭而绿带碧。茎空,断之有白汁。花黄如初绽野菊花,春夏皆旋开。一花结子一丛,如茼蒿子,花罢则萼敛。子上有毛茸茸,随风飘扬,落处即生,处处有之。但在北方者至冬而凋,在南方者冬夏常青,为少异耳。味苦寒无毒,夏天宜食。能益心、和血、通气,主治肠癖渴热、中疾恶疮、霍乱后胃气烦逆。忌与蜜同食、作。肉痔、脾胃虚寒人不可多食。

45. 薇

一名野豌豆,一名大巢菜,生麦田及原湿中。茎叶气味皆似豌豆,其藿作蔬入羹皆宜。巢菜有大小二种。大者即薇,乃野豌豆之不实者;小者即东坡所谓元修菜也。

46. 藋

一名莱,一名红心灰藋,一名胭脂菜,一名鹤顶草,生不择地,处处有之,即灰藋之红心者。茎叶稍大,嫩时亦可食,故昔人谓藜藋与膏粱不同,老则茎可为杖。气味甘平,微毒,杀虫。煎汤洗虫疮,漱齿䘌。捣烂涂诸虫伤。

47. 灰藋

一名灰涤菜,一名金琐天,今讹为灰条菜,处处原野有之。四月生苗,茎有紫红线棱。叶尖,有刻缺,面青背白。茎心嫩叶皆有细白灰如沙,为蔬亦佳。气味甘平无毒。治恶疮虫咬,面黚等疾。忌,着肉作疮。五月渐老,高者数尺。七八月开细白花,结实成簇,中有细子,蒸曝取仁,可炊饭及磨粉食。《救荒本草》云:"结子成穗者味甘,散者味苦,生墙下、树下者忌用,白者谓之蛇灰,有毒。"

【诠释】

藜、荠、苦菜、薇、藋、灰藋等都是古代的蔬菜,先秦的常蔬。古时多数系采自野生,其中品质风味较佳的,即逐步在住宅附近圃地里作人工栽培。《楚辞·离骚》有:"故茶、荠不同亩兮。"又《春秋繁露·天地之行篇》有:"荠冬生而夏死,其味甘。"从《楚辞》所记来看,可知其时已有比较大的面积栽培了。上海市郊人工栽培荠菜已有近百年历史。北京郊区近年亦有荠菜栽培。

苦菜即苦荬菜,北方各省栽培颇多。由于生长强健,对土质不甚选择,故产量亦多。一般采叶供生食,或炒煮熟食。经过人工长期栽培、选择,产生不少品种。

薇,《诗经》云"言采其薇",又名野绿豆(《救荒野谱》)、垂水(《尔雅》),是豆科一年生或二年生植物,学名为 *Vicia sativa*,生山野间。嫩叶仍可作蔬或入羹,种子可炒食。

灰藋,又名蔓华(《说文》)、鹤顶草(《土宿本草》)、灰涤菜、胭脂菜(《本草纲目》),系藜科一年生草本植物,学名为 *Chenopodium album*。嫩叶为鲜明的赤色。夏季于叶腋茎顶抽花穗,开众多黄色小花,古以为常蔬,是以藜、藿(豆叶)并称,今仅为救荒之需。

48. 蕨

一名虌,处处山中有之。二、三月生芽,拳曲状如小儿拳,长则展宽,如凤尾、高三、四尺。茎嫩时无叶,采取以灰汤煮去涎滑,晒干作蔬。味甘滑,肉煮甚美,姜醋拌食亦佳。荒年可救饥,根紫色,皮内有白粉,捣烂,洗澄取粉,名蕨粉,可蒸食,亦可荡皮作线,色淡紫,味滑美。陆玑谓可供祭祀,故《周诗》采之。气味甘寒滑,无毒。去暴热,利水道,令人睡。焙为末,米饮下二钱,治肠风热毒。根烧灰油调,傅蛇、蟒伤。一种紫茸,似蕨,有花而味苦,名迷蕨,初生亦可食。

【诠释】

蕨,学名为 *Pteridium aquilinum* var. *latiusculum*。《诗经·召南》:"陟彼南山,言采其蕨。"《尔雅·释草》:"蕨,虌。"陆玑《诗疏》:"山菜也,周秦曰蕨,齐鲁曰虌。"《埤雅》:"状如大雀拳足,又如其足之蹶也。"《尔雅翼》:"蕨,紫色而肥。"杜甫诗:"石间采蕨女,鬻菜输官曹。"山野间劳动人民采蕨供作蔬菜者仍不少。

49. 金针菜(新增)

本谱将金针菜以"萱草"或"萱花"之名列入《花谱》,其实大规模生产主要是作蔬菜食用。

金针菜用分株法繁殖。于3月下旬至4月上旬老株发芽至15厘米左右时,即可掘起分离,以球茎2~3个为一丛植下,株距60厘米,行间1米左右,发育良好的当年即可开花。一般于第二年起开始采花,平均每年可采鲜花1公斤左右,每亩可得干金针菜100公斤以上。金针菜性强健,病虫害极少,施肥管理亦较粗放,仅在春季发芽前每株施少许堆肥于根株附近即可。每经4~5年,地下根株蔓延丛错,以致生育不良时,才掘酌行更新栽培。

金针菜花须于含苞待放时采收,将鲜花置蒸笼内蒸熟,就日中晒干,制成金针菜干。

金针菜是我国唯一花菜,也是我国特产之一,在干菜中占有一定位置。各省均有种植,尤以江苏宿迁种植最盛,产品运销南北各地。

50. 百合

一名摩罗。春生,苗高二、三尺,干粗如箭。叶生四面如鸡距,又似柳叶,青色。叶近茎微紫,茎端碧白。四、五月开花甚大,有麝香、珍珠 *。根如蒜而大,重叠生,二、三十瓣。味甘平无毒。主邪气、腹胀、心痛、喉痹,补中益气,定心志,杀蛊毒,疗痈肿,止颠狂涕泪、产后血病。蒸煮食之,捣粉作面食最益人,和肉更佳。秋分节取其瓣分种之,五寸一科,宜鸡粪,宜肥地,频浇则花开烂熳。清香满庭。春分不可移,二年一分,不可枯死。

【诠释】

百合系百合科的宿根草本植物,种类甚多,有食用价值的仅卷丹(*Lilium lancifolium*)、小卷丹(*Lilium leichtlinii*)、山丹(*Lilium concolor*)、天香百合(*Lilium auratum*)、白花百合(*Lilium brownii var. viridulum*)等几种。地下生鳞茎,叶披针形,无柄,互生。原产在东亚,我国及日本山野间有野生种。欧美各地,少有发现。我国各省皆有,但以江苏、安徽、河南等省所产的紫色百合为上,肉质肥厚,主要供食用,煮食或制粉均可。花有芳香,大而美,供观赏用。

山丹叶长而尖如柳叶,花红而四垂。卷丹茎叶似山丹而高,红花带黄而四垂,上有黑斑点。山丹又名红百合、红花菜,鳞茎较小,为卵形,着生不密,稍有苦味。卷丹别名黄百合、虎皮百合、倒垂莲,山野常发现,性耐寒,鳞茎大,略带黄色,花米黄色,有淡紫色斑点,花谢后生极小的黑色种子,鳞茎供食用。

　　* 麝香、珍珠:麝香花微黄,甚香;珍珠花红有黑点,茎叶中有紫珠。

51. 芋

　　一名土芝,一名蹲鸱,一名莒,在在有之,蜀汉为最,京洛者差圆小。叶如荷长而不圆。茎微紫,干之亦中食。根白,亦有紫者。南方之芋,子大如斗,旁生子甚多。皮上有微毛,如鳞次裹之。拔之则连茹而起。味甘,蒸煮任意。湿纸包火煨过熟,乘热啖之,则松而腻。益气充饥。亦可为羹臛。若和皮水煮冷啖,坚顽少味,最不易消。《广志》所载凡十四种,君子芋、谈善芋、百果芋、鸡子芋、博士芋。他如车毂芋、钜子芋、劳巨芋、青浥芋,四种皆多子,可干腊,亦可藏。至夏皆种之,美者馀不具录。芋味平,除烦止渴,可以疗饥,可以备荒。小儿戒食,滞胃气,难克化。有风疾服风药者最忌,多致杀人。《备荒论》曰:"蝗之所至,凡草木叶无有遗者,独不食芋桑与水中菱芡。宜广种之。"

　　择种:十月拣根圆长尖白者,就屋南檐下掘坑,以砻糠铺底,将种放下,稻草盖之,勿使冻烂。至三月间,取出埋肥地。待早苗发三、四叶,于五月间择近水肥地移栽。其科行与种稻同。或用河泥,或用灰粪烂草壅培。旱则浇之,有草则去之。若种早芋,亦宜肥也。

　　栽种:正、二月将耕过地先锄一遍,以新黄土覆盖。三月中,择壬申、壬午、壬戌、辛巳、戊申、庚子、辛卯日,将芋芽向上种。候生三、四叶,高四、五寸,五月移栽。大抵芋畏旱,宜近水软沙地区。深可三尺许,行欲宽,宽则过风。本欲深,深则根大。春宜种,夏种不生。秋宜壅,失壅则瘦。锄宜频,浇宜数。霜降宜揆其叶,使收叶。锄开根边土,上肥泥,壅根,使力回于根,则愈大而愈肥。《氾胜之书》云,区方深各三尺,下实豆其尺有五寸,以粪着其上,如箕厚,一区种五本,要匀,再以粪土覆之。芋成其烂,皆长三尺。南方多水芋,北方多旱芋。总之地皆宜肥。水芋二尺一科,亩为科二千一百六十科。收魁,若子二斤,亩为斤二千三百二十,以备荒救饥,已数倍于作田矣。种芋之地,众人往来眼目多见,及闻刷锅声,多不孳生。

锄芋:宜晨露未干及雨后耘锄,令根旁虚则芋大子多。若日中耘,大热则蔫。以灰粪培则茂。水芋不必耘,但亦宜肥地。七月乃塘,法在芋四角掘土壅根,则土暖,结子圆大。霜后起之。芋荄繁,宜剥取淖晒干煮食,味极甘美。

〔附录〕土芋。一名土豆,一名土卵,一名黄独。蔓生,叶如豆,根圆如卵,肉白皮黄。可灰汁煮食,亦可蒸食。解诸药毒。生研水服,吐出恶物。

【诠释】

芋是天南星科宿根植物,原产东印度及马来半岛热带地方,学名为 *Colocasia esculenta*,系多年生草本。叶自根出,浓绿色,阔大而厚,叶柄长大多肉,高 1 米多,叫芋荷,多采供饲料,但有数种气味较淡的,可以盐渍或晒干供蔬食。地下茎肥大,至夏季生子芋,外皮暗褐色,有毛状薄皮,是叶的变形。肉白质粘,味甘微涩,这种滋味系因所含硝酸石灰的结晶物刺激味觉的缘故。煮熟后结晶物即分解,涩味便消失了。所含淀粉和蛋白质分量颇多,富滋养分,适于人类的嗜好,且易贮藏,可以随时取出供蔬食,亦可作为杂粮充饥,故以列入《蔬谱》为宜。

土芋,又名土豆,有的地方别名山药蛋或洋芋,系茄科的马铃薯,学名为 *Solanum tuberosum*。可能其时传入不久,至与黄独混称。系多年生草本,但作为一年生栽培,地下块茎呈球形或扁卵形、椭圆形等。皮红、黄、白或紫。地上茎略呈三角形,柔软不易直立,误以为蔓生。有毛羽状复叶,伞房花序顶生,花白色或紫色。多用块茎繁殖。块茎供作粮食、蔬菜,也可制淀粉及酒精。

52. 莲藕

荷为芙蕖花,一名水芙蓉,一名水芝,一名水芸,一名泽芝,一名水旦,一名水花。叶圆如盖,色青翠。六月开花,有数色,惟红、白二色为多。花大,有至百叶者。花心有黄蕊,长寸馀。花褪,莲房成菂。菂在房如蜂子在窠。六、七月采嫩者,生食脆美。至秋,房枯子黑,其坚如石,谓之石莲子。冬至春,掘藕食之。白花者藕更佳,可生食。红花者止可煮食。花已发为芙蕖,未发为菡萏。中若茵,随晨昏为阖辟。其叶蕸,其茎茄,其本蔤,其根藕,其实莲,其中菂,菂中薏。花生池泽中最秀。凡物先华而后实,独此华实齐生。百节疏通,万窍玲珑,亭亭物表,出淤泥而不染,花中之君子也。有重台莲、一花既开,从莲房内又生花,不结子。并头莲、晋泰和间生于玄圃,谓之嘉莲,今所在有之,最易生,能伤别莲,宜独种。一品莲、一本生三萼。四面莲、周围共四萼。洒金莲、瓣上有黄点。金边莲、瓣周围一线,色微黄。衣钵莲、花盘千叶,蕊分三色,产滇池。千叶莲、华山顶有池,产千叶莲花,服之羽化。今人家亦有之。然头重易萎,多难开完。黄莲、王歆之《神镜记》曰:九疑山过半路皆行竹松,下狭路有清涧,涧中有黄色莲,芳气竟谷。金莲、金池方数十里,水石泥沙皆如金色,其中有四足鱼、金莲,华洲人研之如泥,以之彩绘,光辉焕烂,无异真金。分香莲、三堂往事,宅中有钓仙池,一种莲一岁再结,每实子十只花时香兼桃菊梅英。分枝荷、一名底光荷,昭帝穿淋池,植分枝荷,一枝四叶,状如骈盖,日照则叶低荫根,若葵之卫足。实如玄珠,可以饰佩。花叶虽萎,芬芳之气彻十馀里。食之令人口气常香,益人肌理。夜舒荷、灵帝时有夜舒荷,一茎四莲,其叶夜舒昼卷。红莲、麻姑坛东南池中有红莲忽变碧,今又白矣。《麻姑坛记》睡莲、叶如荇而大,沉于水面,其花布叶数重。凡五种色,当夏昼开,夜入水底,次日复出。生南海。四季莲、儋州清水池,其中四季荷花不绝,腊月尤盛。他如佛座莲、金镶玉印莲、斗大紫莲、碧莲、锦边莲诸品尤为绝胜。王敬美曰:莲华种最多,唯苏州府学前者,叶如伞盖,茎长丈许,花大而红,结房曰百子莲,此最宜种大池中。旧又见黄白二种,黄名佳,却微淡黄耳。千叶白莲亦未为奇。有一种碧台莲大佳,花白而瓣上,恒滴一翠点房之上,复抽绿叶似花非花。余尝种之摘取瓶中,以为西方供。近于南都李鸿胪所复得一种,曰锦边莲,蒂绿花白,作蕊时绿苞已微界一线红矣。开时千叶,每叶俱似胭脂染边,真奇种也。余将以配碧台莲甏二池对种,亦可置大缸中为几前之玩。

〔附录〕山莲、百丈山有草花如莲花。旱藕、出终南山,服之延寿。茄莲、叶似莲,根似萝卜,味甘脆。西番莲、花雅淡似菊之月下西施。自春至秋相继不绝,亦花中佳品。春间将藤压地自生根,隔年凿断分栽。铁线莲、花叶俱似西番。花心黑如铁线。木莲。唐时四川中州有木莲二株,其高数丈,在白鸥山佛殿前。其叶坚厚如桂。仲夏作花,状似芙蓉,香亦如之。每花坼时,声如破竹。

栽种:春分前栽,则花出叶上。先将好壮河泥干者少半瓮,筑实,隔以芦席,上用河泥半尺筑平,有雨盖之,俟泥晒微裂,方种。盖藕根上行遇实始生花也。次将藕壮大三节无损者顺铺在上,大者一枝,小者二枝,头向南,芽朝上。用硫黄研碎,纸撚簪柄粗缠藕节一、二道,再用剪碎猪毛少许安在藕节,再用肥河泥次第填四寸厚,藕芽勿露日中晒,于泥迸裂方可加少河水,先加水止可四指深,候擎荷大发,再加河水,交夏水方可深。如此种,当年有花,且茂盛。《管子》曰:"五沃之土生莲。"故栽宜壮土,然不可多加壮粪,反至发热坏藕。

种莲子:八、九月取坚黑莲子,瓦上磨尖头,令皮薄。取墐土作熟泥,封三指长,令蒂头泥多而重,磨头泥少而尖。种时掷至池中,重头向下自能周正,薄皮在上易生,数日即出。不磨者率不可生。又一法,用鸡子一枚,开一小孔去青黄。将莲子填满,纸糊孔三、四层,令鸡抱之。候小鸡出,取放暖处。不拘时,用天门冬末、硫黄同肥泥或酒坛泥安盆底栽之。

仍用酒和水浇,勿令干,自然生叶开花,如钱可爱。莲子磨薄尖头浸靛缸中,明年清明取种,开青莲花。莲畏桐油,忌之。

插瓶:瓶注温汤,盖以纸。削尖花秆,随手急插。或去根少许,封以蜡,或乱发密缠折处,仍以泥封固其窍,先插瓶中,后注水。一将竹钉十字,扦蕊,使出白汁方插瓶,如此则耐久。

【诠释】

莲系睡莲科的宿根植物,学名为 *Nelumbo speciosum*,原产栽培甚久。花叫做荷花,生于浅水中。地下茎长大而肥,叫做莲藕。5~6 月间自根茎节间抽出花梗,梗梢开花,大而美丽,花瓣淡红色或白色,清雅香冽,足供欣赏。花托上部延长呈侧圆锥形,叫做莲蓬。果实椭圆形,埋存于侧圆锥形的大花托内。莲藕在蔬菜中占有重要地位,亦可作水果生食,并可加糖腌蜜渍制成藕粉,嫩叶及莲子均可供食用。欧美各国最近始传入,尚视为观赏植物。

品种有高脚莲、白花莲、红花莲等,略加说明如下:

i. 高脚莲:梗较粗大,高约 1.5 米左右,叶圆大,所结莲蓬亦大,惟易遭风吹折。所产莲藕,肥大多肉,藕粉纯白,品质良好。浙江龙游、寿昌、兰溪栽培较多。

ii. 白花莲:花白色,叶形大,藕亦肥大,节间短,横断圆形,外皮赤褐色。肉质软厚而脆,孔大,味清美而甜,多含水分。产量高,抵抗病虫力强。我国南北各地均有栽培,苏杭等地种植尤盛。

iii. 红花莲:花红色,梗叶高大,形似高脚莲,结成莲蓬,系赤绿色,莲子赤白色。品质稍逊,但莲藕粗大,淀粉亦多。

栽植莲藕最宜表土深厚、又能保持一定水位的粘质壤土。性喜连作,如在同一地方年年种植,每年挖掘藕以后翻起下层土,使表土深厚,可以改进品质,增加产量。

莲系水生植物,不能一日缺水。如气候润湿和暖,生长更为旺盛,但不宜冷湿。日光照射不足之地不适栽培。春季寒冷多雨,对于整地有所妨碍,如风雨不调,则难得良好产品,且宜滋生病虫害。开花期间,需要阳光充足,气候温和,才可得到好收成。

53. 菰

一名茭草,一名蒋草,蒲类也。根生水中,江湖陂池中皆有之,江南两浙最多。叶如蔗荻。春末生白芽如笋,名菰菜,又名茭白,一名蓬蔬。味清脆,生熟皆可啖。其中心白薹如小儿臂,软白中有黑脉,名菰手,作首者非。八月开花如苇,茎硬者谓之菰。蒋草至秋结实名彫胡米,岁饥人以当粮。气味甘冷滑,无毒。利五脏邪气,治心胸浮热,除肠胃热痛,解酒皶面赤,白癞疬疡,去烦止渴,利大小便。

种植:谷雨时于水边深栽,则笋肥大,盛野生者。

【诠释】

菰,俗称茭白或茭笋,学名 *Zizania caduciflora*,禾本科多年生宿根草本,生浅水中,高 1.7~2 米。春季生新芽如笋,即茭白。叶细长而尖。夏秋间开花,单性,雌雄同株,大圆锥花序,上部生雌花,下部生雄花。秋结实,名菰米,又称雕胡米,可煮食。名见《本草》。杜甫《秋兴八首》名句"波漂菰米沉云黑,露冷莲房坠粉红"中之"菰米"即此。

古代列苽(雕胡)为六谷之一。所谓六谷是指稻、黍、稷、粱、麦、苽等六种谷类。杜甫诗有"滑忆雕胡饭,香闻锦带羹",可知在唐代时期,人们是喜食雕胡饭的。

茭草(菰草)性喜温暖潮湿,适于粘壤土生长,有夏秋双季茭和秋产单季茭两种,概于春季行分株繁殖。原产于我国,长江以南水泽地区及株江三角洲水网地带种植最多。由于菰的花期过长,子实分批成熟、采收,加之子实易于脱落,所以产量不高。根据史书有关记载,从六世纪以来,由于有一种菰黑粉菌侵入,使之不能正常抽薹开花,而刺激其细胞增生,于是基部形成肥大的嫩茎,即食用的茭白。

凡人工栽培的茭白,由于经过多年培养,性质柔弱,这种菰黑粉菌始终相随辗转传染,因此茭草没有不生白薹的,农民也叫真白。但野生的茭草抵抗力强,对此菌仍有免疫性,其中心的嫩茎能生长,但不致肥大。这种野茭草亦可采收供食用。记得40年前南京玄武湖附近尚有茭儿菜,就是一例。现因菰黑粉菌蔓延日广,在菰的抽穗期间寄生在茎底节上,分蘖后的新芽便不再抽穗开花,很早就发展成畸形肥大的菌瘿。因此人们把菰从谷类中分离出来,作为蔬菜栽培,这就是我们现在常吃的美味可口的茭白。

公元四世纪时,人们已开始食用茭白,古籍称之为"蓬疏"、"茭首"。宋元间的《种艺必用》中提出:"茭首根逐年移植,生着黑(不黑的孢子不能成熟)。"可见当时还实行逐年移栽,防止菰黑粉菌蔓延,希望继续收获雕胡米。换句话说,宋元间还没有大量生产茭白充作蔬菜。后来,由于雕胡米逐渐减产,加之茭白鲜嫩可口,因此茭农便以栽茭白为主,栽培面积日广,几乎遍及水量充足各省的江河流域附近地区。

经过几百年的实践,茭农已掌握了茭笋的生长特性,及时采收。如果采收过迟,肥嫩的茭笋便会显出黑色的条纹,最老的就会变成一团黑粉。所以种菰的地方最好二年轮栽一次,以免菰黑粉菌过于强,使茭白中心的黑斑点加多,品质变劣,风味不良。经过检验,这种菌类对人体健康完全无害。它喜欢气候温和、雨量较多的地方,气温高时发展较快。利用不宜种其他作物的沼泽地栽培茭笋,既可地尽其利,增加生产,又可丰富食品的种类。

54. 慈姑(慈姑原列入《果谱》,由于它不宜生食,适于作馔,乃改列《蔬谱》)

一名藉姑,一名水萍,一名河凫茈,一名白地栗苗,一名剪刀草,一名剪搭草,一名燕尾草,一名槎丫草。慈姑一根岁生十二子,如慈姑之乳众子,故名。生浅水中,亦有种之者。三月生苗,青绿。茎似嫩蒲,有棱,中空,甚软,每丛十馀茎。生叶如燕尾,前尖后岐。内根出一两茎,稍粗而圆,上分数枝,开小花四瓣,色白而圆,蕊深黄色。根大者如杏,小者如栗,色白而莹滑。冬及春初掘取为果,煮熟味甘甜,微寒无毒。多食发脚气、瘫缓风损齿、失颜色。卒食之使人干呕,孕妇忌食。嫩茎亦可煤食。又有山慈姑,另是一种,取用亦殊。

种植：慈姑预于腊月间折取嫩芽,种于水田。来年四月尽如种秧法种之。离尺许,田最宜肥。每颗花挺一枝,上开数十朵,色香俱无,惟根至秋冬取食甚佳。

【诠释】

慈姑系泽泻科水生宿根植物,学名为 *Sagittaria sagittifolia*,原产我国,自古栽培。叶戟形,先端尖,为箭头状。基部分裂为二,成长三角形。9 月叶腋所生腋芽不向上方生长,乃自叶柄穿穴伸出,为匍匐枝,入于土中。其先端集积养分,日渐膨大,产生球茎。每一根年中产生球茎多至 10 馀个,好像慈姑育子,这是慈姑名称的由来。繁殖概用球茎。慈姑系供蔬果,或制淀粉。

慈姑有白色、蓝色两种。白色种椭圆形,球茎大,外皮白而微带蓝色,性质强健,惟肉质硬。蓝色种系圆形,球茎较小,外皮深蓝色,肉质味甚美,品质亦佳。

55. 菱

一名芰,一名水栗,一名沙角,一名薢茩。一云两角者菱,三角、四角者芰。生水泽,处处有之,落泥中最易生。种陂塘者为家菱,叶实俱大,野生者小。皆三月生蔓延浮水上,叶扁而有尖,光面如镜,一茎一叶两两相差,如蝶翅状。五、六月开花,黄白色,花落实生,渐向水中乃熟。夏月以粪水浇其叶,则实更肥美。有无角者,其色嫩青老黑。又有皮嫩而紫色者,谓之浮菱,食之尤美。嫩时剥食,老则蒸煮食之。曝干剁米为饭、为糕、为粥、为果,皆可代粮。其茎亦可曝收,和米为饭,以度荒歉。此物最不治病,生食性冷利,多食伤脏腑,损阳气,痿茎生蛲虫。若过食腹胀,暖服姜酒即消,含吴茱萸咽津亦可。芡花开向日,菱花开背日,故芡暖而菱寒。

种植:秋间取熟黑者撒池中,来春自生。

【诠释】

菱是芰科芰属的水生植物,一年生草本,学名为 *Trapa* spp.。根生土中,水中茎长达水面。《名医别录》已著录。芰实嫩时剥食,皮脆肉美,品质颇佳。老时壳黑硬,剥食仍佳,大半多供蔬食。

群芳谱诠释之三

*

果 谱

果谱小序

周官备物,实笾必藉夫干𤎩。卫侯兴邦,树木不遗乎榛栗。盖先王制礼,本人情尽物,曲不贵异,物不重难得,郊庙以广仁孝,燕享以示慈惠,下逮郡邑闾里,交际往来,莫不惟礼是凭焉。果、蓏二十,用佐五谷,载在方册,千古不易已。苟品物弗具,即诚敬其奚将,若物性未达,即培植其奚展。勿曰吾不如老圃,君其问诸圃人也。作果谱。

济南王象晋荩臣甫题

果谱首简（选释者新撰）

原首简在园地选择方面,提出"地不厌高,土肥为上。锄不厌数,土松为良"。可见古人已提倡高地种果,这与今天实行果树上山是完全一致的。至于灌溉问题,当可在山塘或附近高山引水解决。原首简亦提到深掘坑,以清粪水和土成泥使根勿拳屈,使根地平,用水浇灌,并以木架缚稳令勿摇动,有风害方向宜设立屏障如七星旗等,其中当以种植防风林带（尤其是在常有大风的地方）更属必要。关于卫果方面,在北方防护霜害极为必要。在霜害到来之前,就应于园中多积草稿,分堆在上风处点火薰烟,烟气所触,霜不为害。关于防治害虫问题,原首简提出应在树根四周经常铲除杂草,注意清园,以免害虫藏匿潜伏,且可减轻杂草吸收地力。再者,凡果树干上蛀虫,必须除尽,其法用铁线作钩取出,或用硫磺或雄黄作烟薰杀,或用桐油纸燃塞蛀口,亦可点灯诱杀成虫。

此外,果树根周泥土,须比地平略高,四周地面要平坦,树下勿使有坑坎,以免雨后积水,导致株腐。

在山区种果,可先向荒山、荒地进军,把荒山、荒地变成果园。选择园地时,除山坡地或 30 度以上的过陡坡地外,其它坡地亦可种植。但必须通风透光,蓄水部要良好,土质要松软,土层深厚、有较层达 1.5 米以上的为好。在那些土地太粘实、砂粒大、石头多的地方,不宜种植。在芒箕、松树仔或杂草生长茂盛的山地,则可以种植。其中以山窝、坑地最适合。这是因为山上冲积下来的肥沃表土都集中在这里,同时四面有山环绕,烈日蒸晒不大,又可避免大风吹刮,能保持土层湿润阴凉,使果树顺利生长。

关于果树繁殖方法,除播种实生以外,还可利用营养方法,这在古代已采用过多种。当时人们就已认识到其好处,并指出要“取其速肖”,即用优良品种的枝条就可长成优良的植株,很快可以结果,而且果实品质优良。因此,接穗“枝条必择其美,宜宿条(指已结果、品质好的枝条)”,而且要“向阳(指日照充足)者,气壮而茂”。“根枝各从其类。一经接换,二气交通,以恶为美(品质不良的嫁接后,转变为良好的)”。接换之法有六:一为“身接”,以树身的旁枝作砧木,以强壮的枝条作接穗,剖开砧木上端一部,插上削好的接穗,并加以包扎,使彼此形成层贴紧;二为“根接”,即现在的切接法,接后包扎好,即以原土培封;三为“皮接”,用小快刀以原树身八字斜削入,以竹签测其深浅,将所接枝条皮骨相向插入,再行包扎;四为"枝接",与上法相近,一本可接二色或三色花。五为"靥接",只宜小树,于树上眼外方半寸以刀尖割断皮骨,至骨并揭皮一方片,口啥少时,取出即湿痕于横枝,以刀尖依痕刻断之,树靥处大小如一,上下两头以桑皮封系,紧慢得所,仍用牛粪泥封;六为"搭接",即合接法,适用于枝穗与相近的嫁接,削除砧木上萌发的芽条,使养分可集中到接穗上,生长很好。

至于过贴(挨枝)法,也是嫁接的一种,就是将事先播种好的砧木苗移到优良母株下面,将母株的枝条压低,或将养砧木的盆或泥头垫高,使彼此枝条接近,相交合,以刀各削其半,皮与膜对合(即形成层相贴合),用麻皮缠固,泥封严密(目前采用薄膜缚扎,较为简便)。这种过贴法,由于母株接穗与实生砧苗各有根群,可使水分照常供应,接后成活率最高。不过工作量大,而且无法大量繁殖,是其缺点。嫁接龙眼,多采用过贴法。观赏用的柑桔类,则以较大盆种好作砧木的植株,接上几种金柑、年桔、黎檬、柠檬之类,则结成几种果实,足供观赏之用。

此外,压枝(或称压条)法形式亦有多种,以葡萄采用这种方法繁殖最为方便,且成活率最高。一般用扦插不易成活的果树,亦可采用压条法。因其没有脱离母株,养分水分仍可照常供应,虽将枝条削去一半,仍可维持生活能力。因此压在土里容易发根生长,俟发根以后,便可截离母株而独立生活。

果树繁殖,以芽接方法接穗利用最为经济,芽片削取较易,在一枝接穗上即可削取2~10个左右的芽,操作亦较简便,而且接着牢固,成活率高,故在目前果树繁殖上应用最广。

上述第五种是芽接中的嵌芽接(贴接,贴皮,打补绽)、套芽接

（套接，管芽接），尚有 T、I、H 等形芽接。采用哪一种为好，要经过多次试验才能定下来，而且操作要正确、熟练、快捷，以便提高嫁接成活率。应避免在露水未干时或在雨天，顶着强东风或寒冷北风进行嫁接。

嫁接后，以往多用树皮封缠，再用牛粪加泥封裹。后来逐渐改用接蜡（以松香 3 斤、白蜡 2 斤、蜂蜡 1 斤煮熔用之）。近年采用花生油 1~1.5 斤代替蜂蜡，效果一样。目前则多采用薄膜条绑扎，露出芽眼通气。

在《嫁果》一节，原首简中有许多封建迷信之谈。例如，说什么"某家杏树多花不实，一媒姥见之，谓来春嫁此树，用红裙挂上，樽酒祝辞，明年结果无数"，纯属荒谬传说。《齐民要术》所称的"嫁枣"，至今山东乐陵、无棣，河北沧县，河南新郑等地仍在小枣树上应用，作为保花保果的主要措施。各地具体作法有所不同，名称亦不一致，有割树、骗树、枷树和刺枣、压枣等称谓，但原理是一样的。如用环状剥皮与用斧斑驳椎树干，目的都是破坏韧皮部，阻止地上部养分向下输送，以促进开花和果实生长，从而提高座果率，增加产量。

另外，原首简中有《骗果》一节。据载："春初未芽时，根旁宽深掘开，将钻心钉地根截去，惟留四边乱根，土覆筑实，则结果肥大。"按：《月令广义》亦有"骗树"，作为"删树"，亦即是修树，修剪徒长枝、冗枝、阴枝，钻心根亦在修剪之列。修剪整枝，使养分适当供应，以促进结实。

此外还有《脱果》、《摘果》、《保果》、《果名》、《果征》、《果害》等节，多为迂腐或无稽之谈，均删去。

果　谱

1. 梅

似杏,一名蘇,先众木花,花似杏甚香,杏远不及。老干如杏,嫩条绿色,叶似杏有长尖,树最耐久。实大者如小儿拳,小者如弹。熟则黄,微甘酸,可啖,古人用以荐馈食之笾。生纯青,酸甚,多食泄津液,生痰、损筋、蚀脾、伤肾、弱齿。为脯含之口香,造煎堪久。性洁,喜晒,浇以塘水则茂,最忌肥水。子赤者材坚,白者材脆。种类不一。白者有绿萼梅、凡梅花跗蒂皆绛紫色,惟此纯绿,枝梗亦青,实大,五月熟,特为清高好事者比之九疑仙人。萼绿华,宋时京师艮岳有萼绿华堂,其下专植此本,人间亦不多有,为时所重。吴下又有一种,萼亦微绿,四边犹浅绛,亦自难得。重叶梅、花头甚丰,叶数层,盛开如小白莲,梅中奇品也。结实多双,尤异。消梅、花与江梅、冠城梅相似,实甘青止可生啖,虽酢甚松脆,多液无滓。花重者实少,单者大。不宜熟,亦不堪煎造。玉蝶梅、花甚可爱。冠城梅、实甚大,五月熟。时梅、实大,五、六月熟。早梅、四月熟。冬梅;实小,十月可用,不能熟。红者有千叶红梅、来自闽湘,故有福州红、潭州红、邵武红等号。鹤顶梅、实大而红。鸳鸯梅、多叶,花轻盈叶数层。凡双果必并蒂,惟此一蒂而结双梅,尤异。双头红梅、叶重或结并蒂,小实不堪啖。杏梅;色淡红,实扁而斑,味似杏。异品有冰梅、实吐自叶鳞,不花,色如冰玉,无核,含之自融如冰,佳品也。墨梅;花黑如墨,或云以苦楝树接者。他如千叶黄蜡梅、侯梅、朱梅、紫梅、同心梅、紫蒂梅、丽枝梅、胭脂梅尚多,今人争上重叶绿萼、玉蝶百叶、缃梅。贾思勰曰:"按梅花白而早,杏花白而晚,梅实小而酸,杏实大而甜,梅可以调鼎,杏则不任。"此用乃知天下之美,有不得兼者。梅花优于香,桃花优于色,若荔枝无好花,牡丹无美实,亦其类也。梅实少,秝亦少。谚云:"树无梅,手无杯。"

接法:春分后接,用桃杏体,杏更耐久。

移种:去其枝稍大其根盘沃以沟泥即活。

瓶插:腌肉滚汁彻去浮油,热入瓶插之可结实,煮鲫鱼汤亦可。陈眉公云:"以干盐贮瓶插梅,盐梅相和,尤觉清韵,热水插之耐久。"

【诠释】

梅是蔷薇科落叶乔木,学名为 *Prunus mume*。干高 0.7~1 米。叶广椭圆形或卵形,有尖端,缘边多锯齿。早春先叶开花,香气甚烈,花冠 5 瓣,色有白、淡绿、淡红、红等的分别,也有重瓣的,雄蕊很多,雌蕊 1 枚。果实核子圆形,肉部密着在核上,与杏不同。果实供生食、制酱、糖饯、盐渍,或制成陈皮梅等。

梅性喜温暖,分布于长江南部,耐寒性比桃弱。国内重要产梅地方有苏州的邓尉、杭州的超山、无锡的梅园、广东番禺的罗岗洞以及五岭附近。凡风力强大或四周闭塞的地方,栽种梅都不大适宜。梅虽不择土壤,但以轻松深厚、稍带粘性、微有湿气、排水良好的地方最为合适。

梅的枝干苍古，姿态清丽，岁寒发花，芬芳秀丽，故古今文人雅士喜欢栽种。自古作为盆景或庭木，富有观赏价值。果实，除一部分品种作鲜果少量供应外，极大部分果实供加工用。它的加工品，如盐梅、糖梅、甘草梅、糖水青梅、陈皮梅、青梅酒、梅酱、酸梅汤等，风味优美，且有药效。各产区的主要品种有：杭州超山的大叶猪肝、细花梅（均极丰产，几无大小结果现象），宁波、奉化一带的大青梅，广州罗岗、黄埔一带的大核青梅（品质佳，宜于鲜食）以及罗岗一带的杏梅（味甜肉脆，是鲜食品种之一）等。

2. 林檎

一名来禽，一名文林郎果，一名蜜果，一名冷金丹，生渤海间。此果味甜，能来众禽于林，故有林檎、来禽、蜜果之号。又唐高宗时，纪王李谨得五色果，似朱柰，以贡，帝大悦，赐爵文林郎，人因呼为文林郎果。以柰树搏接，二月开粉红花，子如柰，小而差圆。六、七月熟，色淡红可爱，有甜酸二种，有金、红、水、蜜、黑五色。甜者早熟而脆美，酸者熟较晚，须烂方可食。黑者如紫柰。有冬月再实者，熟时脯干，研末点汤服甚美，名林檎炒。性甘温，下气，消渴。多食胀满。临邑邢茂材名王路，食之多，遂至殒命。或云食多觉膨胀，并嚼其核，即消。一云，食其子，令心烦。生者食多生疮痔。

【诠释】

林檎，又名沙果，亦叫花红，学名为*Malus asiatica*，系蔷薇科苹果属落叶乔木,适于寒地。干高普通 3 米左右,枝柔弱,展布甚广。春月生叶,卵形而尖,缘边有毛状的锯齿。花蕾红色,开放之后,花瓣白色而有红晕,约带紫色。子房着生于萼的筒部,结成梨果,内含软骨质或纸质的心皮,夏末成熟。形圆而略扁,大约 3 厘米左右,向阳,呈鲜红色。味甘而微酸,可生食。李时珍曰:"林檎即'柰'之小而圆者。"

3. 柰

一名频婆,与林檎一类而二种。江南虽有,西土最丰。树与叶皆似林檎,而实稍大,味酸微带涩。可栽,可压,可以接林檎。白者为素柰,赤者为丹柰,又名朱柰,青者为绿柰,皆夏熟。性寒,多食令人肺寒膨胀,病人尤甚。

4. 苹果

出北地燕赵者尤佳。接用林檎体。树身耸直。叶青似林檎而大,果如梨而圆滑。生青,熟则半红半白或全红,光洁可爱,玩香闻数步,味甘松。未熟者食如棉絮,过熟又沙烂不堪食,惟八、九分熟者最美。

【诠释】

根据上述记载,可知"柰"是我国苹果的古名,频婆、苹果是逐渐改变的名。古代的柰,果形有大有小,有夏熟的也有冬熟的,有白色的,也有黄绿色的、红色的,所以古代的柰就是现在的绵苹果（ *Malus pumila* ）,同时也包括槟子、香果或杂种性等等在内。林檎就是现在的沙果（花红、果子、蜜果）。

至少在 1400 多年前,我国劳动人民对于苹果和沙果的繁殖、栽培以及加工制造等就已有了丰富经验。那时,甘肃河西走廊已是绵苹果的中心产区。现在新疆、甘肃、陕西、青海等省区仍出产很多绵苹果,品种有 10 个以上,并有 150~200 年生的老树。我国栽培苹果的历史至少已有 1600 多年。

现在各苹果产区,除了绵苹果以外,绝大多数品种都是引入的,其中以山东烟台引种最早。大约在十九世纪七十年代初,美国传教士将苹果种苗运至烟台,经当地劳动人民加以培育、繁殖、推广,迄今已有 100 多年的历史。最初引入的品种有绯衣、伏花皮等,其后又引入青香蕉、倭锦、元帅等品种,目前烟台已成为我国的苹果主要产区之一。

青岛引种苹果较烟台迟 20 多年,最初栽培的品种有红魁、黄魁、伏花皮等,以后又引入国光、红玉等。

辽宁南部苹果主要是在日本入侵时,由日本、朝鲜引入的品种,以国光为主,其次为红玉、倭锦等。

新疆伊犁地区于数十年前开始引种苏联苹果品种。

新中国成立后,逐步在黄河故道沙荒地带、陕西秦岭北坡、甘肃天水山区和河西地区扩展苹果园。特别是黄河故道,那里将成为生产苹果的主要基地,这是史无前例的创举。

5.梨

一名果宗,一名快果,一名玉乳,一名蜜父,北地处处有之。树似杏,高二、三丈。叶亦似杏,微厚,大而硬,色青光腻,老则斑点。二月间开白花如雪,六出,上巳日无风,则结梨必佳。有二种:瓣圆而舒者,果甘;缺而皱者,味酸。果圆如榴,顶微凹,无尖瓣。性甘寒无毒。润肺凉心,消痰降火,解疮毒、酒毒。乳梨出宣城,皮厚肉实而味长。鹅梨出河之南北,皮薄浆多,味颇短,香则过之。二梨皆入药。其馀水梨、赤梨、青梨、茅梨、甘棠梨、御儿梨、紫糜梨、阳城夏梨、秋梨,种类非一。他如紫梨、植瑶光楼前。香水梨、出北地,最为上品。张公夏梨、出洛阳北邙,海内止一树。广都梨、钜野豪梨、重六斤。新丰箭谷梨、京兆谷中梨,率多供御。味、色、香种种奇绝,未可悉数。一种桑梨,止堪同蜜煮食,生食冷中,不益人。

种梨:梨熟时全埋之,经年至春生芽,次年分栽,多着熟粪及水,至冬叶落附地刈之,以炭火烧头,二年即结子。若稆生及种而不栽,则结子迟。每梨有十馀子,惟二子生梨,馀皆生杜。

栽梨:春分前十日,取旺梨笋如拐样,截其两头,火烧铁器烙定津脉,卧栽于地即活。

接梨:取棠杜如臂以上者,大者接五枝,小者二、三枝,梨叶微动为上时,欲开莩为下时。先作麻纼缠十数匝,以小利钜截杜,令离地五、六寸,将原干用利刃贴皮劂开尖,竹签刺入皮术之际,令深一寸许。预取结梨旺嫩枝向阳者,长五、六寸,削如马耳,名曰梨贴,用口含少时以借其气插入杜树孔中,大小长短削与所刺等。拔出竹签即插梨贴,至所探处缚紧勿动摇,以绵裹杜树顶,封熟泥于上,以土培覆,令梨仅出头,仍以土壅四畔,当梨上沃水,水尽以土覆之,务令坚密。梨枝甚脆,培土时须谨慎,若着掌,则芽折。梨贴须去黑皮,勿伤青皮,伤青皮则不活。梨既生杜,傍有叶即去之,勿分其力,月馀自发长即生梨。梨生用箬包裹,勿为象鼻虫所伤。

6. 棠梨

野梨也。树如梨而小,叶似苍术,亦有圆者。三叉者边皆有钜齿。色黔白。二月开白花,结实如小楝子,霜后可食。其树接梨甚佳。处处有之。有甘酢、赤白二种。陆玑《诗疏》云:"白棠,甘棠也,子多酸美而滑。赤棠,子涩而酢,木理亦赤,可作弓材。"

【诠释】

梨是蔷薇科落叶乔木,我国原产的品种有秋子梨、白梨、沙梨、麻梨、滇梨、褐梨、豆梨等。一般树高约 6~10 米,叶卵形而尖,子房花柱,柱头三部各自分离,花期约 15 日。果实表面有细斑点,外部是萼和花托发育成功的,中央是软骨质,就是原来的子房,所以叫作伪果或假果。果实在夏秋间成熟,形状大小随品种不同而异。小的重 2~3 两,大的重 20 馀两。果质软嫩、味甜多汁的,便是良种。质硬味涩的,便是劣种。梨的品种很多,主要有秋子梨(*Pyrus ussuriensis*），分布于东北地区；白梨（*Pyrus bretschneideri*），分布于华北地区；沙梨（*Pyrus pyrifolia*），主要分布于长江流域及华南地区。

梨的栽培历史悠久，且有很多优良品种。《史记》（公元前一世纪）记载："真定御梨，甘如蜜，脆如菱。"《西京杂记》（公元三世纪）记载："上林苑有紫梨、芳梨（实小）、青梨（实大）、大谷梨、细叶梨、紫条梨、瀚海梨（出瀚海地，耐寒不枯）、东王梨（出海中）。"可知我国在公元前后就已培育出了珍贵的梨种。

我国劳动人民在栽培梨树方面积累了丰富的经验。例如，嫁接技术在 1400 年前就已采用。《齐民要术》详细记述了用杜梨稼接梨树的方法，并指出"用根蒂小枝，五年结子；鸠脚老枝，三年结子"，具体地说明了梨树嫁接以及选择穗的重要性。在播种及选种方面，《齐民要术》也有记载。

我国梨产资源非常丰富，从目前梨属植物分布情况来看，可以肯定许多梨种都是我国原产。又由于我国历代劳动人民的发掘选择和繁殖培育，因而产生了数以千计的地方品种。这些地方品种，是在各种不同的自然条件下经过漫长的岁月而培育成的，是我国梨树栽培历史的活的记录。

此外，引进的洋梨品种主要有以下几种：

i. 巴梨：主要分布在辽东半岛，陕西、甘肃亦有栽植，在旅大称秋洋梨。本品种在烟台一带生长良好。

ii. 三季梨：分布在旅大地区，为洋梨中栽培最早的品种，主要是短果枝结果。幼树生长势强，7 年生植株高达 3.5 米左右。树冠呈圆锥形，枝条直立性较强。中实大，平均重量 180 克，大的可达 400 克以上。长瓢形，成熟时果皮黄绿色，熟后变为黄色。果实较平滑,果肉黄白色,石细胞少,易融于口,果心小,汁液极多,味甜微酸,品质上等。在旅大地区,4月末、5月初开花,8月上旬果实成熟。熟后10馀日可食,不耐贮藏。

至于棠梨,是一种野梨,可播种育成苗,供接梨砧木用。

7. 凤梨(新增)

凤梨,学名为 *Ananas comosus*,又名番梨或菠萝。由于它生长势强、适应性大,宜于山地或新垦地栽培。自十六世纪末传入我国以后发展很快,现已成为食品工业的重要原料,很受各地市场欢迎。凤梨也是我国外销果品之一。

凤梨不但具有优异的品质和风味,而且富含营养物质。果汁有帮助消化的特殊功效;果实除生食外,又是制罐头的最好原料;叶的纤维可织布、造绳、纺线,也可以用来造纸。

我国菠萝栽培主要集中在台湾、广东、福建、广西等省区,云南、贵州两省的南部亦有栽培。新中国成立以来,栽培面积迅速扩大,产量逐年提高,高产园每亩可达 2,500~3,000 公斤,是很有发展前途的果树之一。

凤梨是半气生植物,种苗离土数月,栽植仍可成活。在温暖地区,随时可以种植,吸芽、冠芽、裔芽、吸裔芽都可作繁殖之用。栽植须选晴天,以深耕浅植为原则。栽时,将叶用手束起,以免沙土壅入苗心。栽下后,用手在苗周填上碎土,使土和地下茎紧接,以减少风害。栽植后不需灌水。

新开园用吸芽繁殖的树,栽植后普通经过 12~18 个月,便可结果。

8. 棣棠

栘也。似白杨,江东呼为夫栘。一名郁李,一名郁梅,一名雀梅,一名车下李。其花反而後合。凡木之花,先合而後开,惟此花先开而后合。花正白亦或赤,花萼上承下覆,有亲爱之意,故以喻兄弟,周公所谓赋常棣也。子如樱桃。六月熟,可食。仁可入药。高濂云:"花若金黄,一叶一蕊,生甚延蔓。春深与蔷薇同开,可助一色。有单叶者名金碗喜水。"

9. 樱桃

一名楔,一名荆,一名英桃,一名莺桃,一名含桃,一名朱樱,一名朱桃,一名牛桃,一名麦英。《西京杂记》列樱桃、含桃为二种。处处有之,洛中者为胜。其木多阴,不甚高。春初开白花繁英如雪,香如蜜。叶团有尖及细齿。结子一枝数十颗,圆如珊瑚,极大如弹丸,小时青,及熟,色鲜莹。深红者为朱樱;紫色皮内有细黄点者为紫樱;核细而肉厚者为崖蜜,味甚甘美,尤难得。结实时须张网以惊鸟雀,更置苇箔以护风雨。若经雨则虫自内生,人莫之见,用水浸良久,则虫皆出,乃可食。味甘无毒。调中益气美志,止泄精水谷痢,令人好颜色。多食令人吐,有暗风及喘漱、湿热病人忌食,小儿尤忌。一富家二小儿日食一、二升,半月后长者发肺痿,少者发肺痈,相继而死。邵尧夫云:"爽口物多终作疾。"信哉! 正黄者为蜡樱,小而红者为樱珠,味皆不及。

　　种植:二、三月间分有根枝栽土中,粪浇即活。仍记阴阳,否则不生,即生亦不结实。

【诠释】

　　樱桃原产我国,古称"含桃"。《礼记·月令》有:"羞以含桃,先荐宗庙。"由此可知樱桃在 3000 年前已作为珍果而行栽培了。

　　樱桃是蔷薇科李属,学名为 *Prunus pseudocerasus*,为灌木或小乔木,易生根蘖,高可达 7~8 米。品种不少,以安徽、江苏等省栽培较多,主要品种有:

　　i. 早樱桃:产安徽太和。果为球形,果顶稍尖,皮薄,易剥离,果柄细长,果肉黄色。味甜微酸,柔软多汁。4 月底成熟,主供生食。

　　ii. 细叶樱桃:产南京玄武湖。叶片长卵形或椭圆形,果实扁球形,顶部圆钝,顶端稍突起,果柄较前种短细,果皮红黄色,向阳面浓红色,斑点深黄,大而密生。味甜酸适度,多汁,品质上等。

　　至于外来樱桃品种,近几十年来栽种亦不少,现举三种如下:

　　i. 黄玉(旅大):一般进入结果期较早,开花最多,6 月上旬成熟。果实黄色,略带红晕,核小,味甜,品质上等,但不耐贮运。管理不善时,常早衰,故要求较高的栽培技术。可适当发展。

　　ii. 那翁(旅大):又名黄樱桃(烟台),龙口亦称黄玉,为我国各地栽培最多、表现最好的品种。树势强,直立,惟分枝力较弱。花束状,果枝多,果大型黄色,6 月中旬成熟,品质上等。耐贮运,适于加工。

iii. 紫樱桃（烟台）：初步鉴定为 lamberi 品种。树势较弱，直立，枝干较稀疏，分枝力中等。果实中等大，紫红色至紫黑色，8月下旬成熟，品质上等。耐运输，宜在加强管理的条件下发展。

10. 枇杷

　一名卢橘，树高丈馀，易种。肥枝长叶，微似栗大如驴耳，背有黄毛，形似琵琶，故名。阴密四时不凋，婆娑可爱。冬开白花，三、四月成实，簇结有毛。大者如鸡子，小者如龙眼，味甜而酢，白者为上，黄者次之。皮肉薄，核大如茅栗。相传枇杷秋萌、冬花、春实、夏熟，备四时之气，他物无与类者。建业野人种枇杷者，夸其色曰蜡兄。襄、汉、吴、蜀、淮、扬、闽、岭、江西、湖南北皆有。无核者名焦子，出广州。

【诠释】

　枇杷是蔷薇科的常绿果树，学名为 *Eriobotrya japonica*，原产我国南部温暖多雨地区，栽培历史已有1800多年。苏东坡居广东时写有"罗浮山下四时喜，卢橘杨梅次第新"的诗句，可知枇杷是春季常见的珍果。在劳动人民的辛勤培育下，优良品种不断产生，栽培技术逐步提高。一般分为白沙、红沙两大类。白沙类有江苏洞庭产区的照种、青种、早黄、白沙等，红沙类有鸡蛋红、圆种红沙、红沙牛奶、红毛照种等。

　日本栽培的枇杷是由我国引入的，大概是在唐代时传去的。

迄今日本的枇杷都以唐枇杷命名。

浙江以杭州塘栖枇杷栽培最盛,江苏以吴县东西洞庭山及光福区栽培最为集中,福建莆田的枇杷栽培亦盛。

繁殖应注意培育成良好砧木,并选取优良母株作接穗,行切接或劈接。

11. 木瓜

一名楙,一名铁脚梨。树如柰,丛生,枝叶花俱如铁脚海棠。可种可接,可以条压,叶光而厚,春末开花,红色,微带白。作房实如小瓜,或似梨稍长,皮光色黄,上微白如着粉津润不木者,为木瓜。香而甘酸不涩,食之益人。醋浸一日方可食,生不堪啖。处处有之,山阴兰亭尤多,而宣城者为佳。本州以充土贡,故有宣州花木瓜之称。西洛木瓜味和美,至熟青白色,入药绝有功,胜宣州者。味淡,性酸温无毒。去湿和胃,强筋骨,治脚气、霍乱、大吐、下转筋不止。

种法:秋社前后分其条移栽,次年便结子,胜春栽者。

【诠释】

木瓜名见《名医别录》,《群芳谱》则以贴梗海棠著录。茎高2米馀,叶簇生,长椭圆形。春日先叶开花,花色有深红、纯白或红白相间,种种不一,均极艳丽。果实椭圆形,长1分米许,黄皮,肉质坚实。

按,木瓜系蔷薇科落叶灌木,学名为 *Chaenomeles sinensis*。花供观赏用,果实供药用。

12. 番木瓜(新增)

番木瓜栽培容易,营养价值极高,特补充在这里,以引起注意。《岭南杂记》(1777 年)称为乳瓜,《植物名实图考》(十九世纪中期)则称番瓜,亦称万寿果,属番木瓜科的果树,学名为 *Carica papaya*。原产美洲热带,十七世纪初传入东方,引入我国约有 250 年的历史。目前我国栽培以广东、广西、台湾(南部)三省区为主,云南南部亦有栽培。番木瓜为多年生常绿性软木质乔木,高可达 12 米,有 6~7 裂的掌状深裂,并且有 65~100 厘米长、中空的叶柄。花多为单性,亦有完全花,因而有雄株、雌株、两性株之别。雄花有两种,在雄株上排列在 10~92 厘米的下垂总状花序上,在两性株上则为 1~3 厘米长的短梗。雄花花冠呈漏斗状。雌花单生或聚生,花瓣 5 裂,肉质,上部蕊 10 枚,间有 1~2 枚退化。开花时期依据气候与营养条件而定,几乎全年开花。果实有球形、卵形、长卵形,长 12~40 厘米,单果重 0.5~10 公斤,果肉厚,约 2.5~6 厘米,成熟时为黄色、橙黄色或淡绿色。内质柔软,种子多数为黑色,有皱纹。

番木瓜营养价值高,含有多种维生素,其中尤以维生素 A 和维生素 C 含量最多。未成熟果实及叶内含有大量番木瓜酵素,可以帮助消化,具有医药价值,在工业上用途亦广。果实除供鲜食外,可加工制成番木瓜糖、果酱、果汁、果脯及罐头,亦可用作腌食或蔬食。

13. 葡萄

一名蒲桃，一名赐紫樱桃。生陇西五原、敦煌山谷，今河东及江北皆有之，而平阳尤盛。苗作藤蔓，极长。春月萌苞生叶，似栝蒌叶而有五尖。生须蔓延，大盛者一、二本绵被山谷间，延引数十丈。三月开小花成穗，黄白色，旋着实，七、八月熟。有水晶葡萄、晕色带白，如着粉。形大而长，味甚甜。西番者更佳。马乳葡萄、色紫，形大而长，味甘。紫葡萄、黑色，有大小二种，酸甜二味。绿葡萄，出蜀中，熟时色绿。至若西番之绿葡萄，名兔睛，味胜糖蜜。无核，则异品也，其价甚贵。琐琐葡萄，出西番，实小如胡椒。云小儿常食，可免生痘。又云痘不快，食之即出。今中国亦有种者，一架中间生一二穗。云南者大如枣，味尤长。《唐史》云："波斯国所出大如鸡卵，可生食，可酿酒，最难干，不干不可收。"今大原、平阳皆制干，货之四方。西北人食之无恙，东南食之多病热。其根茎中空相通，暮溉其根，至朝而水浸其中。浇以米泔水最良。以麝入其皮，则葡萄尽作香气。以甘草作针，针其根则立死。《三元延寿书》云："葡萄架下不可饮酒，恐虫屎伤人。"

分植：取肥旺枝如拇指大者，从有孔盆底穿过盘一尺于盆内，实以土，放原架下，时浇之。候秋间生根，从盆底外面截断，另成一架，浇用冷肉汁或米泔水。又法，枣树穿窍，葡萄枝穿过，俟长满截断，甚佳。

〔**附录**〕野葡萄。一名蘡薁，一名山葡萄，蔓生。苗、叶、花、实与葡萄相似，但实小而圆，色不甚紫，亦堪为酒。

【诠释】

葡萄为葡萄科蔓性软木质植物,学名为 *Vitis vinifera*。最初系张骞自西域引种,可生啖或加工制葡萄酒、葡萄干等,现北方栽培最盛。

传入我国后,经过长期的风土驯化和人工选择,已形成我国华北系统品种群。目前在生产上栽培品种不多,主要有龙眼玫瑰香、牛奶紫葡萄、水晶葡萄等。

我国以往栽培的葡萄都是欧洲种,其栽培起源,据《史记·大宛传》记载:"宛左右以蒲陶为酒,富人酿酒至万馀石,久者数十年不败。俗嗜马,马嗜苜蓿,汉使取其实来,于是天子始种苜蓿、蒲陶肥饶地。及天马多,外国使来众,则离宫别观旁,尽种蒲桃,苜蓿绝望。"按上述汉使,即指汉武帝时使张骞通西域而言,大宛即今之土耳其斯坦。由此可知,我国栽培葡萄开始于汉代,约纪元前 129 年。欧洲葡萄传入我国迄今已有两千多年,经劳动人民长期培育,已形成许多品种。据《证类本草》记载,葡萄果实有紫白二种,以及马乳形等。关于栽培技术,《齐民要术》已有埋土防寒、搭架、采收等方法的记载。此外,果农还创造了许多适于各种特殊情况的栽培技术,如在旱地利用长插条丛植深坑浅埋,逐年培土等等。至于美洲葡萄传入我国,则是近百年间的事。

14. 无花果

一名映日果,一名优昙钵,一名阿驵,一名蜜果。最易生,插条即活,在处有之。三月发叶,树如胡桃,叶如楮。味甘,微辛,有小毒。子生叶间,五月内不花而实,状如木馒头,生青熟紫,味如柿而无核。甘温无毒,开胃止泻痢。人家宅园随地种数百本,收实可备荒。其利有七:实,甘可食,多食不伤人,且有益,尤宜老人小儿,一也。干之,与干柿无异,可供笾实,二也。六月尽取,次成熟至霜降,有三月常供佳实,不比他果一时采撷都尽,三也。种树十年取效,桑桃最速亦四五年,此果截取大枝扦插,本年结实,次年成树,四也。叶为医痔胜药,五也。霜降后未成熟者采之,可作糖蜜煎果,六也。得土即活,随地可种,广植之;或鲜或干,皆可济饥,以备歉岁,七也。

扦插:春分前取条长二、三尺者插土中,上下相半,常用粪水浇。叶生后,纯用水,忌粪,恐枝叶大盛,易摧折。结实后不宜缺水,当置瓶其侧,出以细霤日夜不绝,果大如瓯。

【诠释】

无花果,学名为 *Ficus carica*,大约在唐代或其以前已传入我国,栽培历史已有一千多年。唐代的《酉阳杂俎》(公元八世纪左右)载:"阿驵出波斯,波斯人呼阿驵,拂林人呼底珍。树长丈馀,枝叶繁茂,有叉如蓖麻,色赤类棉柿,一月而熟,味亦如柿。"可知其时尚无无花果的名称。至明代的《救荒本草》和《食物本草》,始见有无花果的名称,并且已知其有栽培价值。

目前我国无花果栽培以新疆为最多,据调查,共有 17,200 多株,年产量达 3,440 多担以上。长江以南各省,多为零星分布,惟上海市郊大场区有成片栽培,共约万馀亩。华北地区多集中在山东沿海,如青岛、烟台、威海卫等地,尤以威海卫为多。

15. 文冠果(选释者重拟)

亦作文官果。树高丈馀,皮粗多礧砢,木理甚细,堪作器物。叶似榆而尖长,周围钜齿纹深。春开小白花,成穗,花5瓣,每瓣当中微凹,有红筋贯之。蒂下有小青托,花落结实。大者如拳,一实中数隔,间以白膜。仁如马槟榔无二,裹以白软皮,大如指顶,去白皮,食用仁,甚清美。多雨或勤溉,则成者多。若遇旱,则实秕少而无成。

【诠释】

文冠果,又名文光果、崖木瓜,系无患子科落叶灌木或小乔木,《救荒本草》已有著录。学名为 *Xanthoceras sorbifolia*,是我国北方特产的树种之一。世界各国都从我国引种,作为庭园的珍贵花木。春天里,开美丽的白花,衬有绿油油的嫩叶,可作切花用。其花清香远溢,秀丽无比。果实成熟时呈褐色,种子数粒,香甜,味如莲子。可生吃,亦可榨油。

文冠果原作为"无花果"条附录,现与《果谱》"文光果"合并,载于此。*

---

*编者注:"文冠果"条,原作"文光果",在《果谱》"无花果"条附录,其原文为:"文光果,形如无花果,味如栗,五月熟,出景州。"此处选释者所用文字源本于陈淏子《花镜》。

16. 桃

西方之木也。乃五木之精,枝干扶疏,处处有之。叶狭而长,二月开花,有红、白、粉红、深粉红之殊。他如单瓣大红、千瓣桃红之变也,单瓣白桃、千瓣白桃之变也,烂熳芳菲,其色甚媚。花早易植,木少则花盛。实甘子繁,故字从木从兆。性酸甘热,可食。多食令人有热,能发丹石毒,生桃尤不宜多食,有损无益。性早实,三年便结子,五年即老,结子便细,十年即死,以皮紧也。若四年后用刀自树本竖劙其皮至生枝处,使胶尽出,则多活数年。江南称五月桃最佳。种类颇多,有昆仑桃、一名王母桃,一名仙人桃,一名冬桃,出洛中,形如缬蓂,表里彻赤,得霜始熟,味甘美。日月桃、一枝二花,或红或白。扁桃、出波斯国。形扁,肉涩,不堪食。核状如盒,树高五、六丈,围四、五尺,叶似桃而阔大。三月开白花,花落结实如桃,彼地名波淡树。仁甘美,番人珍之。新罗桃、子可食,性热。方桃、形微方。饼子桃、状如香饼,味甘。油桃、小于众桃,有赤斑点,光如涂油,《月令》中"桃始华",即此。花多子小,不堪啖,惟取仁。《文选》所谓"山桃发红萼"是也。出汴中。巨核桃、霜下始花,盛暑方熟。出常山,汉明帝时献。绯桃、俗名苏州桃,花如剪绒,比诸桃开迟,而色可爱。瑞仙桃、色深红,花最密。绛桃、千瓣。二色桃、色粉红,花开稍迟,千瓣,极佳。金桃、形长,色黄如金,肉粘核,多蛀,熟迟。用柿接者味甘,色黄。银桃、形圆,色青白,肉不粘核,六月中熟。千叶桃、花色淡,结实少。美人桃、花粉红,千叶,又名人面桃,不实。鸳鸯桃、千叶深红,开最后,结实必双。李桃、花深红,形圆,色青,肉不粘核,其实光泽如李,一名光桃。十月桃、花红,形圆,色青,肉粘核,味甘酸,十月中成熟,一名古冬桃,又名雪桃。毛桃、即《尔雅》所谓褫桃,小而多毛,核粘味恶,不堪食,其仁充满,多脂,可入药。水蜜桃、独上海有之,而顾尚宝西园所出尤佳,其味亚于生荔枝。雷震红,每雷雨过辄见一红晕,更为难得。<mark>张七泽</mark>他如红桃、缃桃、白桃、乌桃,皆以色名。五月早桃、秋桃、霜桃,皆以时名。胭脂桃、络丝桃,皆以形名。王敬美有言,桃花种最多,若金桃、蜜桃、灰桃之类,多植园中取果。其可供玩者,莫如碧桃、人面桃二种。绯桃乏韵,即不种亦可。寿星桃树矮而花能结大桃,亦奇种可玩,桃殊不堪食。

【诠释】

桃,学名为 *Prunus persica*,中国原产,栽培历史悠久。《诗经》载:"桃之夭夭,灼灼其华。"可知桃在我国栽培已有 3000 年之久。桃属于蔷薇科的果树,分布在我国南北各省,后经波斯传入欧洲。现在许多国家都有栽培。桃树为落叶乔木,高至 4 米。花有红、紫、白等颜色,叶是披针形。开花很早,容易栽种。我国各地都种桃树,而上海、天津所产的水蜜桃更为有名。果实除生食外,可制果膏、果胶、蜜饯、罐头等,又可酿造果酒或制成干果,用处很大。此外,花色鲜艳,尤其在春季开花展叶期间,更有观赏价值。

桃树原产在温暖地带,故不宜在过寒的地方栽种。黄河、长江、珠江三大流域都可繁殖,其中以长江流域最为相宜。

扁桃,一名巴旦杏,系蔷薇科樱桃属中亚原产的落叶果树,学名为 *Prunus amygdalus*。树高 5 米左右,叶披针形,与桃叶相类似。花无梗,雄蕊多于花瓣,雌蕊 1 枚,常 2 花相聚生。果实亦与桃果相似,惟其汁不多,成熟则果皮干燥,裂开出果核。有两个变种:味甘的,叫甘巴旦杏;味苦的,叫苦巴旦杏。甘的可供食用,苦的供药用或榨油用。名见《本草纲目》,与桃不同属。

17. 猕猴桃(新增)

中华猕猴桃(学名为 *Actinidia chinensis*)系落叶灌木植物,属猕猴桃科,雌雄异株。叶互生,椭圆形,边缘有刺毛状锯齿。枝、叶、背、果面具有毛茸。花开时乳白色。果实为浆果,卵圆形或长圆形。原产我国,广泛分布于长江流域南北各省。远在 1200 多年前的唐代,岑参就写诗云:“中庭井栏上,一架猕猴桃。”可见早在公元 770 年左右,我国人民已在院子里搭棚架种植猕猴桃了。

新中国成立以后,扩大了猕猴桃的栽培和利用。据 1965 年及 1974 年的试验报告,我国现有的猕猴桃,依果实的毛茸状态,可分为软毛、硬毛、刺毛三个变种。

猕猴桃不仅是观赏植物,而且也是营养价值极高的经济作物。由于果实有丰富的蛋白质和矿物质(磷、钾、钙、铁),维生素 C 比柑桔多 6~8 倍,比苹果和梨多 30 倍。国外将它切片加奶油作为蔬果冷盘佐餐,其味极美。猕猴桃现已成为航海、航空、高原、矿井等特种作业人员和老弱病人的特需营养品。果可以加工制汁、制酱、酿酒和罐藏。根可制药。根茎纤维又是造纸、制绳的好原料。藤蔓浸出液是造纸和建筑用的粘着剂。从成熟果实提炼出来的一种酶,能使肉类柔软嫩滑。长期以来,不少国家都直接或间接设法从我国引种,其中新西兰的栽培技术最好,取得了果品工业化的成就,对国际市场有很大影响。这个国家于1906年引种,1910年收果。农民见其果实大,繁殖快,风味好,称为"中国鹅莓",竞相试种。1934年开始商业性种植,非常注意管理,雌雄株比例为9∶1,施肥质量与柑桔同,效果良好。经过株选以后,目前在经济栽培中,已选定5个主要品系。

猕猴桃繁殖,最初用种子,后来改用嫁接法,以种子育苗作砧木,再嫁接良种。也有用圈枝法繁殖的。

猕猴桃扦插发生困难,据试验,采用不同浓度的吲哚丁酸(IBA)和萘乙酸(NAA),则15天左右开始产生愈伤组织,20天后开始生根。其中采用吲哚丁酸的生根率为67.5%,萘乙酸为45~55%。在北京的条件下,于5月间芽接,成活率高,当年可长出1米左右的新梢。

关于栽培管理,经验证明,在人工营造防护林内栽猕猴桃,应该选择山坡内谷两旁的林缘空地,以保证猕猴桃正常生长。猕猴桃不耐旱不耐涝,要求适当的掩蔽(幼苗期)和适当的湿润。

我国猕猴桃野生资源最为丰富,为世界首屈一指。在河南省有关单位的共同努力之下,经过1977—1978年两年选种,选出果型大、品质好的优良单株10株。其中最优的一株,最大果重130克(超过目前新西兰最大果重100克的水平),而且我们选出的是中华猕猴桃中的软毛变种。这一成果极大地推动了我们对猕猴桃资源的开发和利用。

近年来,我国果树科研单位加强了对猕猴桃的资源调查和野生驯化工作,争取在不久的将来使这种新兴的果树在祖国的土地上根深叶茂,结果累累。

18. 杏

一名甜梅。树大，花多实多，根最浅，以大石压根，则花盛子牢。叶似梅差大，色微红，圆而有尖。花二月开，未开色纯红，开时色白微带红，至落则纯白矣。实如弹丸，有大如梨者，生酢熟甜，种类不一。有金杏、圆而黄，熟最早，味最胜，一名汉帝杏，谓武帝上林苑遗种也。大如梨，黄如橘，出济南。白杏、熟时色最白或微黄，味甘淡而不酢，出荥阳。沙杏、甘而多汁，即世所称水杏也。梅杏、黄而带酢。奈杏、青而带黄，出邺中。金刚拳、赤大而扁，肉厚，味甚佳，又名肉杏。木杏、形扁，色青黄，味酢，不堪食。山杏，肉薄，不堪食，但可收仁用。又有赤杏、黄杏、蓬莱杏。南海有杏园洲，相传为仙人种杏处，今处处有之。性热生痰及痈疽，不宜多食，小儿产妇尤忌。花五出，其六出者必双仁有毒，千叶者不结实。

种杏：与桃同。取极熟杏，带肉埋粪中，至春芽出即移别地，行宜稀，宜近人家。树大戒移栽，移则不茂。正月镬树下地通阳气，二月除树下草，三月离树五步作畦以通水，旱则浇灌。遇有霜雪，则烧烟树下，以护花苞。

接杏：桃树接杏结果红而且大，又耐久不枯。

【诠释】

杏是蔷薇科果树，学名为 *Prunus armeniaca*。蒙古原产。山西、陕西、甘肃、河北、山东等省栽培颇广，北方各省都可栽种。落叶乔木，茎高 3~4 米。叶、花概与梅相似，不过杏之果实核扁平，肉部容易与核分离，梅之果实核圆，肉部密着于核，这是两者不同之处。果实供生食及制干果、果酱或糖渍,也可制杏脯,种子(即杏仁)供制杏仁露,用途很广。

杏比桃略能耐寒,故寒冷地方亦可栽种。主要产地为黄河沿岸。但若开花期间寒冷过甚,则易受霜害。在这种情况下,如欲栽植杏树,则须设立障蔽物,以减少寒霜力量,然后才能得到良好收成。

品种有金杏,或名黄金杏、汉帝杏,果圆形,皮面光滑,深赭色,肉质中等,核大略扁,仁味苦,品质不良。还有白杏,果实形态与金杏相似,果面成熟后仍呈青白色或略带黄色,干制后,气味优美,生食淡泊无味。此外尚有带酸味的,名梅杏;色青带黄的,名李杏,等等。

杏除取仁品种有用播种繁殖者外,其馀多用接木繁殖。所用砧木有本砧、西伯利亚杏、辽杏、桃等。其中本砧接木后易愈合,生长良好,耐寒和耐湿性强,对根头癌肿病有抵抗能力。西伯利亚杏抗寒和抗旱性强,能忍耐 -50℃低温,辽杏抗寒力亦强。

19. 李

一名嘉庆子。树之枝干如桃,叶绿而多花,小而繁,色白。结实有离核、合核、无核之异。小时青,熟则各色,有红、有紫、有黄、有绿,又有外青内白、外青内红者。大者如杯如卵,小者如弹如樱,其味有甘酸苦涩之殊。性耐久,树可得三十年,虽枝枯子亦不细。种类颇多。有麦李、麦秀时熟,实小有沟,肥甜,一名座,一名楱虑。南居李、解核如杏,堪入药季春李、冬花春实。木李、绝大而美。御黄李、形大而味厚,核小而甘香,李中佳品也。均亭李、紫而肥大,味甘如蜜,南方李,此为最。擘李、熟则自裂。糕李、肥粘如糕。中植李、麦前熟。赵李、无核,一名休。御李、大如樱桃,红黄色,先诸李熟。赤驳李、其实赤。冬李、十月、十一月熟。离核李,似柰有劈裂。皆李之特出者。他如经李、一名老李,树数年即枯。杏李、味小酸似杏。黄扁李、夏李、名李、出南郡。缥青李、出房陵。建黄李、出河沂。青皮李、赤陵李、马肝李、牛心李、紫粉李、小青李、水李、扁缝李、金李、鼠精李、合枝李、柰李、晚李之类,未可悉数。建宁者甚甘,今之李干皆从此出。

移栽:春月取近根小条栽之,离大树远者不用,待长,移之别地。性喜开爽,宜稀栽,南北成行,率两步一株,太密联阴,则子小而味不佳。树下勤去草令净,不用耕,耕则肥而无实。

嫁李:正月一日或十五日,以砖石着李树岐中,令实繁。又腊月中,以杖微打树岐间。正月晦日复打,可令足子。又法,以煮寒食醴酪火,椽着树间亦良。或曰桃树接李,则生子甘红。

【诠释】

李,亚洲原产,我国自古栽培。落叶果树,学名为 *Prunus salicina*。叶长卵圆形,有锯齿,互生,参差不齐。大寒后开花,有长花梗,花瓣 5 枚。果实属核果,球形,味有甘、酸、苦、涩,色有青、紫、红等的分别,供生食或制李脯。

　　品种有檇李,产浙江嘉兴的最有名。果实球形略扁,皮面胭红色,优美鲜艳。果肉如雪羽,浆汁很多,气味芳香,脆嫩爽口,是李的品种中最好的珍品。不过繁殖力弱,各地少有栽种。

　　南华李,产广东韶关附近。果实球形,比前种稍大,皮绿略带果粉,肉质极厚,味甜爽口,品质良好。皮红的名三华李,品质略次。

　　夫人李,浙江桐乡及广东番禺等地均有栽培。果实中匀,皮面黄绿色,不正圆形,先端圆,肉质致密,色黄汁多,气味甘香,核小,品质中等。

　　日本种有左卫门、寺田李、市成李等。

20. 柿

　　朱果也。树高大,枝繁叶大,圆而光泽。四月开小花,黄白色。结实青绿,八、九月熟。红柿、所在皆有。黄柿、生沛洛诸州。朱柿、出华山,似红柿而圆小,皮薄可爱,味更甘珍。塔柿、大于诸柿,去皮挂木上风日干之佳。着盖柿、蒂下别有一层。牛心柿、状如牛心。蒸饼柿、状如市卖炊饼。八棱柿,大而稍扁,南剑尤溪柿、处州松阳柿尤为奇品。种类甚多。大者如楪,其次如拳,小者如鹿心、鸭子、鸡子。生者涩不堪食。其核形扁,状如木鳖子而坚,根甚固,谓之柿盘。世传柿有七绝,一多寿,二多阴,三无鸟巢,四无虫蠹,五霜叶可玩,六佳实可啖,七落叶肥大可以临书。多食引痰。日干者,多食动风。同蟹食,腹痛作泻。食柿饮热酒,令人易醉,或心痛欲绝。

【诠释】

柿属于柿树科,学名为 *Diospyros kaki*,原产我国,南北各地都有栽种。日本柿系自我国传入的。欧美各国,近年始先后输入栽培,甚为珍重,种植日广。树高 10~13 米,为落叶乔木。春月发芽,叶片粗大,质厚,椭圆形或卵形而尖,外面淡绿色,单叶片,互生,叶长约 8 分米,叶边圆滑,叶脉显突。夏初自叶腋间抽花 2 朵,花小,黄白色,花瓣 4 枚,下面互相连合,每敛稍凹,上分 4 裂,好似舌状,其萼大片包护花瓣。果实是浆果,9 月以后,渐次成熟。果供生食,亦可制柿饼、柿霜,涩柿充工业用。

柿的种类很多,大致可分为甘柿与涩柿两种。甘柿在树上成熟即毫无涩味,采收后即可供食。涩柿采收后,必须使其脱涩,才可以食。

21. 山楂

一名棠梂子,一名山里果,一名羊梂,一名猴楂,一名鼠楂,一名茅楂,一名檕梅,一名朹子,一名赤瓜子,味似楂,故名。楂朹之名见于《尔雅》,有二种,生山中。树高数尺,多枝柯。叶有五尖,色青背白,桠间有刺。三月开小白花,五出。实有赤、黄二色,肥者如小林檎,小者如指顶。九月熟,核状如牵牛子,色白微映红,甚坚。滁州、青州者佳。古方罕用,自朱丹溪用之名始著。今为消滞要药,语云山楂有烂肉之功。小者味酸,为棠朹子、茅楂。猴楂,堪入药,肥大者为羊朹子,可作果食。

【诠释】

山楂为我国特产,栽培历史已有3000年,公元前二世纪的《尔雅》古籍已有记载。别名尚多,是蔷薇科的山楂属植物,学名为 *Crataegus pinnatifida*。原产我国,野生于干燥多岩的山野及富有石灰岩的谷地与溪流两侧高地,具有经济价值。10月中旬至11月上旬成熟,果色鲜红,有淡色斑点,味酸而微甜,供制山楂饼。幼苗作砧木用。

山楂易于栽培,树冠整齐,花叶繁茂,果实鲜红可爱,故为良好的四旁树种。山楂在山区生长尤为良好,我们应结合水土保持工程,大量发展山楂生产,这对繁荣山区经济、改善山区人民生活和加速社会主义建设,都具有重大的意义。

山楂药用价值很高。因果味酸,有散淤、消积、化痰、止血等效用。山楂的加工食品,亦有提神、清胃、醒脑、增进食欲的功效。

22. 杨梅

一名杭子,生江南岭南山谷间,会稽产者为天下冠。吴中杨梅种类甚多,名大叶者最早熟,味甚佳。次则卞山,本出苕溪,移植光福山中尤胜。又次为青蒂、白蒂及大小松子。此外味皆不及。树若荔枝,叶细青如龙眼及紫瑞香。二月开花,结实如楮实子,肉在核上,无皮壳。五月熟,生青,熟则有白、红、紫三色,红胜白,紫胜红。颗大核细,盐藏、蜜渍、糖制、火酒浸皆佳。可致远。东方朔《林邑记》云,邑有杨梅,大如杯碗,青时酸,熟则如蜜,用以酿酒,号为梅花酎,甚珍

重之。扬州呼白者为圣僧。张华《博物志》言地瘴处多生杨
梅,信然。多食令人伤热,食核中仁可解

【诠释】

杨梅是我国特产果树之一,南方各地普遍栽培,是杨梅科常
绿果树,学名为 *Myrica rubra*。果实在初夏成熟,适值鲜果缺乏季
节。果色鲜艳,风味优良,很受市场欢迎。汉代陆贾的《南越纪
行》已有记载,故栽培历史至少也有二千多年了。品种可分着色
种、白色种两大类。江苏、浙江、江西、福建、广东、广西、湖南等省
区均有栽培,日本亦有栽培。

中国种有白种杨梅、大叶青、乌种杨梅、了奥杨梅、水杨梅等。

杨梅适于山地栽培,可较粗放,病虫害也不多。因此,在争取
实现大地园林化的过程中,可以有计划地发展杨梅,这一方面可以
达到绿化、美化的目的,同时还可以增加山区人民的收入,提高社
员的生活水平,意义是很大的。

23. 橄榄

一名青果,一名谏果,一名忠果。生岭南闽广诸郡及沿
海浦屿间皆有之。树似木槵而高大,数围,端直可爱,枝皆高
耸,叶似榉柳。二月开花结子,状如长枣,色青,两头皆尖。
先生者居下,后生者渐高,深秋方熟。核亦两头尖而有棱,内
有三窍。生嚼味苦涩微酸,良久乃甘美。生食、煮汁饮并生
津止渴,开胃下气,治喉痛,消酒毒,住泄泻,解一切鱼鳖毒

及骨鲠。闽中尤重其味,云咀之口香,胜含鸡舌香。其类有绿榄、色青绿、核内无仁,有亦干小。乌榄。色青黑肉烂而甘,取肉槌碎,干,自有霜如白盐,谓之榄酱,仁最肥大,有纹丛叠如海螵蛸,色白,外有黑皮,最甘嫩。又有一种方榄,出广西两江洞中,似橄榄而有三角或四角。一种波斯橄榄,生邕州,色类相似,但核作两瓣。野生者树峻而子繁,蜜渍、盐淹皆可,藏久用之,致远作佳果。

【诠释】

　　橄榄,异名青果、绿榄、青榄,是橄榄科橄榄属果树,学名为 *Canarium album*,原产我国,海南岛尚有野生种。另有乌榄,学名为 *Canarium pimela*。两种分别要点:乌榄的枝、叶、花都较青榄大,小叶亦较多,为 15~21 片。乌榄叶脉较明显,叶背的网状脉内陷较浅,将叶揉碎时,香气比较浓烈,花序较复叶长,花期先于青榄。乌榄果实比青榄长大,核身较光滑。

　　繁殖方法,有实生和嫁接两种。留种的橄榄核,播种前须经过 60 天的层积处理。

　　〔**附录**〕馀甘子。一名庵磨勒,生二广诸郡,闽之泉州及西川戎泸蛮界山谷皆有之,如川楝子形圆。味类橄榄,亦可蜜渍,木可制器。《黄山谷集》云:"戎州蔡次律家轩外,有馀甘树,余名其轩曰味谏。"

【诠释】

　　馀甘子是大戟科神子木属的落叶乔木,学名为 *Phyllanthus*

emblica。产于印度、马来半岛、中国南部等处。小叶并列,恰似羽状复叶。雌花、雄花同株,花细小、黄色。雄花多生于纤枝上,具短花梗,雌花少数,无梗,*花被有 5~6 片。果实为肉质,球形而稍带六棱。可生食或盐渍,其味初食苦涩,良久及甘,故名馀甘,名见《本草纲目》。果实亦供药用,叶晒干供枕垫。华南几省山间多有野生。

24. 枣

一名木蜜。皮粗叶小,面深绿色,背微白,发芽迟。五月开小花,淡黄色,花落即结实。生青不堪食,渐大渐白至微见红丝,即堪生啖,熟则纯红,味甚甘甜。《王祯农书》云:"南北皆有,然南枣坚燥,不如北枣肥美,生于青齐晋绛者尤佳。"《齐民要术》云:"旱涝之地不任稼穑者,种枣则任矣。"种类甚多,有壶枣、大而锐,上犹瓠。辘轳枣、细腰。御枣、味最美,出安邑。乐氏枣、丰肌细核,多膏肥美,旧传乐毅自燕携来。遵羊枣、实小而圆,紫黑色。窑坊枣、味佳,出应天府窑坊门内。大枣、实如鸡卵,出猗氏县。蹶泄枣、味苦。皙无实枣、还味短味。蹙洛枣、一名大白,核小而肥。榖城紫枣、长二寸。西王母枣、大如李核,三月熟。脆枣、实小而圆,生食脆美,不能久留,出章丘县。无核枣,实小,核仅有形,食之不觉,出青城县。又有挤白枣、杨彻齐枣、洗大枣、夏白枣、出洛阳。墟枣、出汲郡。信都大枣、梁国夫人枣、三星枣、骈

---

*编者注:馀甘子雌花其实亦有梗,梗长约 0.5 毫米。盖因其梗梗长过小,故早年的形态学描述为"无梗"。

白枣、灌枣、狗牙枣、鸡心枣、牛头枣、羊角枣、狝猴枣、氏枣、
夕枣、木枣、桂枣、棠枣、丹枣、崎廉枣、玉门枣，种类颇多。能
开胃健脾，可久留，生熟皆可食。多食生热，令人齿黄病龋
齿。《清异录》云："百益一损者枣，故医氏目为百益红。"

【诠释】

枣是我国栽培历史最久的果树之一，《尔雅》记载有 11 个品
种。元·柳贯著《打枣谱》中列举了 72 个品种，由此可见 3000
年前我国已选育出不少品种了。枣系鼠李科枣属的植物，学名为
Ziziphus jujuba，为我国特产。落叶乔木或灌木，叶互生，长圆形，
有三大叶脉。初夏新枝出叶时开花，花小，白色，雄蕊 5 枚，与花瓣
同数。果实是核果，秋月成熟，形体椭圆或长椭圆，起初黄绿色，以
后变成褐色。可制蜜枣、乌枣、红枣等。我国出产极多，河北的大
名、正定，山东的乐陵，山西的临汾，浙江的金华，均多栽种。枣味
甘甜，食之可口，且可入药，对于身体营养价值颇高，其重要性不亚
于苹果、柑桔、葡萄。

枣的品种很多，著名的有大枣、麻枣、乐陵枣、真定枣、磙子枣、
磁枣等。

25.荔枝

一名丹荔，一名离枝，一名钉坐真人。树高数丈，自径
尺至于合抱，形团圞如帷盖。叶如冬青，绿色蓬蓬，四时常
茂。花青白，开于二、三月，状如橘又若冠之緌绥。五、六月

结实,喜双,状如初生松毬,核如熟莲子,壳有皱纹如罗。生青熟红,肉淡白如肪玉,味甘多汁。夏至将中翕然俱赤,大树下子百斛。性甘微热。止渴,益智,健气。五、六月盛熟时,彼地皆燕会其下,虽多食亦不伤人,觉热以蜜浆解之,或以壳浸水饮亦佳。病齿及火病人最忌。结实时枝弱而蒂牢,不可摘取,必以刀斧劙取其枝,故《上林赋》作"离枝",荔与离同。初出岭南及巴中,今闽之泉、福、漳、兴,蜀之嘉、蜀、渝、涪,及二广州郡皆有之,以闽中为第一,蜀次之,岭南为下。其类有陈紫、出著作郎陈琦家品为第一。大紫、种似陈紫,实大过之。小陈紫、实差小。方红、径可二寸,色味俱美,岁生一、二百颗而已,出兴化屯田郎中方臻家。宋公荔枝、实比陈紫小,甘美亦如之。周家红、初为第一,及陈紫、方红出,而此为次。龙牙、长可三、四寸,弯曲如爪牙,无核,然不常有。游家紫、水荔枝、浆多而淡。以上俱出兴化军。蓝家红、泉州第一,出都官员外蓝承家。法石白、出法石院,色白,其大次于蓝红。江绿、类陈紫差大而香味次之。以上出泉州。一品红、于荔枝为极品,生在福州堂前。状元红、于荔枝为第一,在报国寺二种皆出近岁最晚。大丁香、壳厚色紫,味微涩,出天庆观。绿核、荔枝核紫,而此核独绿。将军荔枝、五代时有此官种之,因以得名。朱柿、色朱如柿。虎皮、色红有青斑,类虎皮。牛心、以状名之,长二寸馀,皮厚肉涩。玳瑁、色红有黑点,类玳瑁,出城东。硫黄、以色类硫黄。以上出福州。何家红、出漳州何氏。圆丁香、丁香荔枝皆旁蒂大而小锐,此独圆而味尤盛。十八娘、色深红而细长,闽王有女,行十八,好食此,因得名,或云物之美少者为十八娘。蕙团、每朵数十,并蒂双垂。钗头颗、颗红而小,可施头髻。珍珠荔枝、团白如珠,无核,荔枝之最小者。粉红荔枝、荔枝深红,此以色浅为异。丁香荔枝、核如丁香。蜜荔枝、以甘为名,然过于甘。火山荔枝、本出南越,四月熟,味甘酸,肉薄,闽中近年仅有。秋元红、实时最晚,因以得名。蚶壳、以状得名。蒲桃荔枝。一穗至二、三百颗。又有绿色、蜡色,皆品之奇者,本处亦自难得。共计三、四十种,或言姓氏,或言州郡,皆识其所出,或不言姓氏州郡,则福、泉与漳皆有也。王敬美曰,荔枝以状元香为最,然不如长乐胜画,肉厚而味甘,当为种中第一,第干之不能如状元香风味。枫亭驿荔枝甲天下,亡论丹实累累,而树亦极婆娑可爱。在漳、泉者,四、五月熟,然肉薄味酸,能损齿。又云,荔枝以兴化之枫亭驿为最,长乐次之。

护卫:荔枝根浮,须加粪土培之。性不耐寒,最难培植。才经繁霜,枝叶枯死,至春二、三月再发新叶。初种五、六年,冬月覆盖之,以护霜雪。四、五十年始开花结实,其木坚固,有经四百馀年犹能结实者。熟时人未采,百虫不敢近。人才采摘,诸鸟、蝙蝠之类,群然伤残,故采者必日中而众采之。最忌麝香,遇之花实尽落。

【诠释】

荔枝,学名为 *Litchi chinensis*,原产在中国南部,至今海南岛五指山区尚有野生荔枝存在,是历代的珍果。宋·苏东坡诗:"日啖荔枝三百颗,不妨长作岭南人。"可见他在居粤时对于荔枝是何等欣羡。

果肉中含有多量的糖和适度的酸,并有微量的蛋白质、脂肪、矿物质,更含有多种维生素,营养价值很高。果实除鲜食外,且可制荔枝干、酿酒、制醋、罐藏,用途不少。花富蜜源植物,根与干含单宁,切碎熬汁,可染渔网。木材纹理很细,可制上等家具。荔枝根深,为营造防护林的良好树种。但由于果肉的细胞膜很薄,鲜果远运贮藏受到一定限制。现在交通事业日益发展,冷藏技术亦日见进步,这就为发展荔枝生产创造了有利条件。如今欧美各国都不难尝到荔枝鲜果,将来荔枝需求量还要大幅度增加,所以应当扩大栽培面积,注意改良品种,努力提高产量。

荔枝是无患子科荔枝属的植物,和龙眼同科。畏寒冷,常绿乔木,树高 8~10 米,树形婆娑,亭亭如盖,树命可达数百年。叶是羽状复叶,花无花瓣,萼的裂片排列如镊合样。果实比龙眼大,外壳生鳞片皱纹,初为青色,熟时变为红褐色。花开在春末,夏末果实成熟。肉如白脂,皎若水晶。

荔枝栽培历史悠久,品种繁多,早在一千多年前,即有郑熊《广中荔枝谱》记载了广东中部的荔枝 22 个品种。嗣后,又有蔡襄《荔枝谱》著录 32 个品种,本谱上面所载是转录该谱的。广东省自六十年代起即进行品种整理,并编撰了《广东荔枝志》,分别归纳为桂味类、笑枝类、进奉类、三月红类、黑叶类、糯米糍类、淮枝类等,每类包含有几个品种,以糯米糍、桂味、挂绿等为优良品种。至于福建、广西、四川、台湾等省区的品种,尚未作出科学的整理,没有确实记载。

下面增加"番荔枝"一种。原附录"锦荔枝",即苦瓜,已移入《蔬谱》。

26. 番荔枝（新增）

名见《岭南杂记》，别名佛头果。系番荔枝科半落叶小乔木或灌木，树高 3~5 米，学名为 *Annona squamosa*，为世界热带五大名果之一。树多分枝，枝条细软下垂，小枝不直生。叶椭圆披针形，全缘，叶端稍尖，互生，叶面深绿色，幼时微有毛，叶柄基部将芽包围，故老叶脱落后才吐新芽。花单生，或 2~4 枚着生于去年枝梢的叶腋或枝端，花长约 2~4 厘米，青黄色，下垂。花梗细长，花瓣分内外两轮排列，各有 3 片。外轮花瓣狭而厚，肉质，被微毛，花萼细小，绿色，雄蕊多数细小，轮生于外围成雄蕊群，围绕雌蕊群。果实在植物学上称为聚合果，由多数分离之果实聚合而成，状为球形或心脏形，熟时易分离，或自然裂开。

番荔枝具有优美的独特香气，果肉含有糖约 20%，并含有丰富的维生素 C，最宜鲜食。同时也是酿酒和制作清凉饮料的原料。其根、叶、种子以及未熟的青果，全可作药，有杀虫、强心和伤口消毒的效用。种子含油 15~45%，可作杀虫剂，也可制化妆用品。

27. 龙眼

一名益智，一名骊珠，一名龙目，一名比目，一名圆眼，一名蜜脾，一名燕卵，一名绣水团，一名海珠丛，一名川弹子，一名亚荔枝，一名荔枝奴，闽、广、蜀道出荔枝处皆有之。树似荔枝，高一、二丈，枝叶微小，叶似林檎，凌冬不凋。春末夏初开细白花，七月实熟大如弹丸。肉薄于荔枝，白而有浆，甘如蜜,质味殊绝,纯甜无酸。实极繁,作穗如葡萄,每穗五、六十颗,壳青黄色。性畏寒,白露后方可采摘。性甘平无毒。安志健脾,补虚开胃,除蛊毒,去三虫。久服轻身不老,裨益聪明,故又名益智,非今医家所用之益智子。食品以荔枝为贵,而资益则龙眼为良,盖荔枝性热,而龙眼平和也。

【诠释】

荔枝、龙眼在两千多年前的汉代就已闻名于国内。龙眼学名为 *Euphoria longan*,是无患子科荔枝属的常绿乔木,高 8~10 米,皮粗有裂纹。果实圆珠形,色黄棕,有斑纹,壳硬,肉白多浆,种核初为褐色,熟时呈黑色,果实供生食及干制。

龙眼适宜的风土与荔枝相似,但稍能耐寒,栽培区域较广。我国广东、福建、台湾、广西等省区都适于栽培。福建兴化栽培最盛,品质亦最优,通称兴化圆。龙眼忌霜雪,冬季枝梢宜用草席覆盖,树干用稻草包裹,以防寒气侵入。

龙眼果肉含糖量约 15~20%,酸分极少,粗蛋白质约 1.5%,每 100 克果肉含维生素 C 60~100 毫克,所以味美而营养价值高,许多地区人民常以龙眼为滋补品。南洋侨胞以龙眼为祖国珍贵食品,因此,每年外销甚旺。

龙眼除果实可生食、干制及罐藏外,木材纹理细致,坚固美观,可制上等家具。木材与根可熬汁染渔网,经久耐用。果核含淀粉甚多,可制浆糊或酿酒。龙眼花多蜜,是很好的蜜源植物。

由于龙眼用途多,营养价值高,故内销、外销极受市场欢迎。但大面积栽培仅限于我国南部,供求不能相适应。近几年来,交通日益便利，食品工业逐渐昌盛，从而为龙眼发展创造了有利条件。今后可在我国亚热带地区，大大扩展栽培。

龙眼在我国分布于福建、台湾、广东、广西、云南、贵州、四川等省区，其中以福建栽培为最多，品种亦不少。广东的南海石硖品种较为优良。

至于嫁接方法，广东多用靠接法，福建多用高接法。近年来，以芽接法成活率为高。

28. 石榴

一名若榴，一名丹若，一名金罂，一名金庞，一名天浆，本出涂林安石国，汉张骞使西域得其种以归，故名安石榴，今在处有之。树不甚高大，枝柯附干自地便生作丛，孙枝甚多。种极易息，或以子种，或折其条盘土中便生。叶绿，狭而长，梗红。五月开花，有大红、粉红、黄、白四色。实有甜、酸、苦三种。单叶者旋开花旋结实，花托即榴，不结者托尖小。千叶者不结实。甜者甘温涩无毒，可食，润燥，制三尸虫，理乳石毒，但性滞恋膈，多食生痰、损肺、黑齿，服食家忌之。酸者酸温涩无毒，兼收敛之气，只堪入药，陈久更良，止泻痢、崩中、带下。榴实圆如毬，顶有尖瓣，大者如杯，皮赤色，有黑斑点，皮中如蜂窠，有黄膜隔之，子如人齿。白者似水晶，淡红者似水红宝石，红者如硃砂，淡红洁白者味甘，红者味酸，秋后经霜则实自裂。有富阳榴、实大者如碗。海榴、来自海外，树仅二尺，栽盆中结实亦大，直垂至盆，堪作美观。黄榴、色微黄带白，花比常榴差大,结实甚多,最易传种。河阴榴、名三十八,中间止有三十八子。四季榴、四时开花,秋结实,实方绽旋复开花。火石榴、其花如火,树甚小,栽之盆颇可玩,又有细叶一种,亦佳。饼子榴、花大,不结实。番花榴。出山东,花大于饼,子移之别省终不若在彼大而华丽,盖地气异也。《西阳杂俎》言南诏石榴皮薄如纸,燕中有千瓣白、千瓣粉红、千瓣黄、千瓣大红,单瓣者比别处不同。中心花瓣如起楼台,谓之重台石榴花,头颇大而色更深红。苦石榴出积石山。

扦插:三月初取指大嫩枝,长尺有半,八、九枝共为一窠,烧下头二寸,勿使泻失。先掘圆坑,深尺七寸,广径尺。竖枝坑畔,环布令匀,置僵石枯骨于枝间,一层土,一层骨石筑实之,令没枝头寸许,以水浇之,常令润泽。既生之后复以骨石布其根下,十月天寒以稿裹之。一云叶生时,折插肥土,用水频浇自然生根。又叶未生时,从鹤膝处用脱果法,候生根,截下栽之,开花结实与大树无异。

浇灌:性喜肥,浓粪浇之无忌,当午浇花更茂盛,蚕沙壅之佳。又鸡鸭毛浸水中,加皮屑,去毛以水浇之,毛不肥故也。

嫁榴:不结子者,以石块或枯骨安树叉间或根下,则结子不落。

【诠释】

石榴为石榴科石榴属落叶小乔木,学名 *Punica granatum*。树高 6 米左右,分枝多,小枝略近方形。叶为倒卵形至长椭圆形,对生或丛生,全缘。花为两性花,子房下位,萼筒为钟状或筒状,与子房连生而成果皮。先端部分开裂为 5~6 片,花瓣 5~7 片,极薄,为皱缩状,呈鲜红色、白色或黄色,雄蕊多数。果皮厚,黄褐色或红褐色,其内分为多数子室,各室内有极薄的膜壁隔离,每室有多数种子。种子的外种皮为肉质,呈鲜红、淡红或白色,内有汁液,味酸而微甘,是食用部分。

石榴原产于西亚一带的伊朗、阿富汗以及土库曼斯坦、乌兹别克斯坦等地。据我国古书《博物志》(公元 232 年至 300 年)记载,汉时张骞使西域,得其种以归。此外,《齐民要术》对石榴繁殖和栽培亦有记载。由此可知我国栽培已有悠久历史了。

石榴可用播种、压条、分株等方法繁殖。播种极易萌芽成苗,但易生变异,且结果年龄迟,故仅用以育种。常用的繁殖方法为扦插,其次为压条及分株。由于其花期较长,故应分期采收。

29. 番石榴(新增)

番石榴,《南越笔记》(公元 1177 年)已有著录,《植物名实图考》称作鸡矢果,系桃金娘科番石榴属常绿小乔木或灌木,学名为 *Psidium guajava*。主干不甚直立,树皮薄,黄褐色或赤褐色,老干皮部作薄片状,剥离而呈光滑,近地面处分枝。叶对生,全缘,厚卵状长椭圆形,先端尖,基部圆形,表面暗绿色,叶背有茸毛。花单生或 2~3 朵聚生于结果枝基部 3~4 对叶腋间。花两性,白色,子房下位,萼筒钟形或梨形,宿雄蕊多数,花丝纤细,丛生于花盘上,雌蕊1 枚,子房 4~5 室。果实为浆果,球形或卵形,通称果壳或皮的部分是由花托及子房壁发育而成。果肉质厚,果皮平滑,未成熟时为绿色,成熟时淡黄或粉红色,稍有涩味,富含果胶,果肉白色或浅红色,内有多枚细小种子。

番石榴为华南温暖地区普遍栽培的果树或半栽培的果树,是每年 6 月至 9 月连续供应的果品。果实除鲜食外,可制果酱、果冻、果汁等,为热带与亚热带地区的通常食品。果品经加热后,维生素的损失很少。

番石榴产量高,实生苗,播种 3~4 年结果。无性繁殖的,一般定植后第二年开始结果。果实营养价值相当高,特别是维生素 C 极为丰富。果汁可代替鲜橙汁,适于用作婴儿和孕妇的补充营养。广州市郊大塘的胭脂红番石榴,每 100 克的可食部分含维生素 C 65 毫克。其他品种也都在 25~35 毫克之间。福建福州有关部门的分析结果是,每 100 克可食部分含 125~160 毫克,约 3 倍于柑桔的含量。

30. 橘

一名木奴。树高丈许,枝多刺,生茎间,叶两头尖,绿色光面,阔寸馀,长二寸许。四月生小白花,清香可人。结实如柚而小,至冬黄熟。大者如杯,包中有瓣,瓣中有核,实小于柑,味甘微酸。其皮薄而红,味辛而苦。有蜜橘、其味最甘。黄橘、扁小多香雾,橘之上品。绿橘、绀碧可爱,不待霜后色,味已佳,隆冬采之,生意如新。朱橘、实小,色赤如火。芳塌橘、状大而扁,外绿心红,巨瓣多液,春熟甚美。包橘、外薄内盈,其脉瓣隔皮可数。绵橘、微小,极软美可爱而不多结。沙橘、细小甘美。冻橘、八月开花,冬结春采。早黄橘、秋半已丹。穿心橘、实大皮光,心虚可穿。乳橘、似乳柑,皮坚瓤多,绝酸。油橘、皮似油饰,中坚外黑,橘之下品。卢橘。大如柑,皮厚味酢,多至夏熟,土人呼为壶酒。出苏州、台州,西出荆州,南出闽广,皆不如温州者佳。王敬美云:"闽中柑橘以漳州为最,福州次之。树多接成,惟种成者气味尤胜。"李时珍曰:"橘从矞云外赤内黄,非烟非雾,郁郁纷纷之象。"橘实外赤内黄,剖之香雾纷郁,有似乎矞,故名。韩彦直著《橘谱》三卷。

31. 柑

　　一名木奴,一名瑞金奴。生江南及岭南,闽、广、温、台、苏、抚、荆为盛,川蜀次之。树似橘少刺,实亦似橘而圆大。未经霜犹酸,霜后始熟,子味甘甜,故名柑子。皮色生青熟黄,比橘稍厚,理稍粗而味不苦,惟乳柑、山柑皮可入药。橘实可久留,柑实易腐败。柑树畏冰雪,橘树犹少耐,此柑橘之异也。乳柑出温州泥山为最,以其味似乳酪,故名。其木婆娑,其叶纤长,其花香韵,其实圆,其肤理如泽蜡,其大六、七寸,其皮薄而味珍。脉不粘瓣,食不留滓,一颗仅二、三核,亦有全无者。擘之香雾喷人,为柑中绝品。海红柑、树小而实极大,有围及尺者,皮厚色红,可久藏,今狮头柑亦其类。洞庭柑、出洞庭山,皮细味美,其熟最早。甜柑、类洞庭而大,每颗八瓣,未霜先黄。馒头柑、近蒂如馒头尖,味香美。生枝柑、形不圆,色青肤粗,味带微酸,霜时枝间可耐久,俟味变甘,带叶折取,故名。平蒂柑、大如升,出成都。

朱柑、类洞庭而大,色嫣红,其味酸,人不重之。木柑,类洞庭,肤粗瓣大,少津液。又有黄柑、白柑、沙柑之类性大寒,治肠胃中热毒,解丹石,止异渴。多食令人脾冷、生痰、发痼癖。

【诠释】

柑与橘常常并称,学名同为 *Citrus reticulata*,是芸香科灌木或小乔木。单身复叶,翼叶小。春末夏初开白色花,单生或丛生。果实扁球形,红色或橙黄色,味酸甜不一。果皮薄,容易剥离,成熟期自 10 月下旬至 11 月,因品种、地区而不同。性较耐寒,用播种、嫁接、压条等法繁殖。原产我国。我国中部和南部各地均有栽培。果供生食或加工,果皮、核、叶均供药用。古代列举的柑桔多属地方俗名,未经整理鉴定。通常把果实直径大于 5 厘米,果皮橙黄色,较粗厚,顶端常有咀的称为柑,如椪柑(亦称蜜桔)、蕉柑(亦称暹罗蜜桔)、新会柑等;果实直径小于 5 厘米,果皮朱红色、橙黄色或橙红色,较细薄,顶端常无咀的称为橘,如红橘(福橘)、黄岩蜜橘、朱砂橘、椪橘等。

〔附录〕柚。* 柑属也。一名条,一名櫾,一名壶柑,一名臭橙。《尔雅》谓之櫠,又曰椵。《广雅》谓之镭。实大而粗,柑橘中下品也。三月开花,奇大,气甚香郁。实亦如橘,有甘有酸。皮厚,味甘。树叶皆类橙。实有大小二种,小者如柑如橙,俗呼为蜜筒;大者如升如瓜,俗呼为朱栾。有围及尺馀者,俗呼香栾。闽中、岭外、江南皆有之。南人种其

---

*编者注:本条附录选释者原作:"柚:实大而粗,柑橘中下品也。三月开花。果实味甘酸适口,堪耐贮藏。"现据《群芳谱》改回。

核,云长成以接柑橘甚良。《列子》云:"吴越之间,有木焉,其名为櫾树,碧而冬青,实丹而味酸,食其皮汁,已愤厥之疾。渡淮而北,化而为枳。"此地气之不同也。

【诠释】

柚(*Citrus grandis*),一名条,一名栾,一名壶柑,《尔雅》名镭柚,同时又名"文旦"或"抛"。叶大而厚,叶翼大,心脏形。花大,单生或顶生。果实大,球形或阔倒卵形。成熟时淡柠檬色,果皮厚,有大油腺不易剥离。果味甜酸适口,秋末成熟,耐贮藏,种子单胚,用嫁接、压条等法繁殖。我国广西、福建、浙江、广东、四川和湖南、台湾等省区均有栽培。果供生食,果皮可蜜饯。

柚的栽培历史悠久。《广志》(三世纪七十年代)载:"成都别有柚,大如升。"裴渊《广州记》(四世纪或稍后)载:"广州别有柚,实如升大。"我国栽培的柚类品种颇多,例如广东的桑麻柚、金兰柚、胭脂脚,四川的垫江柚、蓬溪柚,湖南的安江柚、石榴柚,福建的文旦柚等。

32. 橙(包括香橙、酸橙、甜橙)

香橙,一名柽,一名金毬,一名鹄壳。《埤雅》云:橙,柚属,可登而成,故字从登。树似橘,有刺,实似柚而香,晚熟耐久,大者如碗,经霜始熟。叶大,有两刻缺如两段。皮厚蹙衄如沸,香气馥郁。可薰衣,可笔鲜,可和菹醢,可为酱齑,可蜜煎,可糖制为橙丁,可蜜制为橙膏,可合汤待宾客,可解宿酒速醒。唐邓间皆有,江南尤多。栽植与橘同。多食伤肝气,发虚热。同獖肉食,发头旋、恶心。

【诠释】

香橙亦称橙子,学名为 *Citrus junos*,不堪生食,主要供药用。果皮厚粗糙,有特殊的香气,品种有香橙、罗汉橙、蟹橙等。古代的橙常包括酸橙、甜橙在内。酸橙(*Citrus aurantium*),又有回青橙与朱栾、狗头橙等种,主要供作砧木及药用。根群开展,分布较深,抗旱力强,亦比较耐寒。甜橙(*Citrus sinensis*),别名黄果、广柑,由于品质优良且耐贮藏,营养价值亦高,故栽培益广,深受市场欢迎。本种原产广东。在明代以前的广东地方志里,常常与柑混称。古农书《农桑辑要》(1273 年)载:“柑与橙同。”认为两者是同样的果品。《广东通志》(1573 年)载:“雪柑产潮州。”《潮阳县志》、《海阳县志》也有类似的记载。可知潮州习惯称甜橙为雪柑。四川江津产区则称桐子柑,亦有称冰糖柑的,并有以其形稍似鹅蛋而称鹅蛋柑的。在广东新会产区,有柳橙、香水橙、新会甜橙。近年发现有脐橙,即果顶有小果露出成脐状的,故名。

王临亨的《粤剑篇》载:“衢闽橘皆善溃,广橘则否,五月犹可食。”就是说衢州和福建的橘子都容易腐烂,广东的橘子却耐贮藏,到次年 5 月犹新鲜可食。显而易见,这种堪耐贮藏的广橘是指甜橙。万历间的《新会县志》(1609 年)把橙排列在该县柑橘中的首位。天启间的《封川县志》(1622 年)说:“橙,赤橘属。”并认为唐代杜甫所指的香橘,就是甜橙。孔兴琎《番禺县志》(1626 年)记载说:“橘,俗曰橙,黄者熟,皮香味美,润肺和中。”就是说,橘一般叫做橙,并认为汉时广东进贡的"御橘"实际上就是橙。谭桓《高要县志》(1673年)说:"橘皮坚厚,用刀剖食之,冬春始甜。"这里的橘子,事实上就是甜橙。新会县胡方《鸿桷堂诗钞》(1703年)注说,该甜橙已发现新种。原诗注云:"近年冈州(即今新会县)另出一种甜橙。"这是甜橙发现新种的最早记录。从以上文献来看,说明香橘、广橘、广柑、黄柑等等,均包括甜橙在内,有的指名系甜橙。目前浙江、四川、湖南、湖北、江西、陕西、江苏、上海等省市,还叫甜橙为广橘或广柑。甚至日本叫新会甜橙为广东蜜橘(见福羽逸人:《果树栽培全书》)。说明国内外许多地方的甜橙大都是从广东引种的。

广东甜橙在世界园艺科学上以及在柑橘生产上都占有相当重要的地位。它的品种分布于世界各个柑橘产区,并为柑橘生产提供了充分的原始材料。

〔附录〕香橼。一名枸橼,柑橘之属,岭南、闽广、江西皆有之。实大者如小瓜,皮若橙而光泽可爱,置衣笥中经旬犹香。古作五合糁用,北方颇重之。

【诠释】

香橼系我国原产,现在广东境内仍发现有野生种。本种有3个变种,为佛手,果实先端开裂,分散如手指状,拳曲如手掌状,用途与枸橼同。古人亦珍爱香橼,以花香甚烈,置于厅中,盈室俱香。可以蜜饯或入药。

金柑系我国原产,广东罗浮山及沿海一带仍发现有野生类型,为常绿灌木或小乔木。植株抗寒、抗旱、抗病力都强。金柑属包含大部分栽培的柑橘属,是原始种,果小,卵形或球形,果肉味酸。但皮厚而多肉,味甘而有香气。本属包括4个种种和2个变种,即长叶金柑、圆金柑、罗浮和香港金柑。

金弹亦名金柑,浙江温州、黄岩,广西融县、阳朔,江西遂川、瑞金,湖南浏阳等地均有多布,可能是圆金柑与金枣的杂种。

月月橘,别名四季橘、长寿橘,分布于浙江温州,福建漳州及广东广州、佛山、南海等地。均可作鲜食及盐渍。作为盆栽尤佳,果形美观,颜色鲜艳,满树累累黄金,更堪观赏。

33. 栗

苞生,外壳刺如蝟毛,其中着实或单或双或三、四,少者实大,多者实小。实有壳,紫黑色,壳内膜甚薄,色微红黑,外毛内光,膜内肉外黄内白。八、九月熟则苞自裂而实坠。宣州及北地所产小者为胜。陆玑《疏》曰:"栗五方皆有。周秦吴扬特饶,渔阳及范阳生者,甜美味长。"《本草图经》云:"兖州、宣州者最胜,燕山栗小而味最甘。"《蜀本图经》曰:"板栗、佳栗二木皆大。又有芋栗,似栗而细子美,所谓'锦里先生乌角巾,园收芋栗未全贫者'是也。"《衍义》云:"湖北一种栗顶圆末尖,谓之旋栗。"栗之为果种类颇多。总之,味咸气温无毒。主益气,厚肠胃,补肾气,治腰脚无力,破瘀癖,理血。当中一子名栗楔,治血更效。生则动气,熟则滞气,惟曝干或火煨汗出食之良,百果中最有益者。小儿不宜多食,难克化。患风水病者忌，以味咸也。

种艺：《齐民要术》云："栗种而不栽，栽虽活，寻死。"栗初熟离苞，即于屋内埋湿土中。埋须深，勿令冻，路远者以革囊盛之。停三日以上，及见风日，则不可作种。至二月芽生出而种之，芽向上乃生。根既生，数年不用掌近。三年内，每到十月常须草裹，至二月渐解，不裹则易至冻死，仍用篱围之。其实方而匾者，他日结子丰满。树高四、五尺，取生子树枝接之。

【诠释】

栗是壳斗科栗属的植物，学名为 *Castanea mollissima*。《诗经》："树之榛栗。"可知我国栽培甚古。我国北方各地栽培得比较良好。栗是落叶乔木。栗的种子可供食用，木材可供建筑用或制造器具，叶可饲天蚕，树皮又可做染料，用途很广。

34. 榛

古作亲，生辽东山谷。树高丈馀，子如小栗。李时珍曰："榛树低，小如荆。"丛生，冬末开花如栎花，成条下垂，长二三寸。二月生叶如初生樱桃叶，多皱纹而有细齿及尖。其实作苞，三五相粘，一苞一实，实如栎实，上壮下锐。生青熟褐，壳厚而坚，仁白而圆，大如杏仁，亦有皮尖然多空者，谚曰："十榛九空。"陆玑《诗疏》云："榛有两种。一种大小、枝叶、皮树皆如栗，而子小形如橡子，味亦如栗，枝茎可以为烛，诗所谓

'树之榛栗'者也。一种高丈馀,枝叶如水蓼,子作胡桃味。"
辽代上党甚多。久留亦易油坏。味甘平无毒。益气力,实肠
胃,调中不饥,健行其验。辽东榛,军行食之当粮,榛之为利
亦大矣。

【诠释】

榛是桦木科落叶灌木或小乔木,学名为 *Corylus heterophylla*。
果实叫榛子,供食用,又可榨油。木材坚硬致密,可制手杖,可作伞
柄及其他细工制品。

35. 榧

一名玉榧,一名柀子,一名赤果,一名玉山果。生永昌,以
信州玉山者为佳,本地人呼为野杉木。大者连抱,高数仞,雄
者华而雌者实。其木形如柏木,理似松细软,堪为器用。叶似
杉,冬月开黄圆花。结实如枣核,长如橄榄,无棱而壳薄,黄白
色。其仁肉白,外有一层黑粗衣,小而心实者尤佳。一树可下
数十斛。味甘平,涩,无毒。治五痔,去三虫,治咳嗽,助阳道,
轻身明目,祛蛊毒、鬼疰、恶毒,杀腹中大小诸虫。煮素羹,味
更甜美。同甘蔗食,其滓自软。猪脂炒榧,黑皮自脱。性热,
同鹅肉食令人上壅生断节风,同菉豆食杀人,忌火气。

【诠释】

榧,学名为 *Torreya grandis*,是紫杉科榧属常绿乔木。本属植

物在世界上计有 6 种,其中中国产 3 种。榧树高达 15~20 米。幼枝对生,绿色,次年变为黄绿色。叶呈螺旋状排列,但向两侧平展,似二列状,长 2.5 厘米左右,为线状披针形,先端尖锐,质坚硬,表面暗绿,有光泽,不现中肋,背面有白色气孔线两条。花单性,雌雄异株。雄花单生或群生于叶腋间,雄蕊多数,基部为多数鳞片所包围,雌花着生于短枝顶端,2~3 个着生于一处,各花下部都有苞片保护。种子为核果形,无柄,两端钝圆,亦有尖瘦者。外种皮为肉质,具有条纹,初生绿色,继变为紫赤色,不能供食用,老熟时自行裂开。内种皮坚硬,呈紫褐色,仁味香脆,即为食用部分,故名香榧,黄白色,种衣紫红色。

香榧多分布在长江以南,最喜温和湿润的气候。大都生长在山区。在华东,大多生长在海拔 300~700 米之间的地带。在四川东部和湖北西部,则多自然分布在海拔 1,000~1,600 米的高山森林地带。香榧属于阴性树,一般要在群山环峙、溪流迂回的深谷地方栽培。

香榧播种宜秋播或春播。秋播,从 9 月下旬到 10 月中旬;春播,则自 2 月至 3 月上旬。如以采果为目的,则以行嫁接后果实品质较好。接穗宜采自 20~30 年盛果期的优良母株,取 2~3 年生,组织充实,紫红色的老枝,长 10~12 厘米剪断供用最宜。接木期以 4 月上旬前后最为适宜,因为这时树液开始流动,皮层和木质部易于分离,嫁接易于成活。嫁接方法,砧木大者多用皮接和劈接,砧木较小者则用切接。接木的手续以及接后的保护和一般果树同。

香榧是浙江特产的干果,它的果实在植物学上来说是种子,而不是果实。炒熟后香脆可口,为群众所喜爱。更因其含有丰富的油分,可作榨油原料。香榧还可作为药用,有化痰止咳、杀虫杀菌的效能,可驱除肠寄生虫,如蛲虫、钩虫等,更有润肠通便的作用。据古代医书记载,还能治痔疮,对小儿遗尿亦有功效。

此外,它的木材有油脂香气,木质致密,能耐水湿,为建浴室及造船的好材料。树姿雄壮美观,四季常绿,适于山区绿化之用。

36. 银杏

一名白果,一名鸭脚子,处处皆有,以宣城为盛。树高二、三丈,或至连抱,可作栋梁。叶如鸭脚,面绿背淡白,有刻缺。二月开花成簇,青白色,二更开旋落,人罕见。一枝结子百十,状如小杏,色青,经霜乃熟,色黄而气臭,烂去肉取核为果。其核两头尖,中圆大而扁,三棱为雄,二棱为雌。其仁嫩时绿,久则黄。树耐久,肌理白腻,术家取刻符印,云能召使鬼神。气味甘微苦,平涩无毒。生食解酒降痰,消毒杀虫。熟食温肺益气,定喘嗽,缩小便,止白浊。捣汁浣衣,去油腻。食多壅气,胪胀昏顿。《三元延寿书》言白果食满千颗杀人。昔有岁饥,以白果代饭食满者,次日皆死。小儿食多,昏霍发惊引疳,同鳗鲡食患软风。

种植:须雌、雄同种,其树相望乃结实,雌者两棱,雄者三棱,或雌树临水照影亦可,或凿一孔,纳雄木一块泥之亦结。阴阳相感之妙如此。

移栽:春分前后,先掘深坑,水搅成稀泥,然后下栽子。掘时连土、绳缚牢,不令散碎,则易活。

采摘：熟时以竹篾箍树本，击篾，则银杏自落。

【诠释】

　　银杏，学名为 *Ginkgo biloba*，是松柏科公孙树属的果树，*落叶乔木。银杏是史前的植物，被誉为"活化石"，是祖国特有的古树，是地质学上种子植物的先遣。树高 30 多米。叶扇形，常分 2裂，秋季变黄色脱落，春月随着新叶开花。花小，无花被，花单性，雌花和雄花异株。雄花有短柄，呈穗状，雄蕊有两个花粉囊，花粉如球状，内有精子，富活动力。雌花生于叶腋，在花柱的顶端，生两花以上。种子核果状，圆形，黄白色。木材色黄，致密，可用作建筑材料。此种果树须雌雄株并种，故选苗木时，亦须留意于此。据江苏泰兴栽培银杏经验，离雄株近的雌株结果多，在雄株下风方向的雌株受粉好的结果多；反之，雌株离雄株远的，或在其上风方向的，结果少。故宜根据花期方向，按一定距离配植雄株，以利受粉。栽植时期，在 1 月下旬至 2 月上旬为宜。栽植方法，与其他果树无甚差异。

　　银杏性忌湿涝。轻度涝害则影响生长，降低产量；如果地面积水 15 厘米左右，则 10 天之内即致全株死亡。故在银杏园中，应该注意整修排水沟渠，以免除积水之患。

　　银杏含有丰富的营养物质及较多的醇，为良好滋补品兼有药用价值，有化痰止咳、补肺、通经、利尿之效。可炒食与煨食，普通供作甜品点心用，惟不宜多食，以免中毒。木材坚实而纹理细致，

＊编者注：银杏的分类地位已经变化为银杏科银杏属，称其属于松柏科公孙树属为旧分类学地位，且有误。

纤维富弹性,无翘裂之弊,色淡黄而滑润,为重要的建筑和高等家具用材。果皮及树叶对杀虫有良好药效。果品为重要出口商品之一。

37.核桃

一名胡桃,一名羌桃,张骞自胡羌得其种,故名。树高丈许,春初生叶,长二、三寸,两两相对,厚而多阴。三月开花如栗花,穗苍黄色。结实如青桃,九月熟,沤烂皮肉,取核内仁为果。北方多种之,以壳薄仁肥者为佳。味甘,气热,皮涩,仁润。治痰气喘嗽、醋心及厉风诸病。今往往以之下酒,则昔人所云食多动风动痰、令人恶心脱须眉及同酒多食咯血者妄也。或素有痰火积热者,不宜多食耳。大抵留皮则消滞,去皮则养血润血,微和盐食更佳。大抵人之一身三焦者,元气之别,使命门者三焦之本原,命门为藏精系胞之物,三焦为出纳腐熟之司。一以体名,一以用名,其体非脂非肉,白膜裹之,上通于脑,下通于肾,为相火之主,精命之府,生人生物皆因此出。核桃仁颇类其状,而外皮水汁皆黑,故能通命门,利三焦,益气养血,与破故纸为补下焦肾命之要药。夫命门气与肾通,藏精血而恶燥,若肾命不燥,精气内充,则饮食自健,肌肤自泽,肠腑润而血脉通,此所以有黑发、固精、调血、治燥之功也。上通于肺,而虚寒喘嗽除;下通于肾,而腰脚虚痛愈。内而心腹诸痛止,外而疮痍肿痛散,称为要药不虚已。

种植:选平日实佳者,留树上勿摘。俟其自落,青皮自裂。又拣壳光、纹浅、体重者作种。掘地二、三寸,入粪一碗,铺片瓦种一枚,覆土踏实水浇之。冬月冻裂壳,来春自生。下用瓦者,使无入地直根,异日好移栽也。

收藏:以粗布袋盛挂风面处,则不腻。收松子亦用此法。

《便民图要》

【诠释】

核桃属胡桃科胡桃属落叶性大乔木,学名为 *Juglans regia*,栽培种多数由本种培育而成。本种树高大,寿命极长,我国西北一带常有二、三百年以上的老树。树皮灰色,平滑。叶为奇数羽状复叶,小叶 5~9 片,以 7 叶为最多。叶全缘,深绿色,有特殊香味。雌雄同株,异花。雌花着生于新梢顶端。果实称为假核果,圆形或椭圆形、外被柔毛,大小形状随品种的不同而异。成熟后外果皮易裂开,露出坚硬有凹凸相间纹络的内果皮,即核桃果实的硬壳。壳内有黄褐色或深褐色的有单宁质的种皮,种皮内即为核仁。核仁大部分为子叶所组成,新鲜的为白色,含有丰富的营养物质,在医药上用处甚大。据《本草纲目》记载,有补气养血、润燥温肺、治虚寒咳喘等功效,现仍为中医常用的滋补药品。

核桃是我国主要壳果之一,极宜于山区栽培。现在华北、西北以及西南各省山区已普遍栽培,产量颇多。核桃除供国内消费外,还常年出口大量核桃仁,所以它对繁荣山区经济、支援祖国社会主义建设具有一定作用。

我国核桃品种分散各地,尚未深入调查统计。从各方现在掌握的资料来看,大致有:

i. 薄壳种:如露仁核桃、隔年核桃、鸡蛋皮核桃、贵州湄潭薄壳核桃、湄潭绵核桃及穗状核桃等。

ii. 半薄壳种:如长条核桃、薄皮核桃、绵绵核桃、柿子核桃等。

iii. 厚壳种:如昌黎厚皮核桃等。本种壳甚厚,品质差,食用价值不高,主要供作砧木用。

至于繁殖栽培方法,目前尚以播种为主,嫁接法采用不多。此外,根插、嫩枝插、压条等方法都可成活,但是尚少应用。

栽培时间,秋植、春植都可。惟因核桃不耐移植,故栽植时苗掘起后,根部不可暴露过久,要用草帘等掩盖,还要迅速栽植完毕,否则难于成活。

38. 蕉

一名甘蔗,一名芭蕉。叶青色,最长大,首尾稍尖。"菊不落花,蕉不落叶",一叶生一叶蕉,故谓之芭蕉。其茎软,重皮相裹,外微青,里微白,着花,自茎中抽出。生闽广者结蕉子,有三种。未熟者苦涩,熟时皆甜。皮黄白色,味最甘美,性凉去热。

【诠释】

此条系由《卉谱》移到这里的。蕉,又名甘蔗,一名芭苴,系芭蕉科多年生草本,原产我国南部。《齐民要术》及《三辅黄图》已有著录,迄今栽培已有两千多年的历史了。在 1,500 多年前,栽培已较普遍。目前在广东、广西、台湾、福建、四川、云南、贵州、西藏等省区均有分布。甘蕉系食用蕉的总称。鲜食用的甘蕉,在我国最常见的有香蕉、大蕉、龙牙蕉、糯米蕉(牛奶蕉)等。其中经济价值最高、栽培最广的是香蕉,因此各地都习用香蕉作为食用蕉的总称。

主要品种有:

i. 香蕉(*Musa nana*),别名芎蕉(岭东)、粉蕉(台湾)、天宝蕉(福建)、中国矮蕉(国外统称),我国南部原产,为广东最主要的栽培种。其中又分为高型、矮型、中高型及油蕉等。

ii. 甘蕉(*Musa paradisiaca* var. *sapientum*),别称香牙蕉(《南越笔记》),其中又分为大蕉、龙牙蕉、粉蕉、西贡蕉等。

香蕉是华南四大水果之一,也是世界著名果品之一。果实富含营养成分,特别是碳水化合物含量丰富,还含有脂肪和蛋白质及多种维生素。果实除供鲜食外,可制蕉干、蕉粉、蕉汁,还可酿制蕉酒等,热带居民多以蕉类充作粮食。蕉类植株优美,花色鲜艳,也是一种美丽的观赏植物。

39. 菠萝蜜(选释者改写)

波罗蜜,一名曩伽。结形如东瓜,味如蜜,食之能饱人。出没罗国。

【诠释】

菠萝蜜原列入《蔬谱》,附在冬瓜后,现改列《果谱》。又芒果适应风土与菠萝蜜相同,因而亦列于此。

菠萝蜜,果实形体大,古人以为它与冬瓜相类似。其实,它是桑科常绿大乔木,与瓜类迥然不同。原产东印度,高至 10 米。叶倒卵形,不分裂。花小,单性,雌雄同株,花有多数集于长椭圆形的花托,肥大而成假果。果实长椭圆形,大如冬瓜,黄绿色,表面具有无数的柔软突起,果实内有多数种子,可食。名见《本草纲目》,一名曩伽结树。菠萝蜜是梵语,因为果味甘,故名。波斯人名"婆那娑",拂林人名"阿萨驒",都是同一种树。亦称树菠萝或木菠萝,学名为 *Artocarpus heterophyllus*,华南各地均有栽培。果味甜,可食,种子可炒食。木材纹理直,可供建筑用及制家具,木屑可作黄色染料。

树菠萝与芒果同是适于热带及亚热带生长的作物,因而有树菠萝生长的地方,也常见到芒果。

40. 芒果(选释者新增)

我国栽培的芒果据说是在公元 633—645 年间,唐代玄奘到西方取经时由印度引入的。台湾的树种大约是在 300 多年前(约 1622—1663 年间)开始在台南六甲的山堡种植。此外,亦曾先后从马来西亚、菲律宾等地引入许多优良品种。

我国芒果的经济栽培地区,除台湾外,还有广东、福建、广西南部、云南西双版纳自治州。广东省海南岛、高雷区、潮汕区、东莞、惠州、茂名等地,都有不少优良品种或实生种。海南岛主要分布在该岛南部和西南部,计有陵水、保亭、乐东、东方、昌感、崖县等县,其中以乐东和东方两县较多,约占全岛总株数的 80%。

广西自南宁至龙州一带,特别是崇左以南地区均有野生种和栽培种,其中以邕宁、博白、平南等县为多。芒果为热带著名水果,果实品质、色泽均极佳,味香甜,多汁可口,营养价值高,含有维生素 A、B、C,其中以维生素 A、C 含量最高,在 100 克可食部分中,含有 3.81 克维生素 C,加热后不会消失。芒果含糖量亦相当高,为 11~12%,可溶性固形物为 15~20%。

果实除供鲜食外,可做蜜饯、果干、罐头。未熟果可制果酱、果醋以及酶渍、酿酒等。成熟果可用作缓下剂和利尿剂。仁可作杀虫剂及收敛剂。核可供药用和制作染料。花可供药用和食用。芒果亦为主要蜜源植物,幼叶可供作饲料和黄色染料。用树叶作饲料饲牛后,从牛尿中可得到一种名贵的黄色染料。

芒果属于漆树科芒果属植物,我国栽培品种为 *Mangifera indica*。本种为常绿大乔木,寿命极长,可达 300~400 年,百年大树相当普遍。树冠圆头形,枝条扩张。叶互生,革质,嫩叶紫红色,老叶绿色,常丛生于枝顶,长圆形至长披针形,长 10~20 厘米,光亮,全缘。花小,极多,红色或黄色,为顶生圆锥花序,两性花和雄花两种杂性同株。果为肉质,味美多汁,果实呈椭圆形或歪圆形,上面附有纤维,果大,淡绿,色泽美观。

芒果引种至今已有一千多年的历史,多数采用种子繁殖,因而产生了不少天然杂交品种品系。目前各地约有优良品种 60~70 个,现将主要的几种录下:

i. 夏茅香芒:产广州市郊的夏茅。肉香甜,皮薄可食,但果较小。

ii. 红花芒:产东莞与海南岛。果亦小,纤维不少,味微酸。

iii. 蝶芒果:晚熟良种,果大,产云南西双版纳。

iv. 大芒果：为西双版纳最常见的品种，多而普遍。果甜美，早熟，但缺点是易受虫害。

41. 西瓜

一名寒瓜，蔓生。花如甜瓜，叶大多桠，缺面深青，背微白，叶与茎皆有毛如刺，微细而硬。其棱或有或无；其色或青或绿或白；其形或长或圆或大或小；其瓤或白或黄或红，红者味尤胜；其子或黄或红或黑或白，白者味更劣；其味或甘或淡或酸，酸者为下。味甘温无毒。除烦止渴，消暑热，疗喉痹口疮，解酒毒。以辽东，庐江、敦煌之种为美，今北方处处有之，南方者味不及也。旧传种来自西域，故名西瓜。荐福瓜，出苏州府城南二十里。蒋市瓜、牌楼市瓜皆美，出太仓州。一种阳溪瓜，秋生冬熟，形略长扁而大，瓤色如胭脂，味最美，可留至次年，云是异人所遗之种。子取仁可荐茶，皮可蜜煎、糖煎、酱醃，食瓜后食其子即不噫瓜气。以瓜划破曝日中少顷，食之颇凉。收藏得法，可至来年春夏，近糯米及酒气则易烂，猫踏之其瓤便沙。

〔**附录**〕北瓜。形如西瓜而小，皮色白，甚薄。瓤甚红，子亦如西瓜而微小狭长，味甚甘美。与西瓜同时，想亦西瓜别种也。

种植：秋月择其瓜之嘉者，留子晒干收作种。欲种瓜地，耕熟加牛粪。至清明时，先以烧酒浸瓜子，少时取出，漉净拌灰一宿。相离六尺起一浅坑，用粪和土瘗之于四周，中留松土，种子其中，不得复移，瓜易活而甘美。栽宜稀，浇宜频，粪宜多。蔓短时作绵兜,每朝取萤恐食蔓,长则已顶,蔓长至六、七尺则掐其顶心,令四傍生蔓。欲瓜大者,每科拣其端正旺相者,止留一瓜,馀蔓花皆掐去,则实大而味美。性畏香,尤忌麝,麝触之乃至一颗不收。种子宜戊辰日。

【诠释】

西瓜为一年生作物,学名为 *Citrullus vulgaris*。茎蔓性有卷须,叶呈浓绿色。原产在非洲热带地区,4000 年前即为埃及人民所栽培。但我国何时传入,尚无确实记载。据五代邰阳令胡峤《陷北记》云:"峤于回纥得瓜种,以牛粪种之,结实大如斗,味甘,名曰西瓜。"引入栽培已有一千多年,经劳动人民长期培育,不少地方都有了名种。如苏州的荐福瓜,太仓的蒋市瓜,榆次的刺麻瓜、蜜瓜,山东的德州西瓜以及浙江的海宁西瓜,均属地方名种。另外还有南京、上海的浜瓜,山东、江苏、浙江的三白瓜,嘉兴栽培的马铃瓜(枕头瓜),馀姚、宁波的硃砂红西瓜,味亦佳。近年又有由日本传入的太和西瓜和甘露西瓜等。

42. 甜瓜

一名甘瓜,一名果瓜,北土中州种莳甚多。蔓生。二、三月下种,叶大数寸。五、六月花开,黄色。六、七月熟。其味甜于他瓜,性寒滑无毒。少食止渴,除烦热,利小便,通三焦壅塞,夏月不中暑。多食动宿冷病,破腹,手足无力。沉水及双顶双蒂者有毒,不可食。甘肃甜瓜大如枕,割去皮,其肉与瓤甜胜蜜,所割皮曝稍干柔韧,甘而有味。又浙中一种阴瓜,种宜阴地,秋熟,色黄如金,皮肤稍厚,藏至春食之如新凡瓜。大曰瓜,小曰㼟,子曰瓝,肉曰瓤,蒂曰环,蒂曰𤫪。其畏麝,诸瓜皆同。凡食瓜过多,但饮酒或水,服麝或食盐花即消化。

种植:二月上旬为上时,三月上旬为中时,四月上旬为下时,至五、六月止可种藏瓜耳。预将生数叶便结瓜者为本母子候熟蒂自落,取来截去两头,其中段子淘净曝干收作种。临种时用盐水洗过,取熟粪土种之,仍将洗子盐水浇之,得盐气则不笼死。坑深五寸,大如斗,纳瓜子、大豆各四粒,瓜生数叶将豆掐去。瓜生至初花锄三、四次,勿令生草,但锄不可伤根,伤根则瓜苦。候秧拖时,掐去蔓心,再用熟粪培根下,勤加浇灌。摘瓜勿令踏蔓及翻覆之,踏则瓜烂,翻则瓜死,慎之。若生蚁,置骨其傍,引而弃之。

【诠释】

甜瓜,又名香瓜,系一年生蔓性作物,学名为 *Cucumis melo*。种子小,色淡赤黄或赭色。甜瓜原产系在热带地方,自无疑义。栽培起源当在 2000 年以前,公元一世纪时埃及人民已开始种植。我国在公元八世纪才输入栽培,然后再传至日本。最宜生食,亦可炒食。《本草》:"味甘于诸瓜,故得甘甜之称。"

品种颇多,瓜有球形、卵形、长圆形等等,皮有白、黄、青绿,条纹四种,肉色绿白或黄褐,普通多以瓜皮状态分为网状种及滑皮种两种。瓜皮黄色的叫金甜瓜,产于山东益州,江、浙等省亦有栽培。瓜成熟时果皮有银白色条纹的叫银甜瓜,嫩时浓绿色,有白色条纹,肉厚色黄,质脆多汁,组织柔嫩,风味可口,产量高,产地同金甜瓜。又有一种梨瓜,长圆形,嫩时绿色,成熟时变黄白色,肉色白,质脆如梨,浙江绍兴、宁波等地栽培较多。大花脸甜瓜,瓜大,长椭圆形,有明显纵向,底色银灰,条纹黑绿色。

43. 甘蔗

丛生。茎似竹,内实直理,有节无枝,长者六、七尺,短者三、四尺,根下节密,以渐而疏。叶如芦而大,聚顶上扶疏四垂。八、九月收茎,可留至来年春夏。有数种:曰杜蔗,即竹蔗,绿嫩薄皮,味极醇厚,专用作霜;曰白蔗,一名荻蔗,一名芳蔗,一名蜡蔗,可作糖;曰西蔗,作霜色浅;曰红蔗,亦名紫蔗,即昆仑蔗也,止可生啖,不堪作糖,江东为胜,今江、浙、闽、广、蜀川、湖南所生,大者围数寸,高丈许。又扶风蔗,一丈三节,见日则消,遇风则折;交趾蔗,长丈馀,取汁曝之,数日成饴,入口即消,彼人谓之石蜜。多食蔗衄血,烧其滓,烟入目则眼暗。

种植:谷雨内于沃土横种之,节间生苗,去其繁冗。至七月取土封壅其根,加以粪秽,俟长成收取。虽常灌水,但俾水势流满,润湿则已,不宜久蓄。

【诠释】

这里以论述果蔗为主。

i. 潭洲蔗:主要产于广东番禺潭洲,当地叫大芽青,秆高 4 米左右,青绿色,上带白粉,质地脆嫩,最适于生啖,珠江三角洲一带多有栽培,产品还远销南洋及美洲,为著名品种。

ii. 蜡蔗:古为荻蔗,皮光滑如蜡,质脆嫩,适于生啖,如东莞蜡蔗、五华蜡蔗及惠阳蜡蔗等。

iii. 黑皮蔗:原产大洋洲,二十年代传入我国栽培。皮紫黑色,质脆嫩,生啖最宜。

至于糖蔗,是榨糖的主要原料,为重要的经济作物。近年栽有许多新品种,例如:i. 台湾134:其特点是分蘖多,蔗茎坚实挺直,根群强大,抗旱力强,产量和糖分都相当高,适应性强。ii. 爪哇3016:分蘖亦多,旧头蔗产量丰,缺点是抵抗病虫害能力较差。iii. 爪哇2883:分蘖力强,蔗茎高大而散,较易倒伏,发芽慢,迟熟丰产,适宜于深肥的冲积地栽培。

44. 荸荠

一名凫茈,一名凫茨,一名黑三棱,一名地栗,一名芍,旧名乌芋,以形似芋而乌燕食之也,今皆名荸荠。生浅水中,其苗三、四月出土,一茎直上无枝,叶状如龙须,色正青。肥田生者粗似细葱,高二、三尺,其本白蒻,秋后结根,大者如山查栗子,脐有聚毛累累,下生入泥底。野生者黑而少,食之多滓。种出者皮薄,色淡紫,肉白而大,软脆可食。味甘微寒滑,无毒。治消渴,除胸实热气,作粉食厚肠胃,疗膈气,消宿食黄疸,治血痢,下血、血崩,辟蛊毒,消误吞铜铁。种宜谷雨日。

【诠释】

荸荠,亦称荸荠,原产不详,栽培以我国为最盛,日本栽培者少,欧美各国亦不多见。系莎草科宿根植物,学名 *Eleocharis dulcis*,生于池沼,也有栽培于水田的。多年生草本,地下生球茎,形状如慈姑略扁,色黑。其地上叶绿色,圆形,如管状。花穗如笔头状,生在茎的顶端。球茎冬月采掘,扁球形,皮带紫色或黑色。肉白而脆,味甘多汁,供生食或煮食。

荸荠有野生种、普通种两种。野生种形小,色黑,肉多渣滓。普通种即现在各地所栽培的品种。依照一般的分种,又可分为猪荸荠、羊荸荠两个品种。

普通于 2 月间选择球茎整齐完全、聚芽大、充实无损伤、底洼深、色泽鲜美的为种。倘在水稻田间作,所需种量约为普通栽培的五分之一。

荸荠可作生果食,并可加工成蜜饯或制粉。

群芳谱诠释之四

*

茶 谱

茶谱小序

茶,喜木也,一植不再移,故婚礼用茶,从一之义也。虽兆自《食经》,饮自隋帝,而好者尚寡。至后兴于唐,盛于宋,始为世重矣。仁宗贤君也,颁赐两府,四人仅得两饼,一人分数钱耳。宰相家至不敢碾试,藏以为宝,其贵重如此。近世蜀之蒙山,每岁仅以两计。苏之虎丘,至官府预为封识,公为采制,所得不过数斤,岂天地间尤物,生固不数数然耶。瓯泛翠涛,碾飞绿屑,不藉云腴,孰驱睡魔。作茶谱。

济南王象晋荩臣甫题

茶谱首简

陆羽《茶经》[一]

艺茶欲密,法如种瓜。三岁可采。阳崖阴林,紫者上,绿者次。语云,芳冠六清,味播九区,焕如积雪,晔若春敷,调神和内,倦解慵,除益思,少卧轻身明目。凡采茶,在二月、三月、四月之间。其日有雨不采,晴有云不采。晴采之、蒸之、捣之、拍之、焙之、穿之、封之,茶斯干矣。茶有千万状,卤莽而言,如胡人靴者,蹙缩然;犎牛臆者,廉襜然;浮云出山者,

轮菌然;轻飙拂水者,涵淡然。有如陶家之子,罗膏土以水
澄泚之。又如新治地者,遇暴雨流潦之所经,此皆茶之精腴。
有如竹籜者,枝干坚实,艰于蒸捣,故其形籭簁然。有如霜荷
者,茎凋叶沮,易其状貌,故厥状委萃然,此皆茶之瘠老者也。
自采至于封七经目,自胡靴至于霜荷芺八等。

【诠释】

〔一〕《茶经》作者陆羽系唐时复州竟陵人,字鸿渐,生平事迹
载于《新唐书·隐逸传》。《茶经》是第一部关于茶的专谱,书中叙
述分为十门。其中《一之源》,记茶的生产和特性;《二之具》,记采
茶所用的器物;《三之造》,记茶叶的加工;《八之出》,记茶的产地,
都是属于农学范围。饮茶的风习到唐时开始盛行,以后更加普遍
起来。因此,本书历来流行很广,除先后被集录在《百川学海》、
《说郛》、《格致丛书》、《唐宋丛书》、《学津讨源》、《唐人说荟》、《茶书
全集》等丛书外,现存的还有几种明刻本、清刻本以及民国刻本,
还有日本刻本。

另,明嘉靖二十年(1541年),顾元庆亦作《茶谱》一卷。作者
是南京长洲人,书中分《茶略》、《茶品》、《艺茶》、《采茶》、《藏茶》、
《制茶诸法》等目,后面附有《煎茶四要》和《点茶三要》,是专谈品
茶的。清代周中孚《郑堂读书记补逸》誉此书为明代所有论茶的
著作中最好的一部。有《顾氏文房丛刻》、《欣赏续编》、《山居杂
志》、《格致丛书》以及《茶书全集》等本,另外,《说郛续》本是个
节本。

茶 谱

1. 茶

一名槚,一名蔎,一名茗,一名荈,一名皋卢。树如瓜芦,叶如栀子,花如白蔷薇而黄心,清香隐然,实如栟榈,蒂如丁香,根如胡桃。《南越志》:"茗,苦涩,亦谓之过罗。"有高一尺者,有二尺者,有数丈者,有两人合抱者。出巴山峡川,有建州大、小龙团,始于丁谓,成于蔡君谟。宋太平兴国二年,始造龙凤茶。咸平中,丁为福建漕,监造御茶,进龙凤团。庆历中,蔡端明为漕,始造小龙团茶。欧阳永叔闻之,曰:"君谟士人也,何至作此事。"自后熙宁末,有旨下建州,制蜜云龙一品,尤为奇绝。蜀州雀舌、鸟嘴、麦颗,盖嫩芽所造似之。又有片甲者,早春黄芽,叶相抱如片甲也。蝉翼,叶软薄如蝉翼也。《清异录》云:"开宝中,窦仪以新茶饮予,味极美,奁面标云,龙陂山子茶。"龙陂是顾渚山之别境。洪州鹤岭茶,其味极妙。蜀之雅州蒙山顶有露芽、谷芽,皆云火前者,言采造于禁火之前也。火后者次之。一云雅州蒙顶茶,其生最晚,在春夏之交,常有云雾覆其上,若有神物护持之。又有五花茶者,其片作五出花云脚,出袁州界桥,其名甚著,不若湖州之研膏紫笋,烹之有绿脚垂下。吴淑《赋》云:"云垂绿脚。"又紫笋者,其色紫而似笋。唐德宗每赐同昌公主馔,其茶有绿花、紫英之号。草茶盛于两浙,日注第一。自景祐以来,洪州双井白芽,制作尤精,远在日注之上,遂为草茶第一。宜兴澭湖出含膏。宣城县有丫山,形如小方饼,横铺茗芽产其上,其山东为朝日所烛,号曰阳坡,其茶最胜。太守荐之京洛人士,题曰丫山阳坡横文茶,一名瑞草魁。又有建州北苑先春,洪州西山白露,安吉州顾诸紫笋,常州宜兴紫笋,阳羡春池阳凤岭,睦州鸠坑,南剑石花、露鋑芽、钱芽,南康云居,峡州小江园、碧涧蓁、明月蓁、茱萸、东川兽目,福州方山露芽,寿州霍山黄芽,六安州小岘春,皆茶之极品。玉垒关外宝唐山有茶树,产悬崖,笋长三寸、五寸,方有一叶、两叶。太和山骞林茶,初泡极苦涩,至三、四泡,清香特异,人以为茶宝。涪州出三般茶,最上宾化,制于早春,其次白马,最下涪陵。收茶在四月,嫩则益人,粗则损人,真者用箬烟熏过,气味尤佳。

收子:寒露收茶子,晒干,以湿沙土拌匀,盛筐内。

种植:茶性恶水,宜肥地斜坡阴地走水处,用糠与焦土种之。每一圈可用六、七十粒,覆土厚一寸。出时勿耘草,旱以米泔水浇,常以小便粪水或蚕沙壅之,水浸根必死。三年后可采茶。凡种,相离二尺一丛。采茶,以谷雨前者佳。制茶,择净微蒸,候变色摊开,扇去气,揉做毕,火气焙干,以箬叶包之。语曰:“善蒸不若善炒,善晒不如善焙。”盖茶以炒而焙者佳耳。炒茶每锅不过半斤,先干炒,微洒水,以布卷起揉做。

采茶:《尔雅》云:“早采者为茶,晚取者为茗。”荈,蜀人名曰苦茶,故东坡诗:“周诗记苦茶,茗饮出近世。初缘猒粱肉,假此雪昏滞。"蕲门团黄有一旗一枪之号,言一叶一芽也。

贮茶:茶之味清,而性易移。藏法,喜温燥而恶冷湿,喜清凉而恶蒸郁,宜清独而忌香臭。藏用火焙,不可晒,入磁瓶,密封口,毋令润气得侵,又勿令泄气。安顿须在坐卧之处,逼近人气,则常温。必在板房,若土室则易蒸,又要透风。若幽隐之处,尤易蒸湿,兼恐有失点捡。世人多用竹器贮茶,虽复多用箬护,然箬性峭劲,不甚伏帖,风湿易侵。至于地炉中顿,万万不可。人有以竹器盛茶,置被笼中,用火即黄,除火即润,忌之忌之。

【诠释】

茶属山茶科(亦作厚皮香科)山茶属常绿灌木,学名 *Camellia sinensis*,我国南方原产。由于较好品质的茶叶多属生长在"阳崖阴林"中的野茶,人们多喜欢到云雾多的高山采野茶。在南方森林中有很多野茶树,从那里采来的茶,味道特别醇厚香美。

较高的山岳地带,经常云雾回绕。这种多雾湿润的环境,最适合茶树的生长。特别是在山区阳坡,有阳光而较少直射,抑制了茶叶纤维的发展,而高山的紫外线却能促进芳香油的生成,故植茶效果极佳。一般都承认云雾茶特别香美。自古以来,我国的名茶产地多在河川发源和云雾环绕的高山。例如四川的蒙顶山,云南的南糯山,福建的武夷山,浙江的天目山,湖北的羊楼峒,安徽的黄山,江西的葛坪山等等,都是海拔 1000 米以上和云雾较多的山岳地带。至于丘陵平原地区,则是另一种情况。例如太湖地区,古称湖洲,自古盛产好茶。所谓"顾渚(即罗岕)紫笋"、"常州阳羡",

唐、宋以来一直被称颂为韵致清远、滋味甘香的洞山名茶。这是因为这一带湖山秀翠，云水相连，经常保持着晴与雾、阴与湿相差的气候条件。今天大家所喜爱的"碧螺春"，就是这一带的产品。其他如钱塘江的"龙井"，南京的"雨花"，都是在一定气候条件下生长发育成为香气浓郁的名茶品种。

六世纪初，我国茶叶开始销到日本。十七世纪初，销往欧洲。十九世纪末，我国输出的茶叶占世界市场商品茶 80% 以上。

根据成品茶的外形和内质的特点，我国的茶叶通常被归纳为红茶、绿茶、青茶、黑茶、白茶、黄茶六大类。花茶是以绿茶、红茶、乌龙茶作茶坯，用茉莉花、玉兰花、珠兰花等香花窨（同熏）制而成。砖茶是把茶叶压制成砖状，便于运输和贮藏，主要销往新疆、西藏、内蒙古等边疆兄弟民族地区。商品茶中，以绿茶和红茶为大宗，著名的外销绿茶有"屯绿"、"平水珠茶"等。还有许多特种名茶，如杭州西湖龙井、太湖洞庭山碧螺春、安徽黄山毛峰和六安瓜片等。红茶以产于皖南山区的"祁红"最负盛誉。有一种茶叶，介于红、绿茶之间，有"绿叶红镶边"之说，叫乌龙茶，属青茶类。主要产区是闽北、闽西和广东汕头地区，著名的有福建武夷山正岩水仙和安溪铁观音以及云南的沱茶、普洱茶等。另外，还有属于黄茶类的四川蒙顶黄芽、湖南君山银针等名茶。

我国是世界上最早种茶、用茶的国家，栽培茶树已有几千年的历史。茶树早已成为我国主要经济作物之一，茶叶是我国广大劳动人民普遍喜爱的饮料。茶叶中所含的有效成分对人体的健康有着良好的作用，它具有解渴、提神、帮助消化及治疗糖尿病、肥胖病、高血脂症等作用。特别是在一些少数民族地区，平日以乳肉为主食,饮茶可以帮助消化,有助于健康,因而茶叶便成为人们日常生活中的必需品。随着生活水平的不断提高,全国人民对茶叶的需要量日益增多。同时茶叶又是我国传统的出口商品之一,它在国际市场上享有很高声誉。因此,有计划地发展茶叶生产,满足广大人民日常生活的需要,增加出口,支援社会主义建设,这是一项很重要的任务。

〔**附录**〕皋卢。亦茶名。皮日休云:"石盆煎皋卢。"他如枳壳芽、枸杞芽、枇杷芽作茶,皆治风疾。又有皂角芽、槐柳芽,皆上。春采其芽,合茶作之。

【诠释】

皋卢,山茶科(亦作厚皮香科)山茶属,生于山地,常绿灌木,学名 *Thea sinensis* var. *macrophylla*。全体与茶树相似,惟茎较粗,叶亦肥大而厚,长 30~40 厘米。秋末叶腋生花,比茶花亦稍大,白色。此植物亦茶之一种,惟茶味苦涩。嫩芽可制茶,老叶则不堪煎饮,但可作制红茶原料。名见《本草拾遗》,一名苦䔲。《南越志》载:"龙川县有皋卢,一名瓜芦,土人谓之过罗,或曰物罗,皆夷语也。"日本名唐茶,又名苦茶。

○水。洞庭张山人云:"山顶泉轻而清,山下泉清而重,石中泉清而甘,沙中泉清而冽,土中泉清而厚,流动者良于安静,负阴者胜于向阳,山削者泉寡,山秀者有神,真源无味,真水无香。"惠山寺东为观泉亭,堂曰漪澜,泉在亭中,二井石甃,相去只尺,方圆异形,汲者多由圆井,盖方动圆静,静清而动浊也。流过漪澜,从石龙口中出,下赴大池者,有土气,不可汲。泉流冬夏不涸,张又新品为天下第二泉,梅雨时置大缸收水,煎茶甚美,经宿不变色易味,贮瓶中可经久。《食物本草》:"梅雨水洗癣疥,灭瘢痕,入酱令易熟,沾衣便腐,浣垢如灰汁,有异它水。"孙真人云:"凡遇山水坞中出泉者,不可久居,常食作瘿病。凡阴地冷水不可饮,饮之必作疾瘕。"

群芳谱诠释之五

*

竹 谱

竹谱小序

《鹤林玉露》云："松柏之贯四时,历霜雪,皆自拱把以至合抱。惟竹生于旬日之间,而干霄入云,其挺持坚贞与松柏等,此草木灵异之尤者也。"是以名人达士,往往尚之。自一竿以至千万竿,言潇湘凤尾以至毛台海桃,多寡巨细不同,趣味则一。子瞻云："宁可食无肉,不可居无竹。"有味乎言之哉!作竹谱。

济南王象晋荩臣甫题

竹谱首简

戴凯之《竹纪》[一]

植物之中,有名曰竹,不刚不柔,非草非木,小异空实,大同节目,或茂沙水,或挺岩陆,条畅纷敷,青翠森肃,质虽冬蒨,性忌殊寒,九河鲜育,五岭实繁,萌笋苞箨,夏多春鲜,根干将枯,花覆乃县,笴必六十,复亦六年,钟龙之美,爰自昆仑,员丘帝竹,一节为船,巨细已闻,形名未传,桂实一族,同称异源,篃尤劲薄,博矢之贤,篁任篙笛,体特坚圆,棘竹骈深,一丛为林,根如椎轮,节若束针,亦曰笆竹,城固是任,

篾笋既食,鬊发则侵,单体虚长,各有所育,苦实称名,甘亦
无目,弓竹如藤,其节郅曲,生多卧土,立则依木,长几百寻,状
若相续,质虽含文,须膏乃缛,厥族之中,苏麻特奇,修干平节,
大叶繁枝,凌群独秀,葹茸纷披,笽笪射筒,箖箊桃枝,长爽纤
叶,清肌薄皮,千百相乱,洪纤有差,相繇既戮,厥土维腥,三堙
斯沮,寻竹乃生,物尤世远,略状传名,般肠实中,与笆相类,于
用寡宜,为笋殊味,筋竹为矛,称利海表,槿仍其干,刃即其杪,
生于日南,别名为篾,百叶参差,生自南垂,伤人则死,医莫能
治,亦曰簩竹,厥毒若斯,彼之同异,人所未知,簹与繇衙,厥体
俱洪,围或累尺,簹实衙空,南越之居,梁柱是供,竹之堪杖,
莫尚于筇,礌砢不凡,状若人功,岂必蜀壤,亦产馀邦,一曰扶
老,名实县同,籣蔓二族,亦甚相似,杞发苦竹,促节薄齿,束物
体柔,殆同麻枲,篖竹所生,大抵江东,上密防露,下疏来风,连
亩接町,竦散冈潭,鸡胫似篁,高而笋脆,稀叶稍似,类记黄细,
狗竹有尾,出诸东裔,物类众诡,于何不计,有竹象芦,因以为
名,东瓯诸郡,缘海所生,肌理匀净,筠色润贞,凡今之篾,匪兹
不鸣,会稽之箭,东南之美,古人嘉之,因以命矢,箘簬载籍,贡
名荆鄙,簹亦箘徒,概节而短,江汉之间,谓之篍竹,根深耐寒,
茂彼淇苑,篲条苍苍,接町连篁,性不卑植,必也嵩冈,踬矢称
大,出寻为长,物各有用,埽之最良,又有族类,爰挺峄阳,悬根
百仞,疏干风生,笙箫之选,有声四方,质清气亮,众管莫伉,亦
有海篠,生于岛岑,节大盈尺,干不满寻,形枯若筋,色如黄金,
徒为一异,莫知所任,赤白二竹,远取其色,白薄而曲,赤厚而
直,沅澧所丰,馀邦鲜植,肃肃篱隋,娄娄攒植,擢笋于秋,各乃

成竹，无大无小，千万修直，簜膜内裛，绣文外秅，箈箊诞节，内实外泽，作贡渔阳，以供辂筴，浮竹亚节，虚软厚肉，临溪覆潦，栖云荫木，供笋滋肥，可为旨蓄，厥性异宜，各有所育，篁植于宛，笎生于蜀，细篠大荡，竹之通目，互各统体，譬牛与犊，人之所知，事生轨躅，赤县之外，焉可详录，臆之笔之，匪迈伊瞩。

【诠释】

〔一〕戴凯之除作《竹纪》以外，尚著有《竹谱》一册。戴氏是南朝刘宋时代（公元五世纪中期）武昌人，别字庆预。《旧唐书·经籍志》将《竹谱》载入农家类，题戴凯之撰，但并未注明作者时代。宋·晁公武《郡斋读书志》说，作者字庆预，武昌人。左圭把《竹谱》收进他的《百川学海》里面，但标明作者是晋朝人，字又作"庆豫"，都不知所据。书的体裁是用四言韵语记述竹的种类和产地，并没有注释。文字极为典雅，这是关于竹的第一部专书，自宋以后流传极广。《说郛》、《山居杂志》、《文房奇书》、《汉魏丛书》、《龙威秘书》、《湖北先正遗书》、《五朝小说》等丛书里均有《竹谱》。近世又有育文书局石印本和《丛书集成》排印本，大都因袭《学海》题"晋·戴凯之撰"。民国《湖北通志·艺文志》的编者却根据《隋书·经籍志》别集类载"刘宋朝·戴凯之集"，因而断定戴是刘宋人。

除戴凯之的《竹谱》外，尚有：i.《宋史·艺文志》农家类著录的吴辅《竹谱》。撰人始末未详，大约是宋代人。明·柯维祺《宋史新编·艺文志》又作"吴良辅"，似是误衍"良"字。此书从不见有人提过，确定早已失传。ii.宋僧惠崇的《竹谱》。惠崇是宋初著名九僧之一,工诗善画。此书宋代公私书目以及《宋史·艺文志》等均不见记载,不知是否尚存。*iii.* 陈鼎的《竹谱》。《四库全书总目》谱录类存目,作者长期住在云南和贵州,本书所记的都是西南一带比较奇异的竹种,共60条。有《昭代丛书》《农学丛书》等本。陈鼎字定九,江苏江阴人。

白居易《养竹记》

竹似贤,何哉?竹本固,固以树德,君子见其本,则思善建不拔者。竹性直,直以立身,君子见其性,则思中立不倚者。竹心空,空以体道,君子见其心,则思应用虚受者。竹节贞,贞以立志,君子见其节,则思砥砺名行夷险一致者。夫如是,故号君子,人多树之为庭实焉。贞元十九年春,居易以拔萃选及第授校书郎,始于长安求假居处,得常乐里故关相国私第之东亭而处之。明日履及于亭之东南隅,见丛竹于斯,枝叶殄瘁,无声无色。询于关氏之老,则曰:此相国之手植者,自相国捐馆,他人假居,于是筐篚者斩焉,篲帚者刈焉,刑馀之材,长无寻焉,数无百焉。又有凡草木杂生其中,蓁茸荟蔚,有无竹之心焉。居易惜其尝经长者之手,而见贱俗人之目,剪弃若是,本性犹存,乃芟翳荟,除粪壤,疏其间,封其下,不终日而毕。于是日出有清阴,风来有清声,依依然,欣欣然,若有情于感遇也。嗟乎!竹,植物也,于人何有哉?以其有似于贤而又爱惜之,封殖之,况其真贤者乎?然则行之于草木,犹贤之于众庶。呜呼!竹不能自异,惟人异之。贤不能自异，惟用贤者异之。故作《养竹记》，书于亭之壁，以贻其后之居斯者，亦欲以闻于今之用贤者云。

竹　谱

竹，植物也。非草非木，耐湿耐寒，贯四时而不改柯易叶，其操与松柏等。第虽喜湿恶燥，亦不宜水淹其根。根之发生喜向上行，其性又与菊等，宜添河泥覆之。每至冬月须厚加土为佳。每长至四年者，即伐去，庶不碍新笋而林亦茂盛。戴凯之《竹纪》云竹之品类六十有一，黄鲁直以为竹类至多。《竹纪》所类皆不详，欲作竹史不果成。有方竹产澄州，体如削成，劲挺，堪为杖。桃源山亦有方竹，隔州亦出，大者数丈。《宁波志》云，葛仙翁炼丹，于定海灵峰植竹箭化为竹，而方斑竹甚佳，即吴地称湘妃竹者。其斑如泪痕，杭产者不如。亦有二种。出古辣者佳，出陶虚山者次之。土人裁为箭，甚妙。亦有大如瓯者。棕竹有三种。上曰箭头，梗短叶垂，堪置书几。次曰短栖，可列庭阶。次曰朴竹，节稀叶硬，全欠温雅，但可作扇骨料耳。性喜阴畏寒风，冬月藏不通风处。三月方可见天，原不见日。秋分后可分，须出盆视其根须不甚牢固处，劈开栽盆。欲变化多盆，则盆大更旺。灌用浸豆水极肥，舍此俱不堪用。他如猫竹、一作茅竹，又作毛竹，干大而厚，异于众竹，人取以为舟。《四明洞天记》："毛竹丛生涧边。又金庭山洞天皆有。" 双竹、篠篁嫩篠，对抽并胤，王子敬谓之扶竹，犹海上之扶桑也。扶竹之笋,名合骊,武林山西院中产。薪竹、出黄州府蕲州,以色莹者为篁,节疏者为笛,带须者为杖。唐韩愈诗:"蕲州笛竹天下知,郑君所宝犹环奇,携来当书不得卧,一府争看黄琉璃。"慈孝竹、生作大丛,长干中耸,群篠外护,向阳则茂,宜种高台。柯亭竹、生云梦之南,以七月望前生,明年七月望前伐,过期伐则音滞,未期伐则音浮。观音竹、每节二、三寸,产占城国。黄金间碧玉、产成都,青黄相间。龙公竹、其大径七尺,一节长丈二尺,叶若焦,出罗浮山。龙孙竹、生辰州山谷间,高不盈尺,细仅如针。径尺竹、可为瓶,出湖湘。四季竹、节长而圆中管篱,生山石者,音清亮。月竹、每月抽笋,状轻短,丛生如箭,笋不堪食,产嘉定州。十二时竹、产蕲州,其竹绕节凸生子丑寅卯等十二字,安福周俊叔得此,植之家庭,十馀年笋而竹者十之三。箟簩竹、出箟簩国,可砺指甲,新州有此种,制成琴样,为砺甲之具。用久微滑,以酸浆渍之,过宿快利如初,亦可作箭。李商隐所谓"箟簩弩箭磨青石"是也。《异物志》。大夫竹、凌云围三尺,《幽怪录》云:"鄜延一人伐此竹,见内二仙翁,相谓平生劲节,惜为主人所伐,遂腾空去。"凤尾竹、高二、三尺,纤小猗那,植盆中可作书室清玩。龟文竹、崇阳县宝陀岩产,仅一本,制扇甚奇,闻今亦绝种矣。人面竹、出剡山,竹径几寸,近本逮二尺,节极促,四面参差,竹皮如鱼鳞,面凸,颇类人面。黑竹、如藤,长丈八尺,色理如铁。思摩竹、笋自节生,笋既成竹,至春节中复生笋,出交广。无节竹、出瓜州。大节竹、一节一丈,出黎母山。疏节竹、六尺一节。通竹、直上无节而空洞,出滦州。扁竹、出濡。藤竹、出占城。船竹、出员丘。弓竹、长百寻,却曲如藤,得木乃倚,出东方,质有文章须膏涂,火灼乃见。沛竹、长百丈,出南荒。丹青竹、叶黄、碧、丹相间,出熊耳山。十抱竹、出临贺。慈竹、内实而节疏,性弱,形紧而细,可代藤。桂竹、高

四、五丈，围二尺，状如甘草而皮赤，出南康以南。《山海经》："灵源桂竹，伤人即死。"桃竹。叶如棕，身如竹，密节而实中，厚理瘦骨，盖天成柱杖也，出巴渝间。出豫者细文一节四尺，北人呼为桃丝竹。相思竹、出广东，两两生笋。八月为竹小春，竹之萌曰笋，竹之节曰约，竹之丛曰筬，竹之得风而体夭屈曰笑，竹死曰箈。

移竹：先期离竹本一、二尺，四围剧断旁根，仍以土覆，频浇水，俟雨后移致即活，亦不换叶。移时须寻其西南根勿剧断，照旧栽植，竖架扶之尤妙。竹中有树，不须去，虽风雪不复敧斜，亦一助也。若将死猫狗埋其下，竹生尤盛。埋之边傍，亦能引竹。宋时内苑种竹，一、二年即茂盛，询之园子，云："只有八字：疏种，密种，浅种，深种。"疏种者谓三、四尺方种一颗，欲其土虚，易于行鞭。密种者大其根盘，每颗须四、五竿一堆，欲其根密，自相维持。浅种者入土不甚深，深种者种得虽浅，却用河泥厚壅之。锄竹园以稻糠或麦糠或河泥皆可。壅只用一样，勿杂。移竹多带宿土，勿蹈以足。若换叶，勿遽拔去。又有一法，迎阳气则取，季冬顺土气则取，雨时连数根种，则易生笋。一法择大竹，截去上段，留近根三、四寸通其节，以土硫黄末填实倒种之，第一年、二年生小笋，随去之，至第三年生如旧竹，甚有过之者。

审时：种竹之法，要得天时。五六月间旧笋已成，新根未行，此时可移……遇阴雨更妙。

【诠释】

竹为禾本科多年生植物，在长江流域及江南各省处处有之。

性质坚强,历尽霜雪而不凋,四时茂盛,雅俗共赏,和风吹拂,姿态万千。南朝宋·戴凯之作《竹谱》,列品名 61。台湾省《台湾府志》(公元 1696 年)有箬竹等。本谱记述亦有竹品 35。《花镜》著录竹品 25。古代无植物标本,所记过于简略,大都为地方名。我国竹有150 多种,主要分布于长江流域及华南、西南等地,现将常见的录下。

1. 江南竹

《八闽通志》已著录,别名毛竹、早生竹、雪竹、简爱竹、猫竹,日名盂宗竹。系禾本科竹属多年生植物,学名 *Phyllostachys pubescens*。地上茎高自 10 米至 20 馀米,中空,有明显的节,节上有一条环状突起。叶为披针形,有平行脉,箨有斑点。本种的培养变种叫做龟纹竹(《涌幢小品》)或佛面竹,节斜行,与人面竹相似而较有规则。供观赏用,茎可制手杖、钓竿等。

2. 箭竹

名见《本草纲目》,《图经本草》则以苦竹著录,学名 *Sinarundinaria nitida*。茎高达 20 米许,周围达 3~4 分米,节上有两条平行的环状隆起。叶披针形,背面略带白色。通常不生化,有时 6~7 月间枝端生多数颖花,有 3 雄蕊。初夏生笋,箨具带黑色的斑点。本种栽培的变种叫作黄金间碧玉竹(《药圃杂疏》),*茎黄色,有绿色的纵沟,

---

*编者注:据《中国植物志》,黄金间碧竹(即黄金间碧玉竹)为簕竹属龙头竹的栽培变种,并非是箭竹(文中所指为华西箭竹)的栽培变种。

叶具白色纵条纹。供观赏用,茎可制烟管、笔杆等物。

3. 麻竹

学名 *Sinocalamus latiflorus*。地上茎高达 20 馀米,直径 3 分米许。叶大,互生,披针形,长 3 分米许。自 3~4 月至 8~9 月,连续生笋,箨带黄绿色,密生暗紫色细毛。此种细毛容易脱落,触着皮肤引起肿痒。笋供食用,竹可制器具和纸。

4. 凤尾竹

名见《本草纲目》,学名 *Bambusa multiplex* var. *nana*。地上茎高 2 米许,枝纤细。叶披针形,先端尖,基部圆形,有短柄,上面蓝绿色,下面粉绿色。供观赏用。

5. 龙头竹

学名 *Bambusa vulgaris*。地下茎短而肥厚,地上茎高约 10 米,直径 1 分米馀。叶互生,广披针形,长 2 分米许。供观赏用,笋供食用。

6. 人面竹

学名 *Phyllostachys aurea*。地上茎高 4 米许,下部有不规则的节,因此茎的表面呈现凹凸不平之状。供观赏用,茎可制手杖、钓竿、伞柄等物。

7.淡竹

名见《图经本草》,别名甘竹、水竹,学名 *Phyllostachys nigra* var. *henonis*。地上茎高 10 馀米,中空,有明显的节,节上有两条环状突起。叶披针形,有平行脉。笋箨无斑点。本种的培养变种叫作斑竹,茎有紫褐色的云状斑纹。供观赏用,茎可制装饰品、手杖、笔杆等。

8.山白竹

又名箬竹,学名 *Sasa albo-marginata*。地上茎高 1 米馀,细长而中空,有明显的节。叶阔大,广 6~7 厘米,长 2~3 分米,至秋季叶绿有白晕,颇美丽。花不常见。栽培供观赏用,茎可编制器物,叶可包物或制笠和草鞋,笋供食用。

9.乌竹

名见《汝南圃史》,学名 *Phyllostachys nidularia*。茎高 5 米许,皮淡绿色至光褐色。叶披针形,绿色,先端尖,叶柄短,常生于枝的梢上。花黄色微褐,花序密集成丛,每一梗上常生 2~3 丛,苞片红褐色。竹材薄,常用以造纸。

10. 海南竹(拟)

学名 *Bambusa tuldoides*。茎高 5 米许,圆柱形,淡绿色,小枝纤细。叶披针形,先端尖,基部渐尖,几为无柄。上面绿色,下面粉绿色。花序丛生于节上,苞披针形,先端钝尖。

11. 疏节竹

《华夷考》已著录,日名唐竹,学名 *Arundinaria tootsik*。地上茎高 6 米许,有节,绿色略带紫色。叶互生,披针形,长约 2 分米,叶背有微毛。箨绿色,缘部带紫色。供观赏用。

12. 山竹

见《新修东阳县志》,学名 *Arundinaria simonii*。茎高达 10 米许,中空,节坚硬,有平行排列的明显的和不明显的隆起。叶互生,披针形,先端尖锐,长 2~3 分米。笋箨带绿色。茎供建筑和制团扇、钓竿等用。

13. 方竹

学名 *Chimonobambusa quadrangularis*。地上茎高 7~8 米,正方形,有明显的节,横断面中空,亦呈方形。叶披针形,长 2 分米左右。供观赏用。

14. 紫竹

　　日名寒竹,学名 *Phyllostachys nigra*。地上茎高 2~3 米,圆柱形而细。叶互生,披针形,长 1 分米馀。箨淡紫色,有带红色或灰白色的斑纹。供观赏用,茎可制器具,笋供食用。

15. 金竹

　　《竹谱详录》已著录,学名 *Phyllostachys sulphurea*。茎高 4 米许,皮金黄色。叶线状,披针形,先端尖,淡绿色,叶鞘包围节间。

16. 四季竹

　　《竹谱详录》已著录,又叫笛竹,日名寒山竹,学名 *Phyllostachys hindsii*。地下茎极短,所以地上茎集生成丛。地上茎呈暗绿色,高 6~7 米,直径 4 厘米许,每节生枝多数,有上向性。叶互生,狭披针形,长 3 分米,质稍刚硬。箨绿色。供观赏用,茎可作笛,枝可扎扫帚。

17. 箬竹

　　学名 *Indocalamus tessellatus*。秆细柱形,高约 75 厘米,直径 0.5~0.7 厘米,节长 5 厘米,中空极小,节仅生一枝。箨鞘长达 25 厘米,宿存枯萎后,呈暗草黄色。叶片很大,质薄,长达 45 厘米以上,宽可逾 10 厘米,背面沿中脉的一侧生有一行毡毛。箬竹是长江流域特产,竹叶多用以垫茶叶篓或作防雨用品,亦可裹粽。

18. 刚竹

学名 *Phyllostachys bambusoides*。秆散生,较高大,圆筒形,秆环显著隆起,秆上部每节有两分枝。叶披针形,叶鞘无毛。笋箨无毛,仅顶端有须毛,背面有褐色斑纹。主要产于长江流域以南各地,山东、河南亦有分布。秆可供建筑及制篾器,笋味略苦,煮后可食。

19. 苦竹

别名桂竹、青蛇枝,学名 *Pleioblastus amarus*。箨极光滑,无细毛而有黑褐色斑纹,全体细长。笋的发生最迟,笋幼嫩时无苦味,但长大时则苦味稍多。此种常为采而栽培,采笋为次要目的。

笋是竹生出地上的嫩芽。无论何种竹所发生的笋,都可以作馔。不过形状有大小,品质有优劣。大的品质好的,为人类所利用而加以栽;小的品质较次的,则为人类见弃。因此,普通栽培供采笋用的,为数不多,常见的有江南竹笋、淡竹笋、苦竹笋等。

栽植时期一般可分春秋两季。春季以 2 月中旬乃至 3 月下旬为适期,秋季以 9 月中旬乃至 10 月下旬为适期,而南方梅雨时期进行栽植至为适合。大抵暖地宜秋植,寒地宜春植。

繁殖多用分株法。先择 2 龄许的幼竹定亲株,如江南竹以直径约 5 厘米为佳,将此亲株留下部 3 米左右,切去先端,务使多带根茎部泥土掘取,栽植以后生育良好。又一法,择上年生优良的鞭茎带多数泥根掘取,掘起的鞭茎长 1 米左右,另掘深 0.3 米的沟种下成水平,这样生长亦好。

我国劳动人民对竹子的利用有悠久的历史。早在殷周时代就用竹子做箭矢、书简,编制竹器。秦代造笋以竹做管,沿用至今。晋代用竹造纸,陶侃用竹造船,亦已有一千多年的历史。无论竹叶、竹枝、竹鞭,都各有不同的用途。《东坡集》有:"庇者竹瓦,载者竹筏,书者竹纸,戴者竹冠,衣者竹皮,履者竹鞋,食者竹笋,燃者竹薪,真所谓一日不可无此君。"可见我国古代时期利用竹子已极广泛。

现在,竹子的工业用途亦多。如建筑、交通、农业用具以及制造日常器具等,用竹极为普遍。竹子纤维细长,产量亦高,是造纸和人造丝的优良原料。竹材还可以制造人造羊毛、醋酸纤维、硝化纤维等。

全世界 60 多属的竹子,中国占了将近一半。中国人民无论是精神生活还是物质生活,都与竹子结下了不解之缘。从《诗经》的"瞻彼淇奥,绿竹青青"到近代诗人的吟咏中,从画家们绘竹的画幅里,人们都可以看到,竹子成了美好的象征。能工巧匠更把竹子做成箩筛、竹席、灯笼、竹屏以至一些工艺品。酒席上竹笋成了上菜。浑身是宝的竹,即使研究它一辈子,也难以穷尽它的奥妙。

附:我国竹类的分布

我国竹类的自然分布区很广,南自海南岛,北至黄河流域,西至西藏纳宗以南地区,东至台湾,均有竹类分布。具体分布情况,大致可分为三个竹区。

1. 黄河—长江竹区　本区包括甘肃东南部、四川北部、陕西南部、河南、湖北、安徽、江苏等地区,以及山东南部和河北西南部,约相当于北纬 30°~37° 之间。主要竹种为散生型的毛竹、刚竹、淡竹、桂竹、毛金竹、水竹、紫竹及其他变种。混生型的竹种则有苦竹、箬竹、箭竹。早在秦汉时代,渭河平原南部以及太行山东南麓就有大面积的竹林存在。直至现在,仍然是北方竹子生产地。

2. 长江—岭南竹区　本区为散生竹、丛生竹混合区,包括四川西南部、云南北部、贵州、湖南、江西、浙江等地。散生竹种有毛竹、刚竹、淡竹、桂竹、水竹、哺鸡竹等。丛生竹种有慈竹、料慈竹、梁山慈竹、硬头黄、凤凰竹等。混生竹种有苦竹、箬竹等。这是我国竹林面积最大、竹子资源丰富的地区,并且是具有很大经济价值的毛竹中心产区。这些竹种在分布上是点面结合。一般在山区和偏北地区主要是散生竹种和混生竹种,而在偏南的平原地区,则丛生竹种较多。

3. 华南竹区　本区是以丛生竹为主的竹区,是戴凯之《竹谱》所谓“五岭实繁”之地。包括台湾、福建南部、广东、广西、云南南部。主要竹种箣竹属有皮青竹、撑篙竹、大眼竹、青秆竹、油簕竹、车筒竹等。单竹属有粉单竹、单竹、甲竹等。慈竹属有吊丝球竹、大头典竹、麻竹、大麻竹、绿竹、乌药竹等。篾箬竹属有沙罗单竹、薄竹、篾箬竹等。混生型竹种有茶秆竹等。散生型竹种有毛竹等。本区南部溪河两岸，村前屋后，都有成丛的丛生竹林。在偏北部分，特别是海拔较高的地方，则有大面积的散生型竹种和混生型竹种组成的竹林。

上述竹类分区及竹种的分布，与古书记载基本相符。

群芳谱诠释之六

*

桑麻葛谱

桑麻葛谱小序

《易》云,黄帝、尧、舜垂衣裳而天下治,而条桑、载绩、刈获、缔绤,诗人不惮详言之,岂非衣被之利资于含生者要哉。顾衣取诸帛,则桑重。衣取诸布,则麻葛重。桑有桑之利,麻葛有麻葛之利,则艺为尤重。树艺无法,捋取不时,无怪乎诗人怆悗心忧而致慨于癙民也。《月令·季春》:"后妃齐戒,享先蚕而躬桑,以劝蚕事。"《周礼》:"宅不毛者有里布。"重其礼,严其罚,此老者得以衣帛,黎民不至号寒,而太和在宇宙间也。作桑麻葛谱。

济南王象晋荩臣甫题

桑麻葛谱

1. 桑

箕星之精也。东方自然神木之名,其字象形,蚕所食也。皮叶干疏,叶面深绿光泽,多刻缺。《方书》称桑之功最神在人,资用尤众。其小而条长者,为女桑。种类甚多,世所名者荆与鲁也。荆桑多椹,叶薄而尖,边有瓣,凡枝叶坚劲者,皆荆类也。鲁桑少椹,粗圆厚而多津,凡枝叶丰腴者,皆鲁类

也。荆类根固而心实能久,宜为树。鲁类根不固,心虚不能
久,宜为地桑。荆叶不如鲁之盛,当以鲁条接荆,则久而又
茂。鲁为地桑,有压条法传转无穷,是亦可以久远者也。荆
桑饲蚕,其丝坚韧,中纱罗用。鲁桑宜饲大蚕,荆桑宜饲小
蚕。此外又有姨桑、檿桑、山桑,《禹贡》"厥篚檿丝"是也。
桑生黄衣谓之金。桑木将槁,蚕食必病。树下每年耕用粪,
则叶肥嫩,构接则叶大。桑白皮利小水,肺中有水气及肺火
有馀者,用之。叶多积,荒年可济饥。亦可喂猪、羊、牛、马。
蚕事既毕,令人采取晒干,收贮备用。

　　制用:桑椹煎膏入少蜜,滚汤调服,止渴消热。桑叶炙熟
可代茶。嫩桑枝炒香煎饮,久服不患偏风。桑花健脾、涩肠、
止血、消热。桑耳一名五鼎芝,作菜用益人。

　　种植:取黑椹中段子,收贮勿令浥湿,将种时先以柴灰淹
揉,次日淘净,取沉水者,晒令才去水气,种乃易生。宜肥地,
有草锄净,冬月烧去苗,至春去冗苗,留旺者,俟至指大移栽。
五步一株,大约种子不如压条。

　　压插:初芽时择指大枝条旺相肥泽者,就马蹄处劈下,润
土内开沟尺许,埋实自然生根布叶。压后遇旱,于傍开沟灌
之。但取水气到,忌多着水。《农桑要旨》云:"平原淤壤土地
肥虚,荆桑、鲁桑俱可种。若山地土脉赤硬,止宜荆。"《士民
必用》云:"种艺在审时,又合地宜,使不失其中。春分前十
日为上时,当发生也。十月小春,木气长生也,亦可压桑。有
三宜:时宜和包宜,固壅宜厚。大抵天气晴明,巳午时借其阳
和。如栽子已出,忽变天气,即以热汤调泥培之。暑月必待

晚凉,仍预于园中稀种麻麦为荫。惟十一月不生。"《农桑撮要》云:"十二月内掘坑深阔约二小尺,却于坑畔取土粪,和成泥浆,桑根埋定,粪土培壅,将桑栽向土提起则根舒畅,复土壅与地平。次日筑实切不可动摇,其桑加倍荣旺,胜如春栽。"又法,将桑根浸粪水内一宿,掘坑栽之,栽宜浅,种以芽稀者为上。谚云:"腊月栽桑桑不知。"

【诠释】

桑是桑科落叶乔木,学名 *Morus* spp.,是蚕的主要饲料。《诗经·鄘风》载:"降观于桑。""观",就是观察桑树生长的土宜,说明古代已对栽桑很重视。桑有荆桑、鲁桑等种。鲁桑作为地桑栽培,能够利用压条繁殖方法,便可传转无穷,桑园亦可维持久远。用荆桑叶饲养的蚕,丝质坚韧,适于纺纱罗,且适宜饲养幼蚕。

我国是桑的原产地之一,桑的变种颇多,大体可分为早中晚三种及鲁桑、荆桑之别。其叶主要供蚕之饲料,木材供制作器具之用。又其内部的纤维,可为造纸及丝之原料。果实供药用及食用,或作酿酒之用,嫩叶可供食用。《本草纲目》载:"桑有数种。有白桑,叶大如掌而厚。鸡桑,叶花而薄。子桑,先椹而后叶。山桑,叶尖而长。"

〔**附录**〕桑寄生。益血安胎,然难得真。有以用他寄生至于殒命者,慎之。五岭以南,绝无霜雪,最宜树。树上多寄生木,即《山海经》所谓"寓木"也。而桑寄生以入药名独著,梧之长洲饶有之。采时须令并桑枝摘取。不尔,即杂以他木,莫可辩。桑寄生酒出梧洲,色白,味颇清冽。

晋·张华诗:"苍梧竹叶清",陈·张正见诗:"浮蚁擅苍梧",皆谓此。第
酿者必和以烧酒,以气候炎蒸恐酒味易败故耳。饮勿过多。张七泽

【诠释】

桑寄生,即《植物名实图考》所说的"桑上寄生"。枝叶和花均
被褐色毛。产于我国中部至东南部,亦见于日本及朝鲜南部。茎
叶在中医学上用为补肝肾、强筋骨、除风湿药。性平味苦。主治腰
酸背痛、风湿痛、胎儿不安等症。现亦用治高血压病。但寄生在其
他树上的,由于寄主不同,性味则不同,用途亦异。

2.苎

绩麻也。有二种。一种紫麻,一种白苎。出荆、扬、闽、
蜀、江、浙,今中州亦有之。皮可绩布。苗高七、八尺。叶如
楮面,或青或紫,背白有短毛。花青如白杨而长。夏秋间着
细穗,一朵数千穗,白色。子熟茶褐色,根黄白而轻虚。一
科数十茎,宿根在地,到春自生。每岁三刈,每亩得麻三十
斤,少亦不下二十斤。每斤三百文,过常麻数倍。又有一
种山苎,颇相似。蚕最恶麻,凡麻枲之属,近蚕种则不生,
戒之。

移栽;苎已盛时,宜于周围掘取新科,如法移栽,则本科长
茂,新栽又多。或如代园种竹法,于四、五年后,将根科最盛者
间一畦,移栽一畦,截根分栽,或压条滋生。此畦既盛,又掘彼
畦,如此更代滋植无穷。将欲移栽,预选秋耕熟肥地,更用细

粪粪过,来春移栽。地气动为上时,萌芽为中时,苗长为下时。周围离一尺五寸作区移栽,拥土毕以水淹之。若夏秋,须趁雨后地湿,连土于近地栽亦可。苗高数寸,即用大粪和半水浇之,最忌猪粪。或曰苎月月可栽,但须地湿。一云苎根忌见星月,堂屋内收藏。若露地,须用苫盖,使见星月即变野苎。

栽根:用刀将根截作三、四指长,栽时四围各离一尺五寸作区,每区卧栽三、二根,拥土毕方浇水,三、五日再浇。苗高勤锄,旱则浇之,第二年方堪再刈。至年久根科盘结不旺,掘根分栽。若欲致远,须少带原土,裹以蒲包,外用席包掩合,勿透风日,数百里外亦可活。

种子:三、四月下种,园圃有井及临河处俱可。沙地为上,两和地次之。劚土一、二遍作畦,阔半步,长四步,再劚一遍,用杴背浮按稍实,再杷平,隔宿用水饮畦,明旦细齿耙浮耧起,再杷平,随用润土半升、子一合匀撒,一合子可种六、七畦,撒毕,苕箒轻轻扫合,用覆土则不出。搭棚三尺高,加细箔遮盖,五、六月炎热时,箔上加苫重盖,不则晒死。未生芽或苗初出不可浇水,用炊箒细洒水于棚上,常令湿润,每夜及天阴去箔以受露气。苗出有草即拔去。苗高三指不须用棚,如地稍干,用水轻浇。约长三寸,择稍壮地作畦移栽,隔宿饮苗,明旦将空畦浇过,带土撅苗移栽,相离四寸,频锄,三、五日一浇,二十日后十馀日一浇。十月后,用牛马粪盖厚一尺,庶不冻死。二月后,耙去粪,令苗出,以后岁岁如此。若北土,春月亦不必去粪,即以作壅可也。凡盖用粪壤、诸杂草、秽敝席、旧荐俱可。子种者三、四年之后方堪一刈,切忌太早。

【诠释】

苎麻是荨麻科苎麻属多生山野中的多年生草本。略有一些木质的茎,春日自宿根抽出,高1米多。叶卵形而尖而锯齿,叶底密生白色茸毛,有长叶柄,互生。自夏至秋,叶腋细花,花单性,无花冠。学名 *Boehmeria nivea*。夏秋之间,剥取茎之皮部,漂出纤维,可用作织布缝衣。以往多用旧麻兜分根繁殖,但大面积扩种则常感种根不足。几经试验,证明育苗移植比分根繁殖的麻兜生势强,而且当年就可收一造麻。广东乐昌县已大力推广,一县就育苗移植35,000多亩,胜利地解决了大面积扩种苎麻种根不足的问题。

苎麻原产我国,栽培历史已有四千多年。《诗经·陈风》有"东门之池,可以沤苎"。可知在春秋时代,我国劳动人民已经知道苎麻纤维的应用了。我国年产苎麻达300万担,占世界产量三分之二以上。

苎麻纤维的强度和弹力虽不及绢丝,但与棉花差不多。除供织造衣料、飞机翼布、电线包皮外,又是人造丝、火药和造纸的原料。嫩叶可加面粉或米粉,作成各种糕饼。根去皮后,是一种救荒食物,且有一定药效。

3. 大麻

一名火麻,一名好麻,一名汉麻。雄者名枲、牡麻,雌者名苴麻、苧麻。茎高五、六尺,枝叶扶疏,叶狭而长,状如益母草叶。一枝七叶或九叶。五、六月开细黄花成穗,随即结实,似苏子而大。剥其皮作麻,绩之可为布。其秸白而有棱,细者可为烛心。

【诠释】

大麻是大麻科大麻属植物,一年生草本。茎方形,高 3 米左右。叶对生,掌状复叶,小叶 5 片或 7 片,有锯齿。花单性,雌雄异株,无花瓣。茎株的皮层纤维强韧,可供作纺织布匹的原料,叫作麻布。种子可制香料。印度所产一种大麻,种子可供制麻醉药及镇静药。名见《本草经》。大麻学名为 *Cannabis sativa*。大麻、苘麻、黄麻等是我国利用最早的纤维作物。《书经·禹贡》载"青州岱畎丝枲",就是指牡麻(古称大麻的雄株为枲,雌株为苴)。又《考工记》说:"治丝麻以成之,谓之妇工",强调治丝治麻是妇女的主要工作。又《礼记·礼运》:"治其丝麻,以为布帛。"以上文献记载说明,我国在三千多年以前已经种植大麻,同时沤漂取出纤维,织成布帛以为衣料之用了。

我国古代以大麻利用为最早,土陶器上的麻印纹和中层麻布印痕以及骨梭纺织等工具,可以间接证明它很早就已被人类采收、应用。春秋以前,大概除裘类和蚕桑以外,仅有大麻。苎麻是由江南逐渐北移的。檾麻纤维较粗硬,不能作衣料。葛麻、蕉麻、桐麻又较次,后来逐渐被淘汰,几乎没有人采收,也没有人种植了。

4. 檾麻

《说文》云:"枲属,从枾。"不从林。《尔雅翼》:"檾高四、五尺或六、七尺。叶似苎而薄,或作蒉。"《周礼·典枲》"麻草"注：“草葛蕡也。”种与麻同法。叶团如盖,花黄,结子如橡斗而面平,中有隔,外各有尖。子如大麻子而黑,有微毛,与王麻子同时熟。刈作小束,池内沤之,烂去青皮,取其麻片,洁白如雪,耐水,烂可织为毯被及作汲绠牛索,或作牛衣、雨衣、草覆等具,农家岁岁不可无者。味苦平无毒,治痢疾及眼翳瘀肉起拳毛倒睫。

【诠释】

檾麻又名苘麻,系锦葵科苘麻属,热带地方原产,一年生草本,学名 *Abutilon theophrasti*。春月一种生苗,茎高 1.7~2 米。叶圆心脏形,叶柄长。夏月,茎梢的叶腋开花,花小,黄色,萼片 5,与花瓣同数。雄蕊多,而花瓣短,雌蕊的柱头 2~5 裂。果实至成熟后,则干燥而开裂,现出有毛的种子。这种植物茎皮,可采纤维,色白有光泽,供织布及打绳用。与麻丝相类,但其质较脆弱。《唐本草》已著录,或名白麻。

5. 葛

一名黄斤,一名鹿藿,一名鸡齐。处处有之,江浙尤多。有野生,有家种。春生苗引藤蔓长一、二丈,治之可作布。根外紫内白,大如臂,长者七、八尺,叶有三尖,如枫叶而长,面青背淡。七月着花,红紫色,累累成穗,晒干可煤食。荚如小黄豆荚,有毛,绿色,形扁如盐梅子核,生嚼腥。七、八月采。

【诠释】

葛,豆科葛属,生于山野,多年生蔓草,学名 *Pueraria lobata*。茎长 8~10 米左右,常缠绕于他物之上。叶大,分成 3 片小叶,互生,茎与叶俱生褐色的毛茸。秋日叶腋抽出花轴,长约 2 分米,总状花序,花冠蝶形,紫赤色,两体雄蕊。果实为扁荚,密生茸毛。根大的可长 1 米多。冬月于白根中采淀粉,供食用。根可代绳或编篓,或由此采纤维,纺织葛布。名见《本草经》。

葛根:入土深者味甘辛无毒,端阳午时采破之,晒干入药。解酒毒,治消渴、伤寒,壮热,敷虫蛇伤,杀百药毒,压丹石发疮疹。又可蒸及作粉食,甚益人。生者堕胎,多食伤胃。入土五、六寸者,名葛脰,食之令人吐。

【诠释】

葛根可煲汤,名葛根汤。葛根中采取的淀粉,是淀粉中的上品,为夏季的清凉饮料。根供药用。

葛是我国利用最早的纤维作物。《书经·禹贡》载:"扬州岛夷卉服。"卉就是葛属。《诗经·王风》"绵绵葛藟",则是描述葛的纤维很长的意思。

群芳谱诠释之七

*

棉 谱

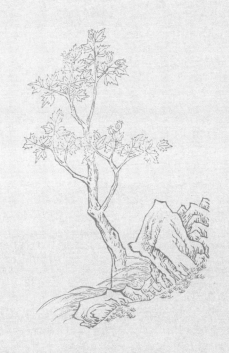

棉谱小序

《禹贡》:"岛夷卉服,厥篚织贝。"蔡氏谓棉之精好者为吉贝。徐子先《吉贝》一疏载棉之利最详。兴美利,前民用,仁人之言。夫今棉之利遍宇内,且功力视苎葛甚省,绩苎葛日以钱计,纺绵四日而得一斤,信其利远出麻枲上也。今北土广树蓺而昧于织,南土精织纴而寡于蓺。若以北之棉学松之织,利当更倍,顾棉则方舟而鬻诸南,布则方舟而鬻诸北,此子先所为叹也。予故撮其旨要,俾务本者得览焉。作棉谱。

济南王象晋荩臣甫题

棉　谱

1. 棉

一名吉贝。春月以子种,秸似木,叶绿似牡丹而小,花黄如秋葵而叶单,干不贵高,长枝最喜繁茂,结实三棱,青皮,尖顶,累累如桃。北人呼为花桃,熟则桃裂而绒现。其绒为鹅毳,较诸丝纩虽不无少逊,然而用以絮衣甚轻暖。子如珠,可以打油。油之滓可以粪地。秸甚坚,堪烧。叶堪饲牛。其为利益甚溥。种花之地,以白沙土为上,两和土次之。喜高亢,恶下湿。拾花毕即划去秸，遍地上粪，随深耕之。令阳和之气，掩入土内，有力耕三遍，随捞平不致风干。如秋耕二遍，正月地气透，或时雨过再耕一遍。大约粪多则先粪而后耕，粪少则随种而用粪，此其概也。须用熟粪，麻饼亦佳。南方暖，一种可活数岁，中土须岁岁种之。其类甚多。江花出楚，绒二十而得五，性强紧。北花出畿辅、山东，柔细，中纺织，绒二十而得四。浙花出馀姚，中纺织，绒二十而得七。更有数种。曰黄蒂、粮蒂，有黄色如粟米。大曰青核，核青细于他种。曰黑核，核纯黑色。曰宽大衣，核白而粮浮。此四种二十而得九。黄蒂稍强紧，馀皆柔细，中纺织。又一种紫花，浮细而核大，绒二十而得四，时布制衣甚朴，雅士绅多尚之。又有深青色者，亦奇种，其传不广。择种须用青核等为佳，或曰恐土脉不宜，不思木棉始出南海诸国，今何以遍中土也。

　　择种：《农桑通诀》云："花种初收者未实，近霜者不生，惟中间收者为上。"老农云："棉种必冬月碾取，经日晒燥。"冬月生意敛藏，晒曝不伤萌芽。春间生意苗发，不宜大晒。总之，陈者、秕者、油者、湿蒸者、经火焙者皆不堪作种。将种时，用水浥湿，过半刻淘出，其不堪者皆浮出水面，而坚实不损者必沉，取而种之，苗必茂。又一法，浸用雪水能旱，鳗鱼汁浸过不蛀。

　　下种：种不宜蚤，恐春霜伤苗。又不宜晚，恐秋霜伤桃。大约在清明谷雨间，此时霜止也。种法有三：漫撒者，用种多更难耘；耧耩者，易锄而用种亦多；惟穴种者，用种颇少，但多费人工。法将耕过熟地，仍用犁耕过，就于沟内隔一尺作一穴,浇水一、二碗,俟水入地,下种四、五粒,熟粪一碗。覆土一、二指,用脚踏实。大约一人持种,二人携粪。若漫撒,乃耧耩者,须用石砘砘实,若虚浮则芽不能出,出亦易萎。

耘苗:锄棉者一去草秽,二令浮土附苗根,则根入地深,三令土虚浮根,苗得远行。功须极细密,锄必七遍以上,又当在夏至前。谚曰:"锄花要趁黄梅信,锄头落地长三寸。"大抵苗宜稀,锄宜密,此要诀也。初顶雨叶止划去草,宜密留以备伤。再锄宜稍密。三锄则定苗颗。一穴止留粗旺者一株,断不可两株并留,并则直起而无旁枝,桃少,苗长后有干粗叶大。众中特壮异者,名曰雄花,大而不结实,然又不可无。间留一、二株,多则去之。地中不可种别物,恐分地力。又不宜密种,如肥田密种,即青醭不实,又易生虫。稀种则能肥,肥则实繁而多收。《亢仓子》曰:"立苗有行,故速长。强弱不相害,故速大。正其行通,其中疏为冷风则有收而多功。"又云:"树肥无使扶疏,树硗不欲专生而独居,夫苗其弱也欲孤,其长也欲相与俱,其熟也欲相与扶。扶疏且不可,况逼迫耶。"若数寸一株,长枝布叶,株百馀子,亩二、三百斤,岂不力省而利倍哉?

打心:苗高七、八寸,打去冲天心。令四旁生枝,旁枝半尺以上亦打去心,勿令交枝相揉,如此则花多实密,叶叶不空。大约打心当在伏中,三伏各打一次。不宜雨暗,恐聋灌而多空条。最宜晴明,庶旺相而生旁枝。如有未长大者,又当随时打去,不必例拘。

拾花:花既结桃,待桃开绒露为熟,旋熟旋摘,摊放。

【诠释】

我国在三代时期,已有关于棉的记载。《禹贡》:"岛夷卉服,厥篚织贝。"传曰:"卉服,葛及木棉之属。木棉之精好者,亦谓之吉贝。以卉服来贡,而吉贝之精者则入篚焉。"唐·白居易诗:"挂布白似雪,吴棉软于云。"宋·方勺《泊宅编》载:"南海蛮人以木棉纺织为布,布上出纰字杂花,尤工巧,名曰吉贝布。"李延寿《南史》载:"高昌国有草实如茧,中丝为细纩,名曰白叠,取以为布,甚软。白林邑国吉贝,树名也。其花成鹅毳,抽其丝纺之为布,甚软,亦染五色织为斑布。"李时珍曰:"此种出南番,宋末始入江南,今则遍及江北与中州矣。不蚕而绵,不麻而布,利被天下,其益大哉。"从以上的文献看来,我国远在《禹贡》时代便有棉了。当时主要在我国西南部栽培。及唐宋以后,逐渐推广,由西南而长江流域,至黄河流域。

关于华南地区开始植棉时期,根据《后汉书》有珠崖出产"广幅布"的记载,说明2000年前在海南岛珠崖生产的棉纤维品质已经受到传颂。华南气候炎热,栽培棉种多为树棉,即木本棉。裴渊在《广州记》中说:"木棉出交广两州。"三国时(公元三世纪)吴国人万震在《南州异物志》中描述南州木本棉时说:"五色斑布似丝布,吉贝棉所作。此木熟时,状如鹅毛,中有核如珠珣,细过丝棉。人将用之,则治出其核,但纺不绩。任意小抽牵引,无有断绝,欲斑色,则染之五色。织以为布,弱软厚致。"这是万震描写南州棉花生产和加工的情况。古时南州就是今天福建和两广地区,"吉贝木"是指多年生木本棉花。木本棉花也叫"古终藤"。南朝(公元五世纪)沈怀远在《南越志》中记述桂州生产棉花。以上一些记载都没有谈及斑枝花。此外还有《南史·宋武帝纪》"广州尝献入筒细布"的记载,"入筒细布"是指质量较好的精丽棉布。

古时桂州就是现在的广西桂林,这个记载清楚地说明了华南在很早以前就已栽培棉花了。特别是海南岛植棉一直很发达,它对推进内地棉花的栽培是有贡献的。宋代周去非在《岭外代答》中指出,海南岛黎族妇女"衣裙皆吉贝(斑布),五色灿然"。元时黄道婆从海南岛将棉纺技术传入内地,当时出版的《农桑辑要》中有《木棉篇》,把植棉技术写成了科学论文。

广大西南地区,特别是四川和云南两省,自古以来就以生产棉花而著名。自汉代至南北朝(公元前三世纪至公元五世纪)都有关于棉花的生产与利用的历史记载。四川生产的蜀布早在汉代就已驰名了。又晋·郭义恭的《广志》中有"木棉出交州永昌"的记载。古时的永昌郡就是今天云南境内的保山县。

上面所记载的木棉,不是亦名木棉的斑枝花(参阅本谱附录),乃是一种多年生木本棉,也叫鸡脚棉,系长绒棉之一种,与埃及棉同种,学名为 *Gossypium arboreum*。茎高约 2 米左右,其植物学上的形态与一年生的埃及棉同。在我国西南的许多地方,气候炎热,冬无霜雪,经冬不致枯死,渐次长成树形,故名木棉。现在云南开远一带及西南边地,栽培尚多。

棉花在国民经济中占有重要的地位,是纺织工业的主要原料。我国人民的衣着被垫,有 90% 以上是棉纤维制品。棉花还可以用来制造汽车轮胎的帘线、医药用棉及火药等,在化学工业和国防工业方面都有重要用途。从棉子榨出来的油,可以食用,也可以作为工业用油,榨出油后的饼粕,可作饲料和肥料。棉秸的皮,还可造纸或作麻类纤维的代用品。早在公元六世纪和七世纪时,广西、云南和新疆等地已有棉花栽培。十三世纪时,已逐步传播到长江以南各省,然后又传到黄河流域,成为我国的重要经济作物。

附:我国的产棉区

我国疆域辽阔,从东南的台湾、海南岛到西北的新疆,从西南的云南、贵州到东北的辽宁,都有棉花栽培。根据地理环境、自然条件和耕作情况,全国可分为五个产棉区。

1. 黄河流域棉区　界于长城以南、六盘山以东和秦岭、伏牛山、淮河以北的地区,包括河南(豫南除外)、山东、山西、陕西(陕南除外)等省和江苏、安徽的淮河以北地区,这是我国主要的产棉区。

2. 长江流域棉区　界于秦岭、伏牛山、淮河以南和沿长江一带的地区,包括湖北、湖南、四川、江西、浙江等省和江苏、安徽两省淮河以南以及河南、陕西的一部分地区,大部是棉花与麦类、油菜、蚕豆等冬季作物一年两熟栽培。

3. 西北内陆棉区　包括新疆和甘肃的河西地区。本区都是灌溉棉田,产量较为稳定。棉田面积还不大,但有发展前途。

4. 东北棉区　主要分布在辽河流域。宜于种植生长期较短的早熟棉种。

5. 华南棉区　包括云南、广西、广东、台湾和福建、贵州的南部。除栽培一年生棉花外，还有多年生的木本棉和宿根棉。

附：我国棉花的品种和栽培技术

我国以往栽培的品种，主要是亚洲棉，俗称"中棉"。在新疆和甘肃，有少数非洲棉，俗称"小棉"。十九世纪末开始引种陆地棉，最初种植的陆地棉品种有金字棉、脱字棉、爱字棉等。1925年后引进并推广斯字棉。1946年引进德字棉。1950年后大力推广岱字棉。此后，陆地棉的良种棉田迅速扩大，现在已达到全国棉田的 98% 以上。此外，在新疆、云南、广东等地，栽培有少量的海岛棉和多年生木棉。

新中国成立以后，棉花单位面积产量迅速提高。1949年，全国平均每亩皮棉产量为 21.6 斤。到 1952 年，平均每亩产量为 31.2 斤，比 1949 年提高 44.4%。1957 年平均亩产 37.9 斤，比 1949 年提高 76%。1958 年平均亩产达到 48.9 斤，又比 1957 年提高 29%。

我国广大棉农不断改进植棉技术，积累了丰富的增产经验。概括说来，有以下几点：

1. 深耕细作，提高土壤肥力　土壤是供给棉花营养的基地，它决定着棉花生长发育和结铃的状况。通过深耕和精细整地，可以改良土壤结构，增强土壤吸收和保蓄水分的能力，为土壤微生物提供良好的生活条件,加速土壤中有机物的分解,减少杂草和病虫害。

2. 合理增施基肥和追肥　棉田的正确施肥技术,首先是在深耕的基础上,施足肥料。另外,在棉花生育期间,还应根据棉株不同发育阶段的需要,分别增施不同种类和数量的追肥。

基肥最好在秋(冬)耕地时深施翻到土层里。春施基肥应该早施。厩肥、绿肥、土粪等体积较大,骨粉、磷矿石粉等肥效较慢,在土壤中要经过较长的分解才能被吸收利用。因此,宜作为基肥施用。过磷酸钙也适于和有机肥料混合施作基肥。根据一些地区的经验,亩产 300 斤籽棉约需施纯氮肥 15 斤左右,其中以 80% 肥料作基肥比较适宜。例如,以土粪 500 斤折合 1 斤纯氮计,则需 4,500 斤作基肥,以 5 斤硫酸铵含纯氮 1 斤计,需硫酸铵 30 斤作追肥。苗期要适当控制氮肥用量,增施磷肥。开花后再分期多施氮素追肥,配合磷、钾肥,保证棉花开花结铃的需要。这可使棉花苗期发育稳、不猛长、节间紧凑,中期有充分的肥料可供发棵、生长花蕾,后期结铃时也不脱肥,从而有效地增蕾保桃,减少蕾铃脱落,达到增产棉花的效果。

3. 灌溉排水　棉花虽然有一定的抗旱能力,但在雨水稀少的干旱地区,必须灌溉。就是在雨水虽多而分布不均匀的地区,在干旱季节里,也需要灌溉。

棉花生长期间的灌溉必须合理。在经过冬灌或春灌,并经过耙耱保墒的情况下,苗期灌溉可以推迟或不灌,因为幼苗期间土壤水分过多,不利于棉花根系的向下发展。从现蕾到开花一直到吐絮阶段,植株正值生长发育盛期,需水量增多,同时气温增高,地面蒸发和叶面蒸腾作用旺盛,必须及时供给充足的水分。吐絮以后,如果出现土壤干旱,仍然需要适时适量进行灌溉,使棉桃充分发育长大。当然也不要灌溉过多和过晚,以免引起贪青晚熟和烂铃。

4. 选用良种,提高良种质量　棉花是一种容易杂交退化的作物,同时,由于各地土质气候和栽培管理的影响,以及轧花保管不当,也会使种子混杂退化。所以,欲选用优良棉种,就要建立良种繁殖基地,作好良种保存和繁殖推广工作,还要依靠生产单位和农民群众,采用自繁、自选、自留、自用的方法,作好选种留种工作,以保持良种的质量。

5. 合理密植　既要保证棉田有较多的株数,又要使棉田有良好的通风透光条件。这里的前提是全田株数多,单株发育好,铃多铃大成熟早,并不是愈密愈好。要根据土壤、气候、品种、栽培管理水平等具体条件,规定适当的密度,并合理安排行株距。在苗匀、苗壮的基础上,作到全田密植。通过合理掌握水肥,加强田间管理,克服荫蔽影响,尽量发挥单株的生产力。

6. 防治病虫害　彻底防治病虫害是棉花丰产的基本保证。棉花的主要虫害有棉蚜、红蜘蛛、棉铃虫、金钢钻、叶跳虫、地老虎、盲椿象、小造桥虫、大卷叶虫、斜纹夜盗蛾、蓟马等。主要病害有立枯病、炭疽病、红腐病、角斑病、茎枯病、黄萎病、枯萎病等。每年由于病虫为害,棉花产量和品质都受到很大损失。

为了彻底防治病虫害,必须把清隙棉田、秋冬翻耕、中耕除草和药剂防治等一系列措施结合起来,进行综合防治。如果几种害虫同时发生,可以采用兼治的方法。例如红蜘蛛和叶跳虫同时发生时,可用 25% 滴滴涕半斤加石灰硫磺合剂 100~200 斤的混合液兼治。

7. 加强棉田管理,确保丰产丰收 在良好的土壤基础上,有了良好的水、肥、种子等条件,再加上良好的管理技术,就可以增蕾保桃,达到早熟丰产。

8. 改革农具 改进生产工具,实行半机械化操作,不仅能提高工作效率,节省劳力负担,同时还可以提高技术质量,保证技术措施取得良好效果。种植棉花的技术性很强,又颇费劳力。进行工具改革,逐步实现半机械化,对于棉花生产有着重大的意义,也是广大棉农的迫切要求。

近几年来出现的一些半机械化的改良工具,如畜力播种机、畜力中耕器、改装追肥器和效率较高的治虫器械等,都得到了比较广泛的应用,收到了很好的效果。

〔**附录**〕斑枝花。树大可合抱,高四、五丈,叶黄,花红如山茶而片极厚。一名木棉,出南方,俗讹作攀枝花。木绵一名琼枝,其高数丈,树类梧桐,叶类桃而稍大,花色深红类山茶。春夏花开满树,望之烂然如缀锦。花谢结子,大如酒杯,絮吐于口,茸茸如细毳。旧云海南蛮人织为布,名曰吉贝,今第以克裯褥取其软而温。未有治以为布者,浔梧间亦多有之,但土人未尝采取,随风飘坠而已。**张七泽《梧浔杂佩》**

【诠释】

斑枝花属木棉科,是常绿树木,学名 *Gossampinus malabarica*。树高 30 多米,茎有刺,叶为掌状复叶,小叶 5 片,花红色,故叫红棉。由于茎干高大、雄伟,又誉称为英雄树。种子所生的棉,由于纤维短,主要供作蒲团及垫褥的中心,用于纺织则不及草棉之佳。木材甚轻,大木可刳成独木舟,其板片先浸于石灰水内,而后用之,虽曝于风雨中,数年之久亦不起变化。

群芳谱诠释之八

*

药 谱

药谱小序

语云，为人臣不可不知医，为人子不可不知医。昔范文正愿为良医，而陆忠宣罢相日，惟闭门集古方书，岂非以医也者，死生之系、人鬼之关哉。每见世之俗医且不知有《本草》，无问《难经》《素问》矣。间取诸药形性及所疗治而著之册，即不敢妄拟二公，或亦二公之遗意也。作药谱。

济南王象晋荩臣甫题

药谱首简

李时珍《论药》

天造地化而草木生焉，刚交于柔而成根荄，柔交于刚而成枝干叶。萼属阳华，实属阴。得气之粹者为良，得气之戾者为毒。故有五行焉，曰金、木、水、火、土。有五气焉，曰香、臭、臊、腥、膻。有五色焉，曰青、赤、黄、白、黑。有五味焉，曰酸、苦、甘、辛、咸。有五性焉，曰寒、热、温、凉、平。有五用焉，曰升、降、浮、沉、中。神农尝而辨之，轩岐述而著之。汉魏唐宋诸名贤良医，参酌而增损之。第三品虽存，淄渑交混，诸条重出，泾渭不分。苟不察其精微，审其善恶，其何以权七方、衡十剂而寄千万世之死生耶。于是剪繁复，绳缪遗，析族类，振纲分目，凡得可供医药者，共若干种，列之于编。

李时珍《本草源流》

　　昔炎皇辨百谷，尝百草，而分别气味之良毒。轩辕师岐伯，尊伯高而剖析经络之本标，遂有《神农本草》三卷，《艺文》录为医家一经。及汉末而李当之始加校修。至梁末而陶弘景益以注释。古药三百六十五种，以应重卦。唐高宗命司空李勣重修，长史苏恭表请复定，增药一百一十四种。宋太祖命医官刘翰详校。宋仁宗再诏补注，增药一百种，召医唐慎微合为《证类修补众本草》五百种。自是人皆指为全书，医则目为奥典。夷考其间，玼瑕不少。有当析而混者，如葳蕤、女萎，二物而并入一条。有当并而析者，如南星、虎掌，一物而分为二种。生姜、薯蓣，菜也，而列草品。槟榔、龙眼，果也，而列木部。八谷，生民之天也，不能明辨其种类。三菘，日用之蔬也，罔克的别其名称。黑豆、赤菽，大小同条，硝石、芒硝，水火混注。以兰花为兰草，卷丹为百合，此寇氏《衍义》之舛谬。谓黄精即钩吻，旋花即山姜，乃陶氏《别录》之差讹。欧浆、苦胆，草菜重出，掌氏之不审。天花、栝楼，两处图形，苏氏之欠明。五倍子，構虫窠也，而认为木实。大薮草，田字草也，而指为浮萍。似兹之类，不可枚陈。略摘一二，以见错误。若不分别品类，何以印定群疑。

药 谱

1. 桂

一名梫，一名木樨。叶对生，丰厚而硬，凌寒不凋。枝条甚繁，木无直体。皮堪入药。脂多半卷者，为牡桂。叶似枇杷薄而卷者，为菌桂。叶似柿皮赤厚味辛烈者，为肉桂。若官桂，乃上等供官之桂也。出宾、宜、韶、钦诸州者佳。花甚香远，白者名银桂，黄者名金桂，能著子红者名丹桂。有秋花、春花、四季花、逐月花者。花四出或重台，径二、三分，瓣小而圆。花时移栽高阜半日半阴处，腊雪高拥于根，则来年不灌自发。忌人粪，宜猪粪，冬月以挏猪汤浇一次妙。又麻糁久浸，候水清浇亦佳。蚕沙壅根，浇以清水，来年愈盛。北方地寒，九月、十月间将树以土培根，高尺许，外苫盖周密，严涂以泥，半腰向南留一小牖。暖日开之，以透太阳之气，寒则塞之。春分后去其塞，清明后去其苫，无有不活。又有岩桂，似菌桂而稍异，叶如锯齿如枇杷叶而粗涩者，有无锯齿如栀子叶而光洁者，丛生岩岭间，皮厚不辣，不堪入药。花可入茶酒，浸盐蜜作香茶，及面药泽发之类。台州天竺寺者，生子如莲实，或二或三，离离下垂，天竺僧称为月桂，其花时常不绝枝头，叶底依稀数点，亦异种也。

插接：接宜冬青，又春月攀枝着地土压之。五月生根，逾

年截断含蕊移栽,木槿接石榴花必红。《种树书》

【诠释】

桂是樟科常绿乔木,原产我国南部,学名 *Cinnamomum loureiroi*。干高 16~17 米,有芳香。

肉桂(*Cinnamomum cassia*),味辛甘,性火热,有补阳、散寒、止痛的作用。善于温通血脉,适于肾阳不足、畏寒肢冷、腰膝冷痛、妇女血寒经闭以及虚寒性的脘腹冷痛、冷泻等症。

桂枝是桂树的细嫩枝,味辛甘,性温。有发汗、解除肌表及四肢的风寒和温通经络的作用,可治恶寒发热、有汗头痛的风寒表症,并治风寒湿痹、四肢关节酸痛等症。本品尚有活血通阳的作用,可治妇女血寒的痛经或经闭以及阳气不得流通、痰水停留不化的病症。

2. 甘草

一名国老,一名灵通,一名美草,一名蜜草,一名蜜甘,一名落草。生陕西河东州郡,青州间亦有之。春生青苗,高三、四尺。枝叶悉如槐,叶端微尖而糙涩,似有白毛。七月开紫花,冬结实作角。子熟时角拆,子扁如小豆,极坚。根长者三、四尺,粗细不定。皮赤,上有横梁,梁下皆细根。采得去芦头及赤皮,阴干。用以坚实断理者为佳,其轻虚纵理及细韧者不堪用。味甘平无毒,最为众药之主。治七十二种乳石毒,解一千二百般草木毒。调和众药,故有国老之号。生用泻火热,熟用散表寒。其性能缓能急,而又协和诸药,使之不争。惟中满呕吐嗜酒者忌用。昔有中乌头巴豆毒者,甘草入腹即定,加大豆其验奇。岭南解蛊毒。凡饮食,先取炙甘草一寸嚼之咽汁,若中毒随即吐出,仍以炙甘草三两,生姜四两,水六升,煮二升,日三服。常带数寸随身备用。若含甘草食物而不吐,是无毒者也。

炙法:长流水蘸湿,炙透,为熟刮去赤皮,或用浆水。有云用酒及酥炙者,非也。

疗治:冻疮发裂:甘草煎汤洗,次以黄连、黄蘗、黄芩末入轻粉麻油调传。汤火疮:甘草煎蜜涂。蛊毒药毒:甘草节以真麻油浸之,年久愈妙,每用嚼咽或水煎服,神妙。小儿中蛊欲死:甘草半两,水一盏,煎五分服,当吐出。

【诠释】

甘草是豆科甘草属多年生草本,学名 *Glycyrrhiza glabra*。*茎高约 1 米,叶为羽状复叶,往往自 10 馀片小叶成,小叶长卵形。夏秋之际,叶腋生花,花蝶形花冠,淡红色。此植物的地下茎及根,采掘而干贮之,色黄,有特殊之甘味,用为缓和药。

甘草味甘,生用性微寒,炙用性微温。能调和各种药物的偏性,使之更好地发挥作用。炙用能补脾益气,可治脾胃虚弱,并可润肺止咳。生用能泻火解毒。

---

*编者注:据《中国植物志》,*Glycyrrhiza glabra* 所对应的是洋甘草,而非一般意义上的甘草。甘草的拉丁学名为 *Glycyrrhiza uralensis*。

3. 艾

　　一名医草,一名冰台,一名黄草,一名艾蒿,处处有之。宋时以汤阴复道者为佳。近代汤阴者谓之北艾,四明者谓之海艾。自成化以来,惟以蕲州者为胜,谓之蕲艾,相传蕲州白家山产。艾置寸板上炙之,气彻于背。他山艾彻五,汤阴艾仅三分,以故世皆重之。此草宿根,二月生苗成丛。茎白色,直上高四、五尺。叶四布,状如蒿,分五尖,桠上复有小尖。面青背白,有茸而柔厚。苦而辛,生则温,熟则热。七、八月叶间出穗如车前穗,细花,结实累累盈枝,中有细子,霜后始枯。皆以五月五日连茎刈取曝干,收叶以炙百病。凡用艾,陈久者良,治令细软谓之熟艾,若生艾炙火伤人肌脉,故《孟子》曰:"七年之病求三年之艾。"五月五日采艾,为人悬之户上,可禳毒气。其茎干之,染麻油引火点炙,滋润炙疮不痛,又可代蓍草作烛心。

【诠释】

　　艾是菊科蒿属,生于山野间,多年生草本,学名 *Artemisia vulgaris*。*高 0.8~1 米,叶互生,长卵形,羽状分裂。下面生毛甚密,灰白色。花淡黄色,小头状花序,全部皆筒状花冠,嫩叶可食。

　　艾叶味苦辛,性温,有温通经脉和止血、止痛、安胎的作用。常用于孕妇的子宫出血和胎动不安以及虚寒性的月经不调、腹痛等

---

*编者注:据《中国植物志》,*Artemisia vulgaris* 所对应的是北艾,而非一般意义上的艾(家艾)。艾的拉丁学名为 *Artemisia argyi*。

症。对于胸脘寒痛,使用本品能很快止痛。

4. 黄耆

　　一名黄芪,一名芰草,一名蜀脂,一名百本,一名独椹,一名戴椹,一名戴糁。叶扶疏,作羊齿状,似槐叶而微尖小,又似蒺藜而微阔大,青白色。开黄紫花,大如槐花。结小尖角,长寸许。独茎或作丛生,枝干去地二、三寸,根长二、三尺,以紧实如箭干者良。甘微温无毒,陇西者温补,白水者冷补。赤色者作膏,消痈肿。其皮折之如绵出绵上,故名绵黄耆。有白水耆、赤水耆、木耆,功用并同,而赤水、木耆少劣。又有以苜蓿根假作者。黄耆之功有五:补诸虚不足,一也;益元气,二也;壮脾胃,三也;去肌热,四也;排脓止痛,活血生血,内托阴疽,为疮家圣药,五也。治气虚盗汗自汗及肤痛,是皮表之药。治咯血,柔脾胃,是中州之药。治伤寒尺脉不至,补肾脏元气,是里药。乃上中下内外三焦之药也。苗嫩时,办可煠淘作茹食。收其子,十月种,如种菜法。

【诠释】

　　黄芪是豆科多年生草本,学名 *Astragalus complanatus*,生于森林中或阴湿地,分布于我国北部和东北部。

　　黄芪味甘,性温,是补气的要药。有固表止汗、托疮生肌的作用,能补气固表,常用于气虚的自汗。气充则血足,所以又能治疗因气血不足而不能排脓或不易收口的痈疽疮疡等外症,是治疗气

虚不可缺少的药物。本品还有升举中气和利尿作用,可用于中气
下陷的脱肛,子宫下垂及虚性水肿病等。

5.人参

一名人薓,一名血参,一名黄参,一名神草,一名地精,一
名土精,一名人衔,一名鬼盖,一名海腴,一名皱面还丹。参
类有五,以五色配五脏:人参入脾,曰黄参。沙参入肺,曰白
参。玄参入肾,曰黑参。牡蒙入肝,曰紫参。丹参入心,曰赤
参。其苦参则右肾命门之药也。参以上党为佳,今不复采。
迩来所用,皆辽参、高丽参。大抵人参春生苗,多于深山背阴
椴漆树下润湿处。初生小者三、四寸许,一桠五叶。四、五年
后两桠五叶,未有花茎。十年后生三桠,年深者生四桠,各五
叶,中心生一茎,俗名百尺杵。三、四月有花,细小如粟,蕊如
丝,紫白色。秋后结子七、八枚,如大豆,生青,熟红自落。泰
山出者叶干青,根白。江淮出者形味皆如桔梗。欲试上党
参,使二人急走三、五里,一含参,一空口,其含参者不喘,乃
真也。辽参连皮者黄润纤长,色如防风,去皮者坚,白如粉。
秋冬采者坚实,春夏采者虚软。高丽参类鸡腿者力大。伪者
皆以沙参、荠苨、桔梗造作乱之。沙参体虚无心而味淡,荠苨
体虚无心,桔梗体坚有心而味苦。人参体实有心而味甘微带
苦,自有馀味,俗名金井玉阑干者是也。性无毒,调中开胃,
补五脏,安精神,定魂魄,止惊悸,通血脉,主五劳七伤,男妇
一切虚损痰弱虚促短气,止渴生津,及胎前产后诸病。其有

年足面目似人形者更神结,而假伪者尤多。

【诠释】

人参是五加科多年生草本,学名 *Panax ginseng*,《本草经》已著录。东北三省和朝鲜原产,亦栽培于园圃间。人参根大,呈圆锥状。茎高 7~8 分米。叶轮生于梢上,有叶柄,掌状复叶,小叶 5 片,边缘有小锯齿。夏日开小花,排列成伞形花序,花瓣 5 片,淡绿色。

人参味甘微苦,性温,是补益元气力量最大的药。凡五脏脏气不足,如心虚心悸不寐、脾虚泄泻肢冷、肺虚气喘息短、肝虚惊悸不宁、肾虚骨弱痿软等症,以及一切衰弱或大吐泻、大出血后的虚脱(面色苍白、肢冷脉伏等),都可应用,这就是大补元气的含义。本品因有生津的功效,所以又能治疗消渴症及热性病津液耗伤之症。总的来说,它既能调营(血),又能养卫(气)。凡是气血不足之症,均可应用。

6. 地黄

一名地髓,一名芐,一名芑,一名牛妳子,一名婆婆妳。处处有之,河南怀庆者佳。二月生茎,有细短白毛。叶布地,深青色,似小芥叶而厚,不叉丫上有皱文毛涩不光。高者尺馀,低者三、四寸。摘其傍叶作菜,甚益人。开小筒子花,似油麻花,但有斑点,红紫色,亦有黄者。实作房如莲翘,子如小麦,褐色。根黄如胡萝卜,粗细长短不一。根入土即生,宜肥地虚,则根大而多汁。正九月采根,生地曝干,熟地蒸晒。

忌铜铁器,令人肾消发白,男损营女损卫。姜汁浸则不泥膈。又宜酒制,鲜用则寒,<small>初出土者</small>。干用则凉,<small>即今生地</small>。生地生血,熟地养血。生者以水浸之,沉者为地黄,半沉者为人黄,浮者为天黄。入药沉者佳,半沉者次,浮者不堪。

【诠释】

地黄是玄参科(亦作闻骨草科)地黄属多年生草本,学名 *Rehmannia glutinosa*。春月生茎叶,高约 20 厘米。

生地黄味甘苦,性微寒,有养阴生津、清热凉血的作用。常用它来治疗温热病烦热口渴、舌红津少的阴津耗伤症,以及阴虚骨蒸烦热的劳病。此外,也常用于血热所引起的各种出血症。

熟地黄味甘,性微温,是滋肾、补益精髓及补血的重要药物。可治肾虚骨弱的腰膝软弱和头昏遗精,以及妇女月经不调等血虚症,并能治疗阴血不足引起的须发早白。

用生地加黄酒拌蒸至黑色,即成熟地。

7. 术

有两种。白术,抱蓟也。一名天苏,一名山姜,一名山连,一名马蓟。吴越之叶稍大而有毛。根如指大,状如鼓槌,亦有大如拳者。彼人剖开曝干,谓之削术,亦曰片术。白而肥者浙术,瘦而黄者幕阜山术。浙术力胜,味苦而甘,性温厚气薄。除湿益燥,温中补气,强脾胃,生津液,止胃中及肌肤热,解四肢困倦,佐黄芩安胎清热。在气主气,在血主血。有汗则止,无汗则发。苍术,山蓟也。一名山精,一名仙术,一名赤术,处处山中有之。苗高二、三尺,其叶抱茎而生。叶似棠梨,其脚下叶有三、五,皆有锯齿小刺。根如老姜,苍黑色。肉白有油膏。以茅山、嵩山者为佳。味甘而辛烈,性温而燥。除湿发汗,健脾安胃,治湿痰留饮,驱灾沴邪气,消痃癖气块,妇人冷气症瘕,山岚瘴气瘟疾。总之,二术所治,大略相近。除湿解郁,发汗驱邪,苍术为要。补中焦,益胎元,除脾胃,消湿痰益脾,白术为良。

种植:取其根栽之,一年即稠,嫩苗可为茹,作饮甚甘香。

【诠释】

苍术是菊科苍术属多年生草本,山野自生,学名 *Atractylodes chinensis*。春日旧根抽出稚苗,多被白色软毛。长大时高不及 1 米,质硬。叶互生,羽状分裂,边缘呈锯齿状。秋日,每一枝梢开一头状花,周围有鱼骨状的苞,花冠白色或淡红色。

苍术味苦,性温,有燥湿、健脾、发汗的作用。对胃脘胀闷不舒的呕吐、水泻,以及外感风湿的身重疼痛和风寒湿痹、关节酸痛均较适宜。又治因感受小岚瘴气而发生的传染病。

8. 檀香

一名旃檀,一名直檀。出广州、云南及占城、真腊诸国,今岭南诸地亦皆有之。树叶皆似荔枝,皮青色而滑泽。有三种:黄檀、皮实色黄。白檀、皮洁色白。紫檀。皮腐色紫。其木并坚重清香,而白檀、黄檀尤盛。宜以纸封固,则不泄气。紫檀新者色红,旧者色紫,有蟹爪文。白檀辛温,气分之药,故能理胃气,调脾肺,利胸膈。紫檀咸寒,血分之药,故能和营气,消肿毒,治金疮。中土所产之檀有黄白二种,叶皆如槐,皮青而泽,肌细而腻,体重而坚,与梓榆相似,亦檀香之类,但不香,则地气使然也。

种植:腊月分木小株种之。

【诠释】

檀香是檀香科常绿乔木,产于印度和马来半岛,学名 *Santalum album*。叶对生,长卵形,先端尖。花无花瓣,萼 4 裂或 5 裂。*果实为核果。

檀香味辛,性温,有理气、止痛、开胃、增进食欲的作用。可用于霍乱吐泻、胸腹胀痛等症。由于它的气香,所以又能解除秽恶不正之气。

9. 当归

一名文无,一名干归,一名山蕲,一名白蕲。春生苗,叶绿有三棱。七、八月开花,似莳萝,浅紫色。根黑黄,以肉厚不枯者为胜。今秦蜀诸处多栽莳货卖。其头圆、尾多、色紫、

---

*编者注:据《中国植物志》,檀香的花形态是:"花被 4 裂,裂片卵状三角形,长 2~2.5 毫米,内部初时绿黄色,后呈深棕红色。" 选释者所言"花无花瓣,萼 4 裂或 5 裂",或早年植物学著作中对檀香形态记录不够准确所致。

气香、肥润者,秦产也,名马尾归,最胜。他处者头大、尾多、色白、坚枯,名镵头归,止宜入发散药。气味苦温无毒,和血补血,破恶血,养新血,凡血病宜用之。治妊妇产后恶血,上冲仓卒取效,气血昏乱者服之,即定能使血气各有所归。当归之名,疑取诸此,妇人之要药也。头止血而上行,身养血而中守,尾破血而下流,全活血而不走。则治上当用头,治中当用身,治下当用尾,通治则全用,此一定之理也。恶湿面、菖茹,畏菖蒲、海藻、生姜,制雄黄。

【诠释】

当归是伞形科多年生草本,山地自生或栽培于田园间,学名 *Ligusticum acutilobum*,全体有芳香。茎高1米许。叶为大羽状复叶,由多数分裂的小叶合成,质厚,深绿色,有光泽,边缘有尖锯齿,叶柄往往呈紫黑色。夏秋间,枝梢簇生白色小花,排列为复伞形花序。

当归味辛甘,性温,有补血活血的作用。因心与血有密切的关系,可用以它治面色苍白、头晕眼花、心跳等血虚亏损的病。而且还有逐瘀血、生新血的功用,所以又常用于妇女月经不调、痛经、经闭,以及痈疽肿痛等症。本品还有润燥滑肠的作用,可治血虚津液不足的大便秘结。

10. 川芎

一名芎䓖,一名香果,一名山鞠穷,一名芜䓖。清明后宿根生苗,分而横埋之,宜松肥土,节节生根,浇宜退牲水。叶香似芹而微细窄,有叉,又似胡荽叶而微壮。<u>丛生</u>,细茎,七、八月间开碎白花,如蛇床子花。根下始结芎䕡,瘦黄黑色。关中出者形块重,实作雀脑状,为雀脑最有力。九月、十月采者佳,三、四月虚恶不堪用。凡用,以块大、内中色白、不油、嚼之微辛甘者佳。他种不入药,止可为末煎汤沐浴耳。味辛温无毒。治中风入脑、头痛寒痹,除脑中冷痛、面上游风,止泻痢,燥湿,行气,开郁。今人用此最多,头面风不可缺。须以他药佐之,不可单服,令人暴亡,戒之。叶可作茶饭。

【诠释】

川芎是伞形科多年生草本,山地自生,学名 *Conioselinum univittatum*。叶似水芹,分裂更细。茎直立,高 6~7 分米。秋日茎上开小花,排列成复伞形花序,花冠 5 瓣,白色,雄蕊 5 枚。

川芎味辛,性温。辛能散,温能通,所以它有活血行气、祛风止痛的作用。适用于血瘀气滞的月经困难、经闭腹痛、产后腹中结块作痛及难产、胞衣不下等症。还善治风寒头痛、身痛和风湿关节痛,以及疮疡肿痛等症。

11. 五加

一名文章草,一名金玉香草,一名金盘,一名五花,一名追风,一名犲漆,一名犲节使。江淮、湖南州郡皆有之。春生苗,茎叶皆青,作<u>丛</u>。苗茎俱有刺,类蔷薇,长者至丈馀。叶五出,香气似橄榄。春时结实如豆粒而扁,色青,得霜乃紫黑。根类地骨皮,轻脆芬香。一云,生南方者微白而柔,纫大类桑白皮。生北方者微黑而硬。入药用南方者。苗可作茄皮,浸酒久服轻身耐老,明目下气,补中益精,坚筋,强志意,黑须发,令人有子。或只为散代茶饵之,亦验。

【诠释】

五加是五加科落叶灌木,生于山野,学名 *Acanthopanax spinosus*。茎高 2 米馀,枝干生小数的刺。叶为掌状复叶,小叶 5 片或 7 片,互生。初夏开花,黄绿色,排列成伞形花序,花梗较叶柄短。雌雄异株,雄花有 5 雄蕊,雌花有 2 花柱。果实球形,黑色。

五加皮味辛性温,有祛风湿、强筋骨、补肝肾的作用。治风湿痹痛、筋骨软弱以及腰腿酸痛、两足无力等症。且能补肾精,治疗肾虚不能约束的小便淋沥不断。本品还可治皮肤风湿、搔痒流水。

12. 地榆

一名玉豉,一名玉札,一名酸赭。蕲州呼为酸枣。平原川泽皆有之。宿根三月内生苗。初生布地,独茎直上,高三、四尺,对分出叶。叶似榆叶而稍狭细长,似锯齿状,青色。七月开花如椹子,紫黑色。根外黑里红,似柳根。味苦,微寒无毒。消酒止渴,补脑明目,止脓血,除恶肉,疗金疮。此草雾而不濡,太阳气盛也,铄金烂石。炙其根作饮,若茗。取其汁酿酒,治风痹。

【诠释】

地榆是蔷薇科多年生草本,生于山野,学名 *Sanguisorba offi-cinalis*。茎高 1 米许。羽状复叶,有托叶,小叶长椭圆形,边缘有齿牙。秋日枝梢开花,花小形,多数集成长椭圆形的短穗状花序,暗紫红色,萼 4 裂,雄蕊 4 枚。

地榆味苦,性微寒,沉降入下焦,有凉血、止血的作用,但必须血分有热才可应用。能治血热引起的便血、血痢和妇女带下、血崩(子宫大出血)等。此外,研末外敷能止刀伤出血,并治水火烫伤,有消肿、止痛、止血的功效。

13. 黄精

一名黄芝,一名玉芝草,一名戊己芝,一名兔竹,一名鹿竹,一名龙衔,一名鸡格,一名米餔,一名重楼,一名野生姜,一名救穷草,一名仙人馀粮。南北皆有,嵩山、茅山者佳。根苗花实皆可食。三月生苗,高一二尺,叶如竹而短,两两相对。嫩苗采为茹,名笔管菜,甚美。茎梗柔脆,颇似桃枝,本黄末赤。四月开青白花,如小豆花。结子白如黍米粒,根如嫩生姜而黄,肥地者大如拳,薄地仅如拇指。纯得土之冲气,而秉乎季春之令。味甘平无毒,补中益气,除风湿,安五脏,久服轻身延年不饥。

14. 牛膝

　　一名牛茎，一名百倍，一名山苋菜，一名对节菜。江淮、闽越、关中皆有，以怀庆为真，以人栽莳者为良。其苗方茎粗，节叶皆对生，颇似苋叶而长且尖艄。秋月开花作穗，结子状如小鼠负虫，有涩毛，皆贴茎倒生。九月采根，货卖者多用水泡去皮，裹扎曝干。白直可贵，但其汁既去，入药力减，终不如留皮者力大。气味苦酸，性平无毒。主治寒湿痿痹、四肢拘挛、膝痛不可屈伸，补中续绝，益精利阴，填骨髓，除腰脊痛，治久疟寒热、五淋尿血、下痢、痈肿恶疮、折伤、喉痹口疮、齿痛、茎中痛。下死胎，亦能堕胎，孕妇忌用。病人虚羸者加而用之。名牛膝者，言其滋补如牛之多力也。

【诠释】

　　牛膝是苋科多年生草本，到处自生，学名 *Achyranthes bidentata*。茎高1米许，节膨大。叶椭圆形，对生，有柄。夏日茎顶和叶腋出细长的花轴，着生小花，排列成穗状花序。萼5片，绿色，雄蕊5枚，雌蕊1枚。花后萼闭合而宿存，内生果实。又有3片的苞，上部生刺，容易附着人衣或鸟兽的羽毛。

　　牛膝味苦酸，性平，有补肝肾、强筋骨和活血通经的作用。可治风湿关节痛、腰膝酸痛和两足痿弱不能行走等症，以及妇女月经不通、瘀血结块。此外，还有下行的功能，因此还可治疗小便淋沥不通。

15. 茯苓

　　一名伏灵,一名伏菟,一名松腴,一名不死面,生深山大松下。盖古松久为人斩伐,其枯槎枝叶不复上生者,谓之茯苓。拨拨大者茯苓亦大,有大如拳者,有大如斗者。外皮黑而细皱,内坚白。似鸟兽形者为佳。皆自作块,不附着根,亦无苗叶花实。性不朽蛀,埋地中二、三十年色性无异。有赤白二种,甘平无毒。白主气,赤主血。白者,逐水缓脾,和中益气,止渴除湿,补劳伤,暖腰膝,利小便,除虚热。赤者,破结气,泻心小肠膀胱湿热,利窍行水。陈元素谓其用有五:利小便,一也;开腠理,二也;生津液,三也;除虚热,四也;止泄泻,五也。《本草》言,茯苓利小便,伐肾邪。王海藏乃言,小便多者能止,涩者能通。不几相反乎? 不知肺气盛者实热也,其人必气壮脉强,宜用。若肺虚心虚、胞热厥阴病者,皆虚热也,其人必上热下寒;膀胱不约下焦虚者,乃火投于水,水泉不藏,脱阳之证,其人必肢冷脉迟,皆忌用。不可不辩。皮治水肿腹胀,通水道,开腠理。

【诠释】

　　茯苓,名见《本草经》,系菌核根菌,学名 *Poria cocos*。新鲜时形似甘薯,外皮淡褐色,内部粉红色,质柔软。干燥后质坚硬,外皮黑色,极皱,内部白色,偶现红筋。这是菌核体。有性世代形如蜂窝,附着菌核体的表面,初呈白色,后变淡褐色。担子体呈棍棒状,生 4 个细长的柄。胞子长椭圆形,有时略弯曲。寄生于松树的朽腐部分,常见于排水良好的沙土中深 1 米馀处。分布在冀、晋、陕、鲁、豫、川、皖、浙、闽、粤、滇等地。豫、皖、浙等地用人工繁殖。日本、北美和大洋洲亦产。

　　茯苓味甘淡,性平。甘淡能利水渗湿,所以它的主要作用是使停留在体内的水湿从尿道排出,故可治水湿不化而成痰,以及小便不通等症。本品有赤白二种。化痰涎常用白茯苓,利小便则用赤茯苓。

16. 麦门冬

　　一名虋冬,一名忍冬,一名忍陵,一名禹韭,齐名爱韭,秦名乌韭,楚名马韭,越名羊韭,一名禹馀粮,一名阶前草,一名不死草,一名仆垒,一名随脂,所在有之。大小三、四种,功用相似。其叶青,大者如鹿葱,小者如韭,浙中者良。多纵纹,且坚韧,长及尺馀,四季不凋。根黄白色,有须,在根如连珠。四月开淡红花,如红蓼。实圆碧如珠,吴地者胜。性甘平无毒。治肺中伏火,补心气不足,疗身黄目黄、虚劳客热、口干燥渴,止呕吐,安魂魄,定肺痿吐脓,止嗽,治时疾热狂头痛。令人肥健,美颜色,有子。

【诠释】

　　麦门冬简称麦冬,名见《本草经》,系百合科多年生草本,多生于林间,学名 *Liriope graminifolia*。形似沿阶草而较大,长达 6~7 分米。夏日叶丛间抽花轴,长达 3~4 分米,上端缀生多数小花,排列成疏穗状花序,花盖 6 片,淡紫色。果实往往裂开,露出种子,呈黑色。

麦门冬味甘性寒,有养阴清热的作用,所以能解除热劳伤阴引起的口渴和心胸烦热。对心阴不足、心火上炎、咽喉不利等症也有疗效,还能清肺热、润肺燥、止咳嗽,常用于肺热阴伤的咽干、咳嗽、吐血等症。总之,可治疗阴虚发热的病。

17. 天门冬

一名虋冬,一名颠棘,一名颠勒,一名满冬,一名天棘,一名浣草,一名万岁藤,一名地门冬,一名筵门冬,一名婆罗树,在东岳名淫羊藿,在西岳名菅松,在南岳名百部,在北岳名无不愈,在中岳名天门冬。名虽异,其实一也。草之茂者名虋,如草茂而功同麦冬,故名天门冬,处处有之。茎间有逆刺,夏生细白花,亦有黄紫者。秋结黑子在枝旁。入伏后无花,暗结子,其根数十枚,大如手指,圆实而长,黄紫色,肉白,以大者为佳,中有心如麦冬心而稍粗。性苦平无毒。润燥滋阴,清金降火,保肺气,通肾气,养肌肤,利小便,止消渴,治湿疥,除身上一切恶气不洁之疾。久服令人肌体滑泽洁白,阳事不起者宜常服。手太阴,足少阴,经营卫枯涸,宜以湿剂润之。天麦门冬、人参、五味、枸杞子同为生脉之剂,此上焦独取寸口之意。赵继宗曰,五药虽为生脉之剂,然生地黄、贝母为天门冬之使,地黄、车前为麦门冬之使,茯苓为人参之使。若有君无使,是独行无功矣。故张三丰与胡濙尚书

长生不老方,用天门冬三斤,地黄一斤,乃有君而有使也。捣
汁作液膏服,至百日丁壮兼倍,快于术及黄精,二百日强筋髓
驻颜色。与炼成松脂同蜜丸服尤善。天门冬清金降火,益水
之上源,故能下通肾气,入滋补方,合群药用之有效。若脾胃
虚寒人单,饵既久必病肠滑,反成痼疾。此物性寒而润,能
利大肠故也。服天门冬,忌鲤鱼。误食中毒者,捣萍汁服之
可解。

【诠释】

　　天门冬,简称天冬,名见《本草经》,是百合科多年生草本,生
于海边或栽培于庭园间,学名 *Asparagus cochinchinensis*。地下簇
生多数块根。茎细长,缠绕于他物。叶细小,呈鳞片状。叶腋生小
枝,细长而尖,绿色,形似叶。夏日开小花,淡黄色,通常 2~3 花丛
生。花后结小豆般的果实,呈白色,内含黑色的种子。

　　天门冬味甘,性大寒。可以治疗阴虚咳嗽、咳吐浊沫的肺痿
症,也可治疗咳嗽胸痛、咳吐脓血的肺痈症。它的主要功用是养阴
清热、润肺化痰、止咳,所以对肺热的喘咳也有疗效。

　　本种的一个变种,茎直立,盆栽供观赏用,叫做特生天门冬。

18. 百部

　　一名野天门冬,一名婆妇草,山野处处有之。春生苗作
藤蔓,叶大而尖长,颇似竹叶,面青而光,亦有细叶如茴香者。
茎青肥,嫩时亦可煮食。茎多者五、六十,长尖内虚。根数十

相连,似天门冬而苦,根长者近尺,黄白色,鲜时亦肥实,干则虚瘦无脂润。性甘微温无毒。清肺热,润肺,治传尸、骨蒸、劳瘠,杀蛔虫、寸白、蛲虫。种法与百合同,宜山地。

【诠释】

百部,名见《名医别录》,是百部科多年生蔓草。我国原产,培养于园圃间,学名 *Stemona parviflora*。* 茎蔓生,长达 1 米许。叶呈卵形,有平行脉,4 片或 3 片轮生。夏日,叶片的基部生花 1~2 朵,呈淡绿色。

百部味甘苦,性微温,有润肺止咳、杀虫的作用。善治阴虚、骨蒸、烦热的肺痨咳嗽。虽然也可治小儿形瘦腹大、消化不良、疳积蛔虫病,但比较起来,还是治久咳的功效好。

19. 桔梗

一名梗草,一名白药,一名荠苨,一名利如,一名符蒀,生嵩高山谷及冤句,今处处有之。二、三月生苗,嫩时可煮食。根如指大,黄白色。茎高尺馀。叶似杏叶而长,四叶对生。夏开小花,紫碧色,颇类牵牛花。秋后结子,八月采根。关中所出根黄,其皮似蜀葵,根茎细青色,叶小而青,似菊叶。性辛微温,有小毒。治心腹胀痛、胸胁痛如刀刺、肠鸣血积、痰

---

*编者注:据《中国植物志》,*Stemona parviflora* 对应的是细花百部,而非一般意义上的百部。百部的拉丁学名为 *Stemona japonica*。按,细花百部的根供药用,与百部同,但细花百部特产海南,分布范围不及百部。

涩嗽逆、口舌生疮、赤目肿痛，清肺气，利咽喉，破症瘕，治鼻塞，除腹中冷痛、小儿惊痫，为肺部引经之药。与甘草同用，为药中舟楫，有承载之功。

【诠释】

桔梗，名见《本草经》，是桔梗科多年生草本，山野自生或栽培于田园间，学名 *Platycodon grandiflorum*。茎高 1 米馀，叶长卵形或广披针形，边缘有锯齿。秋日，枝上着生美丽的钟状花，5 裂，紫碧色或带白色，雄蕊 5 枚，花柱顶端 5 裂。

桔梗味苦辛，性平。它有宣肺散邪、祛痰排脓的功效，是治疗咽喉肿痛的主要药；并有载药上升的作用，可以作为上部病的引导药。此外，还能宣通肺的痰阻壅塞，有开胸利壅的作用。本品常用于外感性的咳嗽、胸闷咳不畅快、痰多不易吐出等症。由于能祛痰排脓，所以还用于治疗咳嗽胸痛、咳吐脓血的肺痈。

20. 枸杞

一名枸檵，一名枸棘，一名天精，一名地仙，一名却老。枸杞二木名。此物棘如枸之刺，茎如杞之条，故兼二名，处处有之。春生苗，叶如石榴叶而软薄，堪食，俗呼为甜菜。其茎干高三、五尺，丛生。六、七月开小花，淡红紫色。随结实微长，生青熟红，味甘美。根名地骨，根之皮名地骨皮。枸杞子、地骨皮古以韦山者为上，近时以甘州者为绝品。今陕之兰州、灵州以西，并是大树，叶厚根粗。河西及甘州者子圆如樱桃。曝干紧小红润,甘美,可作果食。沈存中《笔谈》言,陕西极边生者,高丈馀,大可作柱。叶长数寸,无刺,根皮如厚朴,亦其地脉使然也。花叶根实并用,益精补气不足,悦颜色,坚筋骨,黑须发,耐寒暑,明目安神,轻身不老。或云有刺者名白棘,宜辨。

【诠释】

枸杞,名见《本草经》,是茄科落叶灌木,生于原野路傍,学名 *Lycium chinense*。茎高 1 米馀,丛生刺状小枝。叶互生或丛生,披针形,质软柔。夏日叶腋开小花,有小梗,花冠 5 裂,淡紫色,雄蕊 5 枚,雌蕊 1 枚,花后结生浆果,呈红色。

枸杞子味甘,性平,有滋肾补髓、养肝明目和祛风的作用,所以临床常用于肾虚的阳痿遗精、腰膝酸软和肝肾阴虚的头晕目眩、视物模糊等症。因本品既能补精壮阳,又能滋肾养肝,所以有“阴兴阳起”的功效。

21. 杜仲

一名思仲,一名思仙。汉中、建平、宜都者佳,脂厚润者良。豫州山谷及上党、商州、陕州亦有之。树高数丈,叶类柘,又似辛夷,江南谓之檰。初生嫩叶可食,谓之檰芽。花实苦涩,亦堪入药。木可作屐,益脚,皮色紫而润,状如厚朴而更厚,折之多白丝,相连如绵,二、五、六、九月皆可采。味甘微辛气温平。甘温能补,微辛能润,故能润肝而补肾。主补中益精,治腰膝痛,坚筋骨,强志,除阴下痒湿、小便馀沥,疗肾腰脊挛,润肝燥,补肝经风虚。叶作蔬去风

毒、脚气久积风冷、肠痔下血。亦可煎汤。肾虚火炽者忌用。子名
逐折。

【诠释】

杜仲，名见《本草经》，系杜仲科落叶乔木，分布于鄂、皖、浙、川等地，学名 *Eucommia ulmoides*。茎高可达 18 米。枝具片状的髓，皮和叶有多数橡皮质的韧性丝状物。叶互生，卵状椭圆形，末端渐尖，基部楔形，边缘有锯齿。上面暗绿色，有光泽，下面幼时生毛，老则光滑。先叶开花，无花被，单生于苞片的腋内，雌雄异株。雄花有 6~10 雄蕊，雌花为一裸露而延长的子房所组成，顶端具二柱头状的裂片，下方有一苞片。

杜仲皮味甘微辛，性温，有补肝肾、壮筋骨、安胎的作用。常用来治疗肾虚腰痛、足膝无力、筋骨痿软以及阳痿、尿频、头晕、目眩等症。又可治肾脏虚寒、胎动不安、腰痛胎漏以及习惯性流产等，效果良好。

22. 何首乌

一名交藤，一名夜合，一名地精，一名赤葛，一名疮帚，一名红内消，一名九真藤，一名桃柳藤，一名马肝石，一名陈知白，处处有之，以西洛嵩山及柏城县者为胜，有形如鸟兽山川者尤佳。春生苗，蔓延竹木墙壁间。茎紫色，叶叶相对，如薯蓣而不光泽。夏秋开黄白花，如葛勒花。结子有棱，似荞麦而杂，小才如粟。秋冬取根大者如拳连珠。有赤白二种。赤

者雄,苗色黄白。白者雌,苗色黄赤。根远不过三尺,夜则苗蔓相交,或隐化不见。性苦涩,微温无毒。白者入气分,赤者入血分。肾主闭藏,肝主疏泄。此物气温味苦涩。苦补肾温补肝,能收敛精气,所以能养血益肝,固精益肾,健筋骨,乌髭发,治五痔腰膝之病,冷气心痛,积年劳瘦,痰癖风虚败劣,壮气驻颜,延年益寿,妇人恶血痿黄,赤白带下,毒气入腹,久痢不止,产后诸疾,功难尽述,茯苓为使。忌猪肉血、羊血、无鳞鱼,铁器犯之,令药无功。此药不寒不燥,功在地黄、天冬诸药之上。凡服药用偶日,二四六八日服讫,以衣覆汗出导引尤良。

【诠释】

何首乌,名见《开宝本草》,是蓼科落叶缠绕藤本,学名 *Polygonum multiflorum*,原野自生。根茎横走于地中,根往往成巨大的坚块。茎细长,带木质,左卷或右卷。叶互生,有柄,心脏形,先端尖锐,微含一种特殊的臭气。秋日,叶腋分枝成圆锥花序,着生多数小花,呈白色。

何首乌味苦甘,性微温,有补肾益精、增强生殖力的作用,并能乌黑须发,以及使人皮肤光泽美润。本品补精血的力量很好,不但能治肝肾精血亏损所致的虚弱症,同时可以增强人体的抵抗力,延长寿命。

23. 仙茅

一名独茅,一名茅瓜子,一名婆罗门参。初出西域,今大庾岭、蜀川、江湖、两浙诸州亦皆有之。叶青如茅而软,且略阔,面有纵文,又似初生棕榈秧。高尺许,至冬尽枯,春初乃生。四、五月间抽茎,开小花,深黄色,六出,不结实。其根独茎直,大如小指,下有短细肉根相附,外皮稍粗,褐色,内肉黄白色。二月、八月采根曝干。衡山出者花碧,五月结黑子,处处大山中皆有。人惟取梅岭者,用会典成都贡仙茅。性辛温,有小热小毒。治心腹冷气不能食、腰脚风冷挛痹不能行、丈夫虚劳、老人失溺、无子,益颜色,壮阳道,健筋骨,长肌肤,助精神,明耳目,填骨髓。许真君书云,仙茅久服长生。其味甘能养肉,辛能养节,苦能养气,咸能养骨,滑能养肤,酸能养筋。宜和苦酒服,必效。

【诠释】

　　仙茅,名见《开宝本草》,系石蒜科多年生草本,生于暖地,学名 *Curculigo ensifolia*。茎高 3~4 分米。叶细长而尖,有平行脉。花茎长 7 厘米左右,开杂性花,位于花序下部的为两性花,其他为雄花,花被 6 片,子房下位,有毛。果实为蒴。

　　仙茅味辛性温,有补肾壮阳、散寒除痹的作用。可治肾虚的腰膝筋脉拘急、肌肤麻木、关节不利、行动困难等虚劳伤病,并治肾虚的阳痿、性欲减退等,可起兴阳的功效。

24. 肉苁蓉

　　一名肉松容,一名黑司令。出肃州福禄县沙中,今陕西州郡多有之,然不及西羌界中来者肉厚而力紧。三、四月掘根长尺馀,切取中央好者三、四寸,绳穿阴干,八月始好。皮有松子鳞甲。性甘微温,无毒。补五劳七伤,益精髓,悦颜色,养五脏,延年轻身,令人多子。治男子泄精遗沥、妇人带下阴痛、男子绝精不兴、妇人绝阴不产。苁蓉为肾经血分之药,治肾须妨心。

【诠释】

肉苁蓉,名见《本草经》,系列当科一年生草本,生于高山树荫间,寄生桦木科植物的根部,学名 Cistanche salsa。* 根呈块状。茎柱状,肉质,长 3~4 分米。叶呈鳞片状,互生,与茎同呈黄褐色。夏日,茎的上部着生多数小花,集成穗状,花下各有黄色的苞,花冠唇形,褐紫色。

肉苁蓉味甘咸,性温。它补精养血的作用比较强,并可壮阳。临床常用来治疗肾虚的阳痿以及腰膝无力、软弱冷痛等症。此外,还可润肠通便,常用于血虚、肠液干枯的大便秘结。但脾胃虚弱、经常便稀以及阳盛阴虚、遗精滑泄的病人不宜服。

25. 列当

一名草苁蓉,一名花苁蓉,一名粟列,秦州、原州、灵州皆有之。暮春抽苗,四月中旬采,长五、六寸至一尺。茎圆,白

---

* 编者注：据《中国植物志》,*Cistanche salsa* 对应的是盐生肉苁蓉,而非一般所言之肉苁蓉 *Cistanche deserticola*。

色,采取压扁日干。以其功劣于肉苁蓉,故谓之列当。性甘温无毒。治男子五劳七伤,补腰肾,令人有子。

【诠释】

列当,名见《开宝本草》,系列当科一年生草本,生于海滨沙地,寄生于茵陈蒿的根部,学名 *Orobanche coerulescens*。茎肉质,高 2 分米。叶呈鳞片状,与茎都无叶绿素,呈黄褐色。5 月间开小花,排列成穗状,花冠唇形,筒部长,淡紫色,2 强雄蕊。

26. 淫羊藿

一名仙灵脾,一名仙灵毗,一名放杖草,一名弃杖草,一名千两金,一名干鸡筋,一名刚前,一名黄连租,一名三枝九叶草,江东、陕西、泰山、汉中、湖湘间皆有之,生大山中。一根数茎,茎粗如线,高一、二尺,一茎二丫。一丫三叶,长二、三寸,青似杏叶及豆叶,面光背淡,甚薄而细,齿边有刺。根紫色有须。四月中开白花,亦有紫花者,碎小,独头子。五月采叶晒干,根如黄连,根叶俱堪用。生处不闻水声者良。性辛寒无毒。治阴痿绝伤、茎中痛,补腰膝,强心志,益气力,坚筋骨,男子绝阳,妇人绝阴,老人昏耄,中年健忘,一切冷风劳气,筋骨挛急,四肢不仁。久服令人有子。

【诠释】

淫羊藿,名见《本草经》,系小檗科多年生草本,生于山地,学

名 *Epimedium macranthum*。茎高 3~4 分米，常数茎丛生。叶为二回三出复叶，小叶卵形，有细锯齿。初夏抽梗着花，总状花序，萼片卵状披针形，花瓣 4 片，长而有距，呈淡紫色。

淫羊藿味甘辛，性温，有补肾壮阳的作用。*能治肾阳衰弱的阳痿和子宫寒冷的不孕症，并能强筋骨，祛风湿，可治腰膝无力、筋骨酸痛或四肢拘挛、麻木不仁。此外，还有强心志、治健忘的功效。

27. 香附子

莎草根也。一名草附子，一名莎结，一名水莎，一名侯莎，一名夫须，一名地毛，一名水香棱，一名续根草，一名地藟根，一名水巴戟。上古谓之雀头香，俗人呼为雷公头，《金光明经》谓之月萃哆，《记事珠》谓之抱灵居士。生田野，在处有之。叶如老韭叶而硬，光泽，有剑脊棱。五、六月中抽一茎，三棱，中空。茎端出数叶，开青花，成穗如黍，中有细子。其根有须，须下结子一、二枚。转相延生子上有细黑毛，大者如羊枣而两头尖。采得燎去毛曝干。气味辛微苦甘平，无毒。足厥阴，手少阳药也，兼行十二经、八脉气分。主治散时气寒疫，利三焦，解六郁，消饮食积聚、痰饮痞满、胕肿、腹胀、脚气，止心腹、肢体、头目、齿耳诸痛，痈疽疮疡、吐血、下血、尿血，妇人崩带下，月候不调，胎前产后百病，为女科要药。

---

*编者注：淫羊藿药性寒温，古说即不同，《群芳谱》原文因袭《神农本草经》，故谓之性寒。然据韩保升《蜀本草》以及李时珍所言，淫羊藿性温。此处选释者从后一说。

花及叶治丈夫心肺中虚风客热、皮肤瘙痒隐疹、饮食减少、日渐羸瘦、忧愁抑郁等症。取苗花二十馀斤,挫细水二石五斗,煮一石五斗,浸浴令汗出,五、六度瘙痒即止,四时常用,瘾疹风永除。煎饮散气,郁利胸膈,降痰热。香附能推陈致新,故诸书皆云益气,而俗有耗气之说,又谓宜于女人不宜于男子者,非矣。盖妇人以血用事,气行则血行。无疾老人精枯血闭,惟气是资。小儿气日充,则形乃日固。大凡病则气滞,而馁香附,于气分为君药,世所罕知,臣以参芪,佐以甘草,治虚怯甚速。

【诠释】

香附子,名见《本草经》,是莎草科多年生草本,生于原野间,海边的沙地上更多,学名 *Cyperus rotundus*。地下有匍匐茎,蔓延繁殖。叶丛生,细长而质硬,呈深绿色。春日抽茎,高 3~4 分米,茎顶分歧出花穗,呈浓茶褐色。

香附子味辛微苦,性平,有理气解郁的作用。常用于治疗气郁不得流通的胸胁脘腹胀痛。气与血有密切关系,"气行则血行,气滞则血凝",所以可治因郁结气滞引起的月经不调和行经小腹胀痛等症。由于它能理气,所以又可消化肠胃中停留的食物。

28. 覆盆子

一名缺盆,一名茥,一名插田藨,一名乌藨子,一名大麦莓,一名西国草,一名毕楞伽,一名栽秧藨,处处有之,秦吴尤多。藤蔓,茎有钩刺。一枝五叶,叶小,面青背微白,光薄无毛。开白花,四、五月实成。子小于蓬藁而稀疏,味酸甘,外如荔枝,大如指顶,软红可爱,生青黄,熟乌赤。山中人及时采卖,少迟则就枝生蛆食之,五、六分熟便采。烈日曝干,不尔易烂。气味甘平无毒。益气轻身,补虚续绝,强阴健阳,悦泽肌肤,安和五脏。男子肾精虚竭阴痿,能令坚长。妇人食之有子。

【诠释】

　　覆盆子,名见《本草经》,是蔷薇科常绿蔓生小灌木,原野自生,分布赣、鄂等地,学名 *Rubus coreanus*。*叶为羽状复叶,小叶 5 片或 7 片,花序顶生,极短。果实可供食用。

29. 使君子

　　一名留求子。藤生手指大,如葛绕树而上。叶青如五加叶。三月开五瓣花,一簇一二十葩,初淡红,久乃深红色。轻虚如海棠,作架植之,蔓延若锦。实长寸许,五瓣合成,有棱,初时半黄,熟则紫黑。其中仁白,上有薄黑皮如榧子仁,而嫩味如栗。七月采,久者油黑不可用。气味甘湿无毒。治小儿五疳、小便白浊,健脾胃,除虚热,杀虫,疗泻痢,小儿百病疮癣皆治。凡服使君子,忌饮热茶,犯之即泻。

---

*编者注:据《中国植物志》,*Rubus coreanus* 对应的是插田藨,小叶一般为 5 枚,稀见 3 枚。据其描述"小叶 5 片或 7 片",应当为覆盆子 *Rubus idaeus*。

【诠释】

使君子,名见《开宝本草》,是使君子科常绿蔓生木本,印度原产,我国四川、云南、广东、福建等省亦有栽培,学名 *Quisqualis indica*。茎长 6~7 米。叶长卵形,全缘,有毛,叶柄短,对生。夏日,茎顶和叶腋抽花轴开花,无花梗,萼的筒部细长如柄,下垂。花瓣 5 片,红色。果实形长有棱,老熟时为紫黑色。种子是驱除蛔虫的药。俗传古时郭使君曾用此药治小儿病,故称"使君子"。

30. 栝楼

一名果蠃,一名瓜蒌,一名天瓜,一名黄瓜,一名地楼,一名泽姑。所在有之。三四月生苗引藤蔓,叶如甜瓜叶而窄,作叉有细毛,七月开花,似壶芦花,浅黄色。结实花下,如拳,生青,九月熟,黄赤色,形有圆者,有锐而长者,内有扁子,大如丝瓜子,壳色褐,子色绿,多脂作青气。根一名白药,一名瑞雪。直下生年久者,长数尺,大二三围,秋后掘者有粉,夏月者有筋无粉,不堪用。气味甘寒无毒,治胸痹,润肺燥,消欬嗽,涤痰结,利咽喉,止消渴,利大肠,消痈肿疮毒,降上焦之火,使痰气下降,不犯胃气。

31. 益母草

一名茺蔚,一名贞蔚,一名益明,一名野天麻,一名火枚,一名蓷,一名猪麻,一名苦低草,一名夏枯草,一名郁臭草,一名土质汗,处处有之。春生苗如嫩蒿,入夏长三、四尺。茎方如黄麻茎,叶青如艾而背青。一梗三叶,有尖岐寸许,一节节间花苞丛簇抱茎。四、五月开花,每萼内子数枚,褐色,三棱。其草生时有臭气,夏至后即枯。根白色。味甘微辛气温。和血行气,有助阴之功。治妇女经脉不调、胎产一切诸病妙药也。盖包络生血,肝藏血,此物活血补阴,故能明目益精、调经,治女人诸病。久服令人有子。治手足厥阴、血分风热及女人诸病,单用子。若治肿毒疮疡、消水行血、胎产诸病,则根茎花叶并用。盖根茎花叶专于行,而子则行中有补也。

【诠释】

　　益母草,名见《本草经》,是唇形科多年生草本,生于山麓和原野,学名 *Leonurus sibiricus*。*茎方形,高可达 2 米,分枝稀少。根生叶,有长柄,略呈圆形。茎长,叶狭长,均有数裂,裂片狭长。夏秋间,茎上叶腋生小花,轮状排列,萼的先端有 5 个尖齿,花冠呈唇形,淡红紫色。

　　益母草味辛苦,性寒。它是妇科要药,适用于月经不调及产后瘀血不行的腹痛,头目眩晕等症。不论胎前产后都可应用,能起到生新血、去瘀血的功效。此外,本品还有利小便、退水肿的作用。

---

*编者注:据《中国植物志》,*Leonurus sibiricus* 对应的是细叶益母草,益母草的拉丁名是 *Leonurus japonicus*。按益母草之所以可以入药,是缘其所具备的益母草碱。近年研究发现,细叶益母草几乎不产益母草碱,而益母草则能大量产生益母草碱。因此入药的益母草仍当以 *Leonurus japonicus* 为是。

32. 防风

一名屏风,一名回芸,一名回草,一名铜芸,一名茴根,一名百枝,一名百蜚。出齐州、龙山最善,淄、青、兖者亦佳,今汴东、淮浙皆有。茎叶青绿色,茎深而叶淡,似青蒿而短小。春初嫩时紫赤色。五月开细白花,中心攒聚作大房,似莳萝。花实似胡荽子而尖。根土黄色,与蜀葵根相类。二月、十月采,关中者三月、六月采,然轻虚不及齐州者良。气温味辛而甘。治三十六种风、男子一切劳劣,补中益神,通利五脏,心烦体重,羸瘦盗汗,散头目中滞气、经络中留湿。得葱白能行周身,得泽泻、藁本疗风,得当归、芍药、阳起石、禹馀粮疗妇人子脏风。

【诠释】

防风,名见《神农本草经》,是伞形科多年生草本,学名 *Saposhnikovia divaricata*。茎高 2~3 尺。夏日茎头分细枝。叶三回羽状分裂,有柄,裂片狭长而末尖,叶质稍硬而无毛。夏秋之间开花,花瓣 5 片,色白。种子熟而茎枯。药用者采二年生之根曝干。

防风味辛甘,性微温,有发汗、散风寒、除湿的作用。能治风寒感冒的头痛、头晕、身痛的表症和风湿关节疼痛的痹症,以及因风邪引起的牙关紧闭、口不能张、头项强直、四肢抽搐等症。

33. 郁李

　　一名薁李,一名郁李,一名爵李,一名车下李,一名雀梅,山野处处有之。树高五、六尺。花千叶,雪白、粉红二色,如纸剪成,甚可观。叶花及树并似木李,惟子小如樱桃,熟赤色。五月熟,可食,又可入药。性洁,喜暖日和风,浇宜清水,忌肥。核仁气味甘苦酸平而润,无毒。治大腹水肿、面目四肢浮肿,利小便,通水道,消宿食,下结气,宣大肠气,滞燥涩不通。

【诠释】

　　郁李,名见《本草经》,是蔷薇科落叶灌木,山野自生,亦供栽培,分布于辽、吉、鲁、苏、陕、浙、鄂、闽、粤等地,学名 *Prunus japonica*。茎高 2 米许。叶广披针形,有锯齿。春日先开小花,花瓣 5 片,淡红色或白色。果实球形,成熟时呈红色。

　　郁李仁味辛苦酸,性平,有润燥滑肠、利水消肿的作用,并能破血。可治大便燥结不通和小便不利、水肿胀满等症。此外,可以使关格通利("关格"是一种病名,症状为食入即吐、大便不通或大小便都不通)。

34. 豨莶

　　一名希仙,一名火枕草,一名虎膏,一名猪膏母,一名狗膏,一名粘糊菜素。茎有直棱,兼有斑点。叶似苍耳而微长,似地菘而稍薄,对节生。茎叶皆有细毛。肥壤一枝生数十。
八、九月开深黄小花,子如茼蒿子,外萼有细刺粘人。气味苦
寒,有小毒。治金疮,止痛、断血、生肉,除诸恶疮浮肿,治风
气麻痹、骨痛膝弱风湿。

【诠释】

　　豨莶,名见《中国植物图鉴》,是菊科一年生草本,自生于原野
间,学名 *Siegesbeckia orientalis*。茎略作方形,高 1 米馀。叶对生,
卵圆形,叶端尖,边缘有锯齿,粗脉 3 条,生茸毛。秋日茎梢着生小
头状花,色黄,花下有狭长的总苞片,生粘毛,容易粘着人衣。

　　豨莶草味甘,性寒,有祛风湿作用。可治因风湿引起的四肢肌
肤麻木和筋骨酸痛、腰膝无力以及风疹、湿疮搔痒等症。此外,又
能聪耳明目和乌须黑发,可治因风湿而致的耳聋、两目视物模糊及
须发早白等。

35. 黄连

　　一名王连,一名支连。江湖荆夔皆有,而以宣城者为胜,
施黔次之,东阳、歙州、处州者又次之。苗高尺许,丛生,一茎
三叶。叶似甘菊,凌冬不凋。四月开花,黄色。六月结实,似
芹子,色亦黄。江左者根黄节高,若连珠,叶如小雉尾。正月
开花作细穗,淡黄白色,六、七月根紧始堪采。蜀道者粗大,
味极浓苦,疗渴为最。江东者节如连珠,疗痢大善。大抵连
有二种。一种根粗无毛,如鹰鸡爪形,色深黄而坚实。一种

无珠多毛,黄色稍淡而中虚。味苦寒无毒。止消渴,厚肠胃,利骨益胆,降火疗口疮。其用有六:泻心脏火,一也;去中焦湿热,二也;诸疮必用,三也;除风湿,四也;治赤眼暴发,五也;止中部见血,六也。

【诠释】

黄连,名见《本草经》,是毛茛科多年生草本,生于山地树荫间,学名 *Coptis chinensis*。根生叶,有长柄,由 3 小叶合成。小叶又裂成 3 片,裂片有锐锯齿。早春抽花茎,长 1 分米馀。茎上互生数花,白色,雌雄异株。花后结实,花梗继续抽长达 3~4 分米。

黄连味苦,性寒。苦能燥湿,寒能清热,所以能泻心火,治心火旺的心烦不眠、热病心烦或神昏说胡话,并能清热明目,治目赤肿痛。同时,还能增强胃肠功能而止热痢。本品还有凉血解毒作用,可以用于热毒痈肿疔疮等外症。

36. 黄檗

一名檗木,一名黄柏。出邵陵者轻薄色深为胜,出东山者厚而色浅。树高数丈,叶似吴茱萸,亦如紫椿,经冬不凋。皮外白里深黄,厚二、三分。二月、五月采皮阴干。性苦寒无毒。泄伏火,补肾水,坚肾壮骨。治冲脉气逆不渴而小便不通,消五脏肠胃中结热黄疸,女子漏下赤白,阴伤蚀疮,男子阴痿及传茎上疮。除骨蒸,泻膀胱相火。得知母滋阴降火,得苍术除湿清热,为治痿要药。得细辛泻膀胱火,治口舌生疮。元医陈元素曰,黄檗之用有六:泻膀胱龙火,一也;利小便结,二也;除下焦湿肿,三也;痢疾先见血,四也;脐中痛,五也;补肾壮骨髓,六也。凡膀胱肾水不足、诸痿厥、腰无力,黄芪汤中加用,使两足膝中气力涌出,痿厥即去,乃瘫痪必用之药。李时珍曰,知母佐黄柏滋阴降火,有金水相生之义。黄柏无知母,犹水母之无虾。盖黄柏能制膀胱命门阴中之火,知母能清肺金滋肾水之化源。气为阳,血为阴,邪火煎熬则肾水渐涸。故阴虚火动之病须之,非阴中之火不可用,又必少壮气盛能食者用之相宜。若中气不足邪火炽甚者,久服有寒中之变。近时虚损及纵欲求嗣之人,用补阴药以二味为君,久服降令大过脾胃受伤,真阳暗损,盖不知此物苦寒滑渗,有反从火化之害也。

【诠释】

黄檗,名见《名医别录》,是芸香科落叶乔木,山地自生,分布辽、冀等地,学名 *Phellodendron amurense*。茎高 10 米馀,外皮呈灰色。叶对生,羽状复叶,小叶卵状椭圆形,先端尖,长 1 分米许,表面绿色,背表带白色,边缘有细钝齿和缘毛。夏日,枝梢着生细花,黄绿色,排列成圆锥花序,雌雄异株。果实黑色,大如黄豆。

黄檗味苦,性寒,有滋阴降火、祛湿热的作用。可治阴虚火旺的骨蒸(热在骨中,故谓"骨蒸")、劳热、盗汗、遗精等症。由于本品能清除下部的湿热,所以也能治由湿热所致的血痢、便血、妇女色黄气臭的白带和尿道涩痛的淋病,以及足膝肿痛、痈肿湿疮等症。

37. 黄芩

　　一名经芩,一名空肠,一名腐肠,一名内虚,一名黄文,一名印头,一名妒妇,一名苦督邮,内实者名子芩,一名独尾芩,一名条芩,一名鼠尾芩,川蜀,河东、陕西近郡皆有之。苗长尺馀,茎粗如筋叶,从地四面作丛生,亦有独茎者。叶细长,青色,两两相对。六月开紫花。根如知母,长四、五寸。二、八月采根曝干。气凉味微苦而甘,气厚味薄。得酒上行,得猪胆汁除肝胆火,得柴胡退寒热,得厚朴、黄连止腹痛,得芍药治下痢,得桑白皮泄肺火,得五味、牡蛎令人有子,得白术安胎,得黄芪、白敛、赤小豆疗鼠瘘。总之,能治上焦皮肤风热,湿热头痛,奔豚热痛,火欬肺痿喉腥,利胸中气,消痰膈,诸失血疔肿,排脓乳痈发背,妇人产后养阴退阳,女子血闭淋露下血,小儿腹痛。李时珍曰,黄芩气寒味苦,色黄带绿。苦入心,寒胜热,泄心火治脾之湿热。一则金不受刑,一则胃火不流入肺,即所以救肺也。肺虚不宜者,苦寒伤脾胃,损其母也。胸胁痞满实兼心肺上焦之邪,心烦喜呕默默不欲饮食,又兼脾胃中焦之症,宜用黄芩以治手足少阳相火。黄芩亦少阳本经药也。

【诠释】

　　黄芩,名见《本草经》,是唇形科多年生草本,常栽培于庭园间,学名 *Scutellaria baicalensis*。茎高 6~7 分米,多分枝。叶披针形而尖,无柄,对生。夏日,茎头枝梢着生紫色唇形花,花冠大,筒部长,排列成穗状花序,偏向一方。

　　黄芩味苦,性寒,有清热燥湿作用。枯芩(老根中空而枯者)适用于清肺火、治肺有热的咳嗽。子芩(新根中部坚实者)适用于清大肠火、治大肠有热的痢疾泄泻。此外,凡是由湿热引起的黄疸和痈肿疮毒等症都可以应用。

38. 金银藤

　　一名忍冬,一名通灵草,一名鸳鸯草,一名左缠藤,一名蜜桶藤,一名鹭鸶藤,一名老翁须,一名金钗股,处处有之,附树延蔓。茎微紫色,有薄皮膜之。其嫩茎色青有毛,对节生叶。叶如薜荔而青,有涩毛。三、四月后开花不绝,花长寸许,一蒂两花,二瓣,一大一小。长蕊初开者,蕊瓣俱白,经三、二日则变黄,新旧相参,黄白相映,故名金银花。气甚清芬。四月采花藤叶,不拘时,俱阴干。气味甘寒无毒,功用皆同。治风除胀解痢,逐尸消肿散毒,疗痈疽、疥癣、发背、杨梅诸恶疮,皆为要药。张相公云,谁知至贱之中乃有殊常之效,正此类也。

【诠释】

　　金银藤(花),名见《本草纲目》,即忍冬,名见《名医别录》,是忍冬科蔓性小灌木,生于山野或路旁,也栽培于庭园间,我国各地均产,学名 *Lonicera japonica*。叶长椭圆形,对生,经冬不凋。初夏叶腋开花,花冠高筒状,上部 5 裂,呈唇形,有芳香,初时色白或淡红,后变黄色。

　　金银藤味甘,性寒,有清热解毒的作用,对治疗痈肿疮毒有很好的疗效。痈肿疮毒初起,未化脓时可以消肿,已成脓时可以托毒排脓,促使早日穿破。此外,本品又能治风热感冒,炒炭则入血分,凉血止痢,能治血痢。

39. 紫草

　　一名紫丹,一名紫芙,一名茈戾,一名藐,一名地血,一名鸦衔草,生砀山山谷、南阳新野及楚地。苗似兰香,茎赤节青。二月开花,紫白。结实亦白紫。根色紫,可以染紫。味甘咸,气寒无毒。入心包络及汗经血分,凉血和血,利大小肠。故痘疹欲出未出,血热毒盛,大便闭涩者宜用。得木香、白术佐之尤妙。已出而紫黑闭者亦可用,若出而红活者及白陷大便利者切忌。盖脾气实者可用,脾气虚者反能作泻。古方惟用茸,取其初得阳气以类触类,所以用发痘疮。今人不达此理,一概用之,则非矣。一切恶疮瘑癣肿毒亦可用。

【诠释】

　　紫草,名见《本草经》,是紫草科多年生草本,生于山野,学名 *Lithospermum erythrorhizon*。茎高 6~7 分米。叶互生,披针形而尖,全缘,有毛。夏日,茎梢叶腋开小花,花冠 5 裂,白色。果实为小粒状,成熟时呈灰色,坚硬而有光泽。

紫草味咸甘,性寒。能滑肠通大便和利水消肿,即有通窍的作用。但更主要的作用是凉血解毒,最适用于血分有热的斑疹痘毒,并可用于预防麻疹。

40. 三七

一名山漆,一名金不换,生广西南丹诸州番峒深山中。采根曝干,黄黑色,长者如老姜地黄有节。味甘微苦,似人参。止血散血,亦主吐血、衄血、下血、血痢崩中不止、产后恶血不下、血晕血痛、赤目痛肿、虎咬蛇伤,治金疮箭伤、跌扑杖疮、血出不止。嚼烂涂,或为末掺之,血立止,青肿者即消。若受杖时,先服一、二钱,则血不冲心。杖后尤宜服。产后服亦良。乃阳明厥阴血分之药,治一切血病。忌铁器,与骐骥竭、紫鈲同。以能合金疮,如漆粘物,故名山漆。以贵重,故名金不换。试法以末掺猪血中,血化为水者真,叶功效同。

【诠释】

三七,名见《本草纲目》,是菊科多年生草本,栽培于庭园间,学名 *Gynura pinnatifida*。茎高 1 米许。叶大,羽状分裂。茎和叶都柔软而带紫色。秋日,梢头分枝开头状花,筒状花冠,深黄色。

三七味甘微苦,性温,有止血行瘀、消肿定痛的作用,并有止血不留瘀血、行瘀不伤新血的优点,对于身体内外的各种出血症,如吐血、衄血、血痢、便血、崩漏下血、外伤出血以及跌扑损伤瘀血作痛、痈肿疮疡等症,不论内服或外敷,均有良效。

41. 紫菀

一名青菀，一名紫倩，一名茈菀，一名还魂草，一名夜牵牛，处处有之，以牢山所出根如北细辛者为良。三月内布地生苗，五、六月开花，色黄白紫数种。结黑子，本有白毛。根甚柔细，色紫而柔宛，故名。二月采根阴干。凡使，去头须及上，东流水洗净，每一两用蜜二分浸一宿，火上焙干。今人多以车前、旋复根紫土染过，伪为之紫菀。肺病要药。肺本自亡津液，又服走津液药，为害兹甚，不可不慎。又有类紫菀而有白如练色者，名白羊须草，亦宜辨。

【诠释】

紫菀，名见《本草经》，是菊科多年生草本，生于山地和原野，或栽培于庭园间，学名 *Aster tataricus*。根叶丛生，长椭圆形，有锯齿，叶面很粗糙。茎叶互生。秋日，茎高约 2 米，梢端开多数头状花，伞房状排列。花的周缘为舌状花冠，淡紫色；中央为筒状花冠，黄色。

紫菀味苦辛，性温，有温肺下气、化痰止咳的作用。既能治肺部有寒、肺气壅塞的痰喘咳嗽，又能治肺部有热、咳吐脓血的肺痈。本品温而不热，润而不燥，所以对肺寒、肺热都适宜。

42. 决明

有二种。马蹄决明，高三、四尺，叶大于苜蓿而本小末奢，昼开夜合，两两相帖。秋开淡黄花，五出。结角如初生细豇豆,长五、六寸。子数十粒,参差相连,状如马蹄,青绿色,入眼药最良。一种茳芒决明,即山扁豆。苗茎似马蹄决明,但叶本小末尖似槐叶,夜不合。秋开深黄花,五出,结角如小指,长二寸许。子成数列,如黄葵子而扁,色褐,味甘滑。二种苗叶皆可作酒曲,俗呼为独占缸。茳芒决明嫩苗及花角子皆可瀹为茹,忌入茶。马蹄决明苗角皆韧苦不可食。以能明目得名,其子咸平无毒。治目中诸病,助肝益精,作枕治头风,明目,胜黑豆。有决明处蛇不敢入。外有草决明、石决明,皆能明目。草决明即青葙子。又有茳芒,另是一种,生道傍,叶小于决明,炙作饮甚香,除痰止渴,令人不睡。隋樀禅师采作五色饮进炀帝者也。

【诠释】

决明是豆科一年生草本,学名 *Cassia tora*。偶数羽状复叶,夏秋开花,花黄色,荚果虽长角状,略有四棱。原产美洲热带地区,我国各地均有栽培。

决明子性平,味甘苦咸。功能清肝明目,主治目赤肿痛、头风头痛、视物模糊、大便燥结等症。

43. 半夏

一名水玉,一名地文,一名守田,一名和姑,在处有之,齐州者为良。二月生苗,一茎,茎端三叶,浅绿色,似竹叶,三三相偶。百花园上生平泽者,名羊眼半夏,圆白为胜。五月采则虚小，八月采乃实大，陈久更佳。气味辛平有毒。生微寒，令人吐。熟温，令人下。射干、柴胡为之使。忌羊血、海藻、饴糖、恶皂角，畏雄黄、秦皮、龟甲，反乌头。消痰热、满结、咳嗽、上气、心下急痛、时气呕逆，除腹胀、目不得瞑、白浊、梦遗、带下。

【诠释】

半夏，名见《本草经》，是天南星科一年生草本，生于原野间，学名 *Pinellia ternata*。地下有球形的块茎，由此抽生 2~3 茎，茎顶着生小叶 3 片。夏日生花茎，有佛焰苞，呈绿色或紫色。苞内有肉穗花序，雄花生在花序的上部，呈白色；雌花生在下部，呈淡绿色。花轴上端细长，突出苞外。

半夏味辛，性温，有燥湿化痰、健脾和胃、降逆止呕的作用。可治因湿痰多引起的头痛、咳嗽，或因痰水停留而出现的胸脘胀满、不思饮食、呕吐等症。

44. 牵牛

一名草金铃，一名盆甑草，一名狗耳草，一名白丑、黑丑。蔓生，有黑白二种，处处有之，黑者尤多。二月种子生苗，作藤蔓绕篱墙。高者二、三丈，蔓有白毛，断之有白汁。叶青，三尖，如枫叶。花不作瓣，如旋花而大，碧色。其实有蒂裹之，生青枯白。核与棠梂子核相似，但深黑耳。白者蔓微红，无毛，有柔刺，断之有浓汁。叶团有斜尖，并如山药茎叶。花浅碧带红色。核白色,稍粗,其嫩实蜜煎为果,名天茄。气味苦寒有毒。治水气在肺、喘满肿胀、下焦郁遏、腰背胀肿、大肠风秘气秘,卓有殊功。但病在血分及脾胃虚弱而痞满者,则不可取,快一时及常服致伤元气。

【诠释】

牵牛子,名见《名医别录》,是旋花科一年生草本,亚洲原产,我国野生的很多,学名 *Pharbitis nil*。缠绕茎,叶通常 3 裂,有长柄,互生,有毛。夏日,通常一梗生 1~3 花,萼深 5 裂,裂片狭长,背面有毛。花冠漏斗形而大,深蓝色,朝开,午前就萎。果实为球形的蒴果,有 3 室。每室含黑色种子 2 颗。叶形和花色因栽培的结果,有种种变异。

牵牛子味苦,性寒,有毒。有通二便、消浮肿、杀虫等作用,能治腹部胀满的蛊胀病和腹部积滞不消、隐伏在脐旁及胁下的痃癖病,以及虫积腹痛等,可以起到散积滞、除壅塞的功效。

45. 景天

一名慎火,一名戒火,一名护火草,一名辟火,人多种于石山上。二月生苗,脆茎,微带黄赤色,高一、二尺,折之有汁。叶淡绿色,光泽柔厚,状似长匙头及胡豆叶而不尖。夏开小白花,结实如连翘而小,中有黑子如粟。其叶味苦平,无毒。治大热、火疮、诸蛊、寒热,疗金疮,止血,除热狂、赤眼、头痛、寒热、游风、女人带下,可煅硃砂。苗叶花并可用,叶煮熟水淘可食。南北皆有,人家多种于中庭,或盆栽置屋上以防火。极易生,折枝置土中,浇灌旬日便活。

【诠释】

　　景天是景天科多年生草本,山地自生,学名 *Sedum spectabile*。茎圆柱形,高 6~7 分米。叶呈白绿色,长椭圆形,略呈匙状,无柄,质厚,周缘疏生钝锯齿。夏秋间,梢上分枝,簇生多数小花,排列成伞房花序。花瓣 5 片,白色带红晕。雄蕊 10 枚,雌蕊 5 枚。

　　景天科的落地生根(*Bryophyllum pinnatum*)为多年生肉质草本。叶对生,羽状复叶,小叶 3~5 片,卵形至长椭圆形,边缘有钝齿。冬末春初开花,花红紫色,合萼,合瓣,圆锥花序。分布于热带,亦见于我国南部。民间用鲜叶捣烂,外敷能止血拔毒。

46. 谷精草

　　一名文星草,一名戴星草,一名流星草。丛生,处处有之,收谷后生荒田中,谷之馀气也。叶似嫩谷秧,抽细茎,高四、五寸,茎头有小白花,点点如乱星。九月采花阴干。辛温无毒。治头风痛、目盲翳膜、痘后生翳、目中诸病,加而用之良。明目退翳,功在菊花上。餧马令肥,主虫颡、毛焦病。又有一种茎硬长有节,根微赤,出秦陇。

【诠释】

　　谷精草,名见《开宝本草》,是谷精草科一年生草本,生于沼泽及水田中,学名 *Eriocaulon sieboldianum*。叶细长,数十片丛生。秋日,丛间抽生数茎,茎顶结生一圆形而尖的小球,系多数鳞片所集成。各鳞片间着生一花,呈白色。

谷精草味辛,性微温,有散风热、清头目的作用。对于风热引起的头痛、牙疼、口舌生疮、咽喉肿痛和眼翳膜等症,都可应用。

47. 蓖麻

处处有之。夏生苗,茎中空有节,色或赤或白。叶如瓟叶,凡五尖。夏秋间丫中抽出花穗累累,黄色。每枝结实数十颗,上有软刺如蝟毛,一颗三、四子,熟时破壳。子大半指,皮有白黑纹,亦有白紫纹者。形微长而末员,头上小白点,远视之俨如牛蜱。皮中有仁,色娇白。甘辛平有毒,气味颇近巴豆,善走。能利人,通诸窍经络,下水气。治偏风失音口禁、口目喎邪头风、七窍诸病,止诸痛,消肿追脓拔毒,催生下胞衣,下有形诸物。无刺者良,有刺者毒。此药外用屡奏奇功,但内服不可轻易。凡服蓖麻,终身不得食炒豆,犯之胀死。其油服丹砂粉霜,或言捣膏以箸点六畜舌根下即不能食,点肛内即下血死。今北方人种之田边,牛马过者不食,其毒可知。

【诠释】

蓖麻是大戟科一年生草本,热地为多年生草本,栽培植物,印度原产,学名 *Ricinus communis*。茎高 2~3 米,中空如竹。叶大,呈楯形,掌状分裂,各裂片有粗锯齿,互生。秋日,梢上或节间抽花茎,长2分米许,着生单性花,排列成总状花序。上部为雌花,下部为雄花。雌花淡红色,有花柱,雄花呈淡黄色。

蓖麻种子含油量高,药用作缓泻剂。根、茎、叶、种子均可入药,功能祛湿通络、消肿拔毒。

48. 王瓜

一名土瓜,一名野甜瓜,一名马雹瓜,一名赤雹子,一名老鸦瓜,一名师姑草,一名公公须。《月令》"四月王瓜"即此。四月生苗,其蔓多须,嫩时可茹。叶圆如马蹄而有尖,面青背淡,涩而不光。五、六月开小黄花,花下结子如弹丸,径寸,长寸馀,上微圆,下尖长,生青,七、八月熟赤红色。皮粗涩,根如栝楼根之小者。用须深掘二、三尺,乃得正根。江西人栽以沃土,取根作蔬,食如山药。南北二种微有不同,若疗黄疸破血,南者大胜。

【诠释】

王瓜是葫芦科一年生蔓草,栽培于田园间,学名为 *Trichosan-thes cucumeroides*。根呈块状,茎瘦长,有卷须。叶互生,有叶柄,浅3裂或5裂,粗涩而生茸毛,下面的叶有时分裂较深。夏日,叶腋开单性花,雌雄异株,花冠白色,5裂,裂片的边缘细裂成丝状。果实椭圆形,红色。种子黑色。

49. 麻黄

　　一名龙沙,一名卑相,一名卑盐,近汴京多有之,以出荥阳、中牟者为胜。春生苗,至五月则长。及一尺,稍上开黄花,结实如皂角子。味甜,微有麻黄气,外皮黄,里仁黑,根皮色赤黄,长者近尺。俗说有雌雄二种。雌者三、四月开花,六月结子。雄者无花,不结子。微苦而辛,性热而轻扬。治中风伤寒、头痛温疟,发表出汗,去邪热,止欬逆,除寒热,破症瘕,去营中寒邪,泄卫中风热,疗伤寒,解肌第一药也。过用泄真气。

【诠释】

　　麻黄是麻黄科灌木,生于沙土内,分布冀、晋等地,学名 *Ephedra sinica*。茎高 3 分米,有节,具纵纹。叶对生于节上,鞘形膜质。雄花序顶生,雌花序包含 2 花,也生于枝顶。果实椭圆形,成熟时苞片变成肉质,鲜红色。种子长圆形,黑紫色,平滑而有光泽。

　　麻黄味辛微苦,性温,有发汗解表的作用。治恶寒发热、头痛无汗的风寒表证。另外,还有宣肺平喘和利尿退肿的功效,可治实性的气喘病和水肿病。

　　再者,麻黄根味甘性平,有良好的止汗作用,善治自汗、盗汗,研末外扑,止汗功效亦很好。

50. 香薷

　　一名香菜,一名香茸,一名香菜,一名蜜蜂草,有野生者,有家莳者。方茎尖叶,有刻缺,似黄荆叶而小。九月开紫花成穗,有细子。汴洛作圃种之。暑月作蔬生茹,十月采取干之。气味辛微温,无毒。下气除烦热,疗呕逆、冷气、脚气、寒热。

【诠释】

香薷是唇形科一年生草本,生于山野路旁,学名 *Elsholtzia patrini*。茎高 6~7 分米,方形,分枝。叶对生,有柄,长卵形,边缘有锯齿。叶茎都有浓香。秋日,茎梢和枝梢抽生细长的花穗,花侧向一方,花下的苞短而阔,花冠小,略作唇形,淡紫色。

香薷味辛,性微温,有发汗祛暑、通利小便的作用。治夏天感受暑邪冷湿引起的头痛恶寒、发热无汗、小便赤涩和腹痛吐泻等症,也治因水湿停留而出现的水肿病,又有解除暑邪烦热的功效。

51. 紫苏

一名赤苏,一名桂荏。又一种白苏。皆二、三月下种,或宿子在地自生。茎方。叶圆而有尖,四围有钜齿。肥地者面背皆紫,瘠地背紫面青。其面背皆白即白苏也。五、六月连根收采,以火煨其根,阴干则经久叶不落。八月开细紫花,成穗作房如荆芥穗。九月半枯时收子,子细如芥子而色黄。赤茎。叶子俱辛温,无毒。气辛入气分,色紫入血分。解肌发表,行气宽中,散痰利肺,和血温中,止痛定喘,开胃安胎,散风寒,解鱼蟹毒,治蛇犬伤,为近世要药。

【诠释】

　　紫苏是唇形科一年生草本,栽培于田圃间,我国原产,学名 *Perilla frutescens* var. *arguta*。茎方形,高 6~7 分米。叶对生,有长柄,广卵形,边缘有锯齿,带紫色,有佳香。夏秋间,枝梢开淡紫色小唇形花,排列为总状花序。

　　紫苏味辛性温。叶有发表散寒的作用,可治风寒感冒、恶寒无汗、鼻塞咳嗽等症。梗有降气的作用,可以消除气滞引起的胸腹胀满。苏梗兼有安胎作用,可治怀孕期气胀胸闷嗳气等症。又用大量(1 两)紫苏煎汤服,可治食鱼蟹中毒、胸腹胀痛、呕吐泄泻。

52. 薄荷

　　一名菝蔄,一名蕃荷菜,一名南荷,一名吴菝蔄,一名金钱薄荷。二月宿根生苗,清明前后分栽。方茎,赤色。叶对生,初生形长而头圆,及长则尖。人家多栽之。吴越川湖多以代茶。苏州以产儒学前者为佳。辛温无毒。利咽喉口齿诸病,治瘰疬疮疥、风瘙瘾疹,去舌胎语涩,止衄血,涂蜂螫蛇伤,疗小儿惊热。

【诠释】

　　薄荷是唇形科多年生草本,自生沟洫旁等湿地,也栽培于田圃间,学名 *Mentha arvensis*。地下茎蔓延繁殖,地上茎高7分米许,方形。叶对生,有柄,长椭圆形而尖,缘边有锯齿,叶面生毛,叶背有细斑点。夏秋间,叶腋抽小花梗,梗端丛生小唇形花。花冠细4裂,淡紫色。雄蕊,长短不同,便于传粉。

　　薄荷味辛性凉。最能清头目、散风热,治头痛、目赤、牙痛、咽喉肿痛等头、目部分的风热症。因为有清散风热的作用,所以又常用于治疗风热感冒或温病初起发热无汗的表证和麻疹初期不易透发,还能治皮肤受风热引起的风疹等。炒炭用可兼治骨蒸劳热。

53. 泽兰

　　一名虎兰,一名水香,一名都梁香,一名龙枣,一名虎蒲,一名风药,一名孩儿菊,生下湿地。二月生苗,一出土便分枝梗。叶生如薄荷,微香。七月开花,紫白色,亦似薄荷花。此草可煎油及作浴汤。人家多种之。气香而温,味辛而散。治水肿,涂痈毒,破瘀血,消症瘕,为妇人要药。

【诠释】

　　泽兰是菊科多年生草本,生于山中等处的湿地,《本草纲目》已著录,学名 *Eupatorium japonicum*。鳞茎呈小球形,地上茎颇瘠细,高2分米许,带红色。叶仅一片,披针形,基部抱茎。初夏,茎顶着生1~2花,红紫色,苞极小,舌瓣量广,不全开,稍倾垂。

　　泽兰味甘苦,性微温,有行瘀血的作用。可治月经不通或产后瘀阻腹痛,并能消散痈肿和治疗跌打损伤、瘀血作痛等症。此外,还能利小便、消浮肿病。

54. 大风子

出海南诸番国。生大树状,如椰子而圆。中有核数十枚,大如雷丸子。中有仁,白色,久则黄而油,不堪入药。大风仁辛热有毒。其油治疮,有杀虫之功。不可多服,或至丧明。用之外涂,功不可没。

【诠释】

大风子是椅科常绿乔木,产于印度,学名 *Hydnocarpus anthelmintica*。茎高达十数米。叶长椭圆形而大。

大风子味辛,性热,有毒。为治麻风病要药,兼治杨梅毒疮及疥癣等皮肤病,有祛风燥湿、攻毒杀虫的作用。

55. 芡实(自《果谱》移入《药谱》)

一名鸡头,一名雁喙,一名雁头,一名鸿头,一名鸡雍,一名芡子,一名卵菱,一名水流黄。生水泽中,处处有之。三月生叶贴水大于荷叶,皱文如縠,蹙衄如沸,面青背紫,茎叶皆有刺。茎长丈馀,有孔有丝,嫩者剥皮可作蔬茹。五、六月开紫花,结苞外有刺如猬,花在苞顶如鸡喙,肉有斑驳软肉裹子,累累如珠玑,壳内白米状如鱼目薏苡大。味甘平涩无毒。

补中强志,聪耳明目,开胃助气,止渴益肾,除湿痹腰脊膝痛,治遗精白浊带下。久服轻身、不饥、耐老。

　　种植:鸡头名芡实,秋间熟时取老子以蒲包包之,浸水中。三月间撒浅水内,待叶浮水面,移栽浅水,每科离二尺许。先以麻饼或豆饼拌匀河泥,种时以芦插记根。十馀日后,每科用河泥三、四碗壅之。

【诠释】

　　芡是睡莲科芡属,学名 *Euryale ferox*。生于池沼中,一年生水草。花、茎及叶有刺。叶圆形而润大,浮于水面,面绿背紫。夏日,花茎伸长于水上,顶端着一花,萼片厚,外面带绿色,花瓣带紫色。日中开放,薄暮凋萎。花谢后结刺球果实。内有指头大的圆子数十粒,即为芡实,可供食用及制淀粉。地下茎及嫩叶柄可供蔬食。

　　芡实味甘涩性平,有补肾益精的作用。可治肾虚的腰膝酸痛,并能化湿,所以对湿痹关节痛也有疗效。因此,从《果谱》中提出,改列入《药谱》。

群芳谱诠释之九

*

木 谱

木谱小序（选释者改写）

木，树木也。通有灌木、乔木，本谱所言，以乔木为主。《说苑·善说》云："山有林兮木有枝。"广植树木，则木材用之不竭。枝条可作薪柴，而柴薪樵采亦无穷尽矣。其他裨益，不胜枚举。特作木谱。*

木谱首简（选释者新撰）

《木谱》记述的树种甚少，不过是略举事例而已。提出来的目的在于引起国人的重视，从而家家采种，户户育苗，人人种树，个个造林，消除荒山，绿化秃岭，做到"斧斤以时入山林，材木不可胜用"。造林、育林、护林要紧密结合起来，才能更有成效。

植树造林，绿化祖国，这是社会主义建设事业的重要组成部分。森林不仅可以提供木材和其他林产品，更重要的是它能涵蓄

---

*编者注：原序为：

昔人谓"一年之计树谷，十年之计树木"，而子舆论故国，至举乔木、世臣，相提并论，即濯濯之牛山，拱把之桐梓，辄津津谭之不置，何若是郑重哉！盖得养则长，失养则消，间不容发，而雨露萌蘖，斧斤牛羊，所关于树艺，良非细也。夫惟顺其天，致其性，不害其长，则橐驼种树之术，固孟氏勿忘、勿助家法已！作木谱。

济南王象晋荩臣甫题

水源、防止水土流失、防风固沙、巩固堤岸、调节气候、防治污染、保持良好的生态平衡状况。从一定意义上说,造林就是造水、造粮、造轻工业,就是造新鲜空气,造清洁、舒适、美好的生活环境。一句话,林业是同国计民生有密切关系的重要部门,造林是为全体人民和子孙后代创造幸福的伟大事业。

木 谱

1. 梓

或作杍,楸类。一名木王,植于林,诸木皆内拱。造屋有此木,则群材皆不震。处处有之。木莫良于梓,故《书》以《梓材》名篇,《礼》以"梓人"名匠。木似桐而叶小,花紫。陆玑《诗义》谓楸之疏理白色而生子者为梓。贾思勰《齐民要术》以白色有角者为梓,即角楸也,又名子楸。角细如箸,长近尺,冬后叶落而角不落。其实亦名豫章,梓以白皮者入药。味苦寒无毒。治热毒,去三虫,疗目疾、吐逆反胃及一切温病。又有一种鼠梓,名楰,《诗》所谓"南山有楰"是也。今人谓之苦楸,江东人谓之虎梓。鼠李,亦名鼠梓,别是一种。

【诠释】

梓是紫葳科落叶乔木,自生河边等处,或栽培于庭园间,学名 Catalpa ovata。茎高可达 10 米。叶对生,有叶柄,稍呈掌状浅裂。

夏日枝梢开花,圆锥花序,唇形花冠,5裂,淡黄色,有稍带暗紫色的斑点。果实长达3~4分米,皮似豇豆的荚。种子有毛。

2. 松

百木之长,犹公,故字从公。磈砢多节,盘根樛枝。皮粗厚,望之如龙鳞。四时常青,不改柯叶。三针者为栝子松,七针者为果松。千岁之松下有茯苓,上有兔丝。又有赤松、白松、鹿尾松,秉性尤异。至如石桥怪松,则巉岩陁石所碍郁,不得伸变,为偃蹇离奇轮囷,非松之性也。

【诠释】

松属裸子植物亚门,常绿或落叶乔木,常有树脂。叶浅形或针形,螺旋状互生或为丛生状。常雌雄同株。球花的雄蕊及具胚珠的鳞片亦螺旋状互生。雄球花的雄蕊具2药囊,雌球花的种鳞具2胚珠。球果卵形至圆柱形,鳞片木质。松有11属200多种,我国有10属84种,其中许多是造林和用材树种。常见的有赤松(*Pinus densiflora*)、黑松(*Pinus thunbergii*)、油松(*Pinus tabulaeformis*)、红松(*Pinus koraiensis*)、马尾松(*Pinus massoniana*)、雪松(*Cedrus deodara*)等。

3. 柏

一名椈树。耸直,皮薄,肌腻。三月开细琐花,结实成毬,状如小铃,多瓣。九月熟,霜后瓣裂,中有子大如麦,芬香可爱。柏,阴木也。木皆属阳,而柏向阴指西,盖木之有贞德者,故字从白,白,西方正色也。处处有之,古以生泰山者为良,今陕州、宜州、密州皆佳,而乾陵者尤异。木之文理大者,多为菩萨、云气、人物、鸟兽,状态分明,径尺,一株可值万钱。川柏亦细腻,以为几案,光滑悦目。

【诠释】

柏是柏科常绿乔木,分布苏、浙、赣、皖、黔、滇、川、鄂、粤等地,学名 *Cupressus funebris*。茎高达 25 米,枝细长而下垂。叶在比较老的枝上较稀疏,对生,互相结合,卵形,有尖头;在嫩枝上为卵形的鳞片,覆瓦状排列,有 4 行。雄花序向下垂,单生,雄蕊 8 枚,色黄。球果有短柄,通常每一鳞片内含种子 3~4 粒,近于圆形,子叶两片。

4. 椿

一作櫄,一作杶,一作橁,今俗名香椿。易长而有寿,南北皆有之。木身大而实,其干端直,纹理细腻,肌色赤,皮有纵纹易起。叶自发芽,及嫩时皆香甘,生熟盐醃皆可茹,世皆尚之。无花荚,叶苦温无毒。多食动风壅经络,令人神昏。和猪肉热面频食,则中满。椿用叶。

【诠释】

椿是楝科落叶乔木,原野自生,或栽培于庭园间,分布于辽、冀、甘、赣、鄂、川、滇、粤等地,学名 *Cedrela sinensis* Juss.。干直立,高达 10 馀米,分枝很少。叶为偶数羽状复叶,小叶平滑,卵状或长椭圆形,先端尖锐,全缘,有少数锯齿。6 月间开小花,大圆锥花序,白色。果实为蒴果,椭圆形,表面平滑,呈茶褐色。

5. 楸

生山谷间,今处处有之,与梓树本同末异。周宪王曰,楸有二种。一刺楸,树高大,皮色苍白,上有黄白斑点,枝间多大刺,叶薄。《埤雅》云:"楸有行列,茎干乔耸凌云,高华可爱。至秋垂条如线,谓之楸线。"其木湿时脆,燥则坚,良木也。白皮及叶味苦,小寒无毒。主治吐逆,杀三虫及皮肤虫,傅恶疮疽痈肿,除脓血,生肌肤,长筋骨,有拔毒排脓之功,为外科要药。

【诠释】

楸是紫葳科落叶乔木,野生或栽培,冀、豫、鲁、晋、陕、浙、苏、滇、黔等省都有,学名 *Catalpa bungei*。茎高可达 10 馀米。叶三角卵形至长椭圆形,上面暗绿色,下面较淡,叶柄长。五月开花,排列为伞房状的总状花序,花冠色白,内面有紫色的斑点。花后结荚果,长达 3.5 分米。

6. 樟

树高丈馀,小叶似楠而尖长,背有黄赤茸毛,四时不凋。

夏开细花,结小子。肌理细腻有文,故名樟。可雕刻,气甚芬烈,大者数抱,西南处处山谷有之。可为居室器物,又可制船。易长,根侧分小木,种之老则出火,种勿近人家。辛温无毒。霍乱及干霍乱须吐者,樟木屑煎浓汁吐之甚良。中恶鬼气卒死者,樟木烧烟薰之,待甦用药。此物辛烈香窜,能去湿气、辟邪恶故也。宿食不消,常吐酸臭水,酒煮服。煎汤浴脚,疥癣风痒。作履除脚气。豫、章二木生七年乃可辨。豫一名乌樟,又名钓樟。李时珍曰:"钓樟即樟之小者,茎叶宾门上辟天行。"

【诠释】

樟是樟科常绿乔木,生于暖地,学名 *Cinnamomum camphora*。茎高可达 50 米,周围达 16~17 米。叶革质,有光泽,广椭圆形,全缘,中肋的两侧有 2~3 条粗脉,最下一对位于叶面的基部,较他脉为大,叶柄长。五月顷,叶腋抽花轴开黄白色小花,呈伞形花序。十月顷,结黑色果实,大如黄豆。

7. 柟

生南方,故又作楠,黔蜀诸山尤多。其树童童若幢盖,枝叶森秀不相碍,若相避然,又名交让木。文潞公所谓移植虞芮者,以此叶似豫章,大如牛耳,一头尖,经岁不凋,新陈相换。花黄赤色。实似丁香,色青,不可食。干甚端伟,高者十馀丈,粗者数十围。气甚芬芳,纹理细致,性坚,耐居水中,今江南造船皆用之,堪为梁栋,制器甚佳,盖良材也。子赤者材坚,子白者材脆。年深向阳者结成旋纹,为斗柏楠。

【诠释】

柟是樟科常绿乔木,山地自生,学名 *Phoebe nanmu*。茎高可达30米。树皮幼时灰色而光滑,老时变成灰褐色,有细浅裂。小枝纤弱,褐色有毛。叶椭圆形至长披针形,有短尖头,大小不一,上面鲜绿色,下面带蓝色,生有绢丝光泽的灰色微毛,革质而厚,有香气。花形小,色绿。果实为蓝黑色的浆果,基部被有宿存的花被。

8. 梧桐

一名青桐,一名榇。皮青如翠,叶缺如花,妍雅华净,赏心悦目,人家斋阁多种之。其木无节,直生,理细而性紧。四月开花,嫩黄,小如枣花,坠下如醙。五、六月结子,荚长三寸许,五片合成,老则开裂如箕,名曰囊鄂子,缀其上多者五、六,少者二、三,大如黄豆,云南者更大。皮皱,淡黄色。仁肥嫩可生啖,亦可炒食。遁甲书云,梧桐可知月正闰。岁生十二叶,一边六叶,从下数一叶为一月,有闰则十三叶,视叶小处则知闰何月。立秋之日,如某时立秋,至期一叶先坠,故云“梧桐一叶落,天下尽知秋”。

【诠释】

梧桐是梧桐科落叶乔木,常栽培于田园间,分布鲁、陕、苏、浙、赣、鄂、滇、粤、闽等地,学名 *Firmiana simplex*。茎高达 15 米,树皮青色。叶掌状, 3 裂或 5 裂,基脚呈心脏形,叶背有微毛,叶柄长。夏日开单性花,黄绿色,排列成圆锥花序,雌雄花同生于一花序中。果实为蓇葖,未成熟时即开裂,裂片呈叶状,边缘着生种子。

9. 杉

　　一名梳,一名沙,一名橵。类松而干端直,大者数围,高十馀丈,文理条直。南方人造房屋及船多用之。叶粗厚微扁,附枝生,有刺,至冬不凋。结实如枫。有赤白二种。赤杉实而多油,白杉虚而干燥。有斑纹如雉尾者,谓之野雉斑。入土不腐,作棺尤佳,不生白蚁,烧灰最发火药。

【诠释】

　　杉是柏科常绿乔木,生于山地,分布于鄂、川、滇、粤、桂、闽、浙、苏、湘、赣等地,学名 *Cunninghamia lanceolata*。树干直立,高达 30 馀米,周围达 3~4 米,树皮与松极相似。叶长披针形,先端尖锐,略呈镰形,生于枝的两侧,排列成羽状。4~5 月间开单性花。果实球形,略似松球,10 月间成熟。

10. 冬青

　　一名冻青,一名万年枝,女贞别种也。树似枸骨子,极茂盛,高丈许,木理白细而坚重有文。叶似栌子树叶而小,又似椿叶微窄而头颇圆,光润,经霜不凋。堪染绯。其嫩芽煠熟,水浸去苦味,淘净,五味调之,可食。五月开细白花,结子如豆,红色,放子收蜡,一如女贞子及木与皮。气味甘苦凉,无毒。去风补虚,益肌肤。江南冬青叶对生,枝叶皆如桂,但桂叶硬,冬青叶软,稍异,岂另一种耶?

【诠释】

冬青是冬青科常绿小乔木,山地自生,学名 *Ilex chinensis*。茎高 10 米许。叶互生,卵状椭圆形或长椭圆形,全缘,先端尖,质硬,有光泽。6 月间开花,呈白色,雌雄异株,雄花排列成聚伞花序,雌花单生于叶腋。果实球形,大如赤小豆,红色,有长柄。

11. 檀

善木也,其字从亶 *。有黄白二种。江淮河朔山中皆有。叶如槐,皮青而泽,肌细而腻,体重而坚,状与梓榆荚蒾相似。材可为车辐及斧锤诸柯。腊月分根傍小枝种。

【诠释】

即黄檀,系豆科落叶乔木,高达 20 米,学名 *Dalbergia hupeana*。奇数羽状复叶,小叶互生,椭圆形或倒卵形,全缘,先端圆尖,微凹。夏季开花,蝶形花冠,黄色,圆锥花序。荚果长椭圆形,扁薄,有 1~3 种子。分布于我国中部及南方各省。木材黄色或黄白色,木理致密,质坚韧而重,可供作车辆、农具及一切轴心用材。

＊"亶,善也。"实的意思。《诗经·小雅·常棣》:"亶其然乎。"

12. 枫

　　一名香枫,一名灵枫,一名摄摄。江南及关陕甚多。树高大似白杨,枝叶修耸,木最坚。有赤白二种。白者木理细腻,叶圆而作岐有三角而香,霜后丹。二月开白花,旋着实成毬,有柔刺,大如鸭卵。八、九月熟,曝干可烧其脂为白胶香。十一月采,微黄白色。五月斫为次。气味辛苦平,无毒。治一切瘾疹、疯痒、痛疽、疮疥、金疮、吐衄、咯血。活血生肌,止痛解毒。烧过揩牙,永无齿疾。近世多以松脂之清莹者为枫香,又以枫香、松脂为乳香。总之二物功虽次于乳香,谅亦仿佛不远。皮性涩。

【诠释】

　　枫,今称枫香树,又名大叶枫,学名 *Liquidambar formosana*。系金缕梅科落叶乔木,高达 40 米。叶互生,普通 3 裂,幼时常 5 裂,有细锯齿,绿色,秋季变为红色。春季生叶即开花,花单性,雌雄同株,头状花序。蒴果集生成头状果序。其树皮流出的树脂可代苏合香用。

13. 楮

　　一名榖,一名榖桑。有二种。一种皮斑而叶无桠,又谓之斑穀。三月开花成长穗如柳花状，不结实。一种皮白无花，叶有桠，又似葡萄叶，开碎花，结实如杨梅。用时但取叶有桠又有子者为佳。其实初夏生，青绿色，六、七月成熟，渐深红，八、九月采。实名楮桃，一名穀实。甘寒无毒。治阴痿、水肿，壮筋骨，补虚劳，益颜色，健腰膝，克肌明目，久服轻身，不饥不老。

种植：熟时取子淘净晒干，同麻子种熟地。至冬留麻取暖，明春放火烧芟之。三年可斫其皮抄纸。斫以腊月为上，四月次之，非此月损其树本。

【诠释】

即构树，系桑科落叶乔木，高达 16 米，学名 *Broussonetia papyrifera*。一年生，枝被灰色粗毛。叶卵形，全缘或有缺裂。叶面暗绿色，被硬毛；叶背灰绿色，密被长柔毛。初夏开淡绿色小花，单性，雌雄异株。雄花荑荑花序，下垂，雌花头状花序。果实圆球形，似杨梅，橘红色。产于我国黄河流域以南各省。《齐民要术》说："秋季楮子熟时采收，第二年播种，栽培三年后可供剥皮制纸。"

14. 榆 [一]

一名零，一名蕡、茎 [二]。有数十种，今人不能别，惟知荚榆、白榆、刺榆 [三]、榔榆 [四]数种而已。荚榆、白榆皆大榆也，有赤白二种。白者名枌，木甚高大。未叶时枝上先生瘤，累累成串。及开，则为榆荚，生青熟白，形圆如小钱，故又名榆

钱。甚薄,中仁有壳。榆荚开后方生叶,似山茱萸叶而长尖,
鮹润泽。

种植:榆荚落时收取作畦种之,令与草俱长,不必去草。
明年正月附地割除,覆以草,放火烧之,一岁中可长八、九尺。
不烧,则长迟。一根数条者,止留粗大条直者一株,馀悉去
之。三年后,正月移栽,早则易曲。三年内若采叶戕心,则不
长。宜更烧之,则依前茂盛。附枝切勿剥。性喜肥,种宜粪,
陈屋草亦佳。种非丛林则易曲。如白土薄地不宜谷者,取一
方纯种榆,则易长。种榆田畔,防鸟雀损谷。诸榆性皆扇地,
其下五谷不植。树影所及,东西北三面谷皆不生,宜于近北
墙处种之。

【诠释】

〔一〕亦称白榆、家榆,系榆科落叶乔木,高达 20 多米,学名
Ulmus pumila。皮色深褐,有扁平之裂目,常为鳞状而剥脱。叶椭
圆形或倒卵形,基部歪斜,边缘有锯齿,厚而硬。早春先叶开花,
多数攒簇,色淡绿带紫。果实扁圆,有膜质之翅,谓之榆荚,亦称
榆钱。多产于我国西北和东北平原地区,长江流域以南亦有栽
培。我国很早便利用榆,《周礼》载:"司爟掌行火之令,春取榆柳
之火。"

〔二〕蕍,实系刺榆。

〔三〕刺榆,系榆科落叶乔木,《诗经》称为"蕍",学名 *Hemiptelea
davidii*。小枝带毛,淡红褐色,具刚刺。花与叶同时展放。果实呈
歪锥形,背面具翅。木质致密,可供制器具。

〔四〕榔榆,亦称脱皮榆、小叶榆,学名 *Ulmus parvifolia*,榆科落叶乔木。高达 20 多米,树皮成不规则鳞片状脱落。叶窄椭圆形,单锯齿,羽状脉。秋季开花。翅果椭圆状卵形。木材坚实,可供造船只、车辆及农具等用。

15. 槐〔一〕

虚星之精也,一名櫰。有数种。有守宫槐,一名紫槐〔二〕,似槐,干弱花紫,昼合夜开。有白槐,似柚而叶差小。有櫰槐,叶大而黑,其叶细而色青绿者,直谓之槐。功用大略相等。木有极高大者,材实重,可作器物。有青、黄、白、黑、数色。黑者为猪屎槐,材不堪用。四、五月开黄花,未开时状如米粒,采取曝干炒过,煎水染黄甚鲜。其青槐,花无色,不堪用。七、八月结实作荚如连珠,中有黑子,以子多者为好。槐之生也季春,五日而兔目,十日而鼠耳,更旬而始规,二旬而叶成。味苦平无毒。久服明目益气,乌须、固齿、催生,治丈夫、女人阴疮湿痒。

种植:收熟槐子晒干,夏至前以水浸生芽,和麻子撒,当年即与麻齐。刈麻留槐,别竖木以绳拦定,来年复种麻其上。守宫槐春月从根侧分小本移种。

【诠释】

〔一〕槐,别名豆槐、白槐、细叶櫰槐,学名 *Sophora japonica*,系豆科落叶乔木。高达 20 多米,树皮灰色,作不规则之纵裂。幼枝

绿色,密生细毛,亦有无毛者。奇数羽状复叶,先端尖,全缘。叶面
绿色,有光泽,细毛疏生或无毛,叶下面较淡,有白粉及细毛。小叶
卵形至卵状披针形。夏季开花,蝶形花冠,黄白色,圆锥花序,花萼
钟形。荚果珠串状,下悬,外果皮肉质,成熟时黄绿色,不裂。木材
坚硬有弹性,为上等用材,可供建筑及制造船舶、车辆和各种器具
用,又可用于雕刻。树皮、枝、叶、花及种子均可入药。槐树姿态秀
美,树冠庞大,叶盛晚凋,又为绿化树、行道树及庭园木树。园艺上
变种"龙爪槐"亦称"蟠槐",枝条屈曲下垂,供观赏。

〔二〕紫槐,亦称绵槐、紫穗槐,学名 *Amorpha fruticosa*,系豆科
落叶灌木。小枝疏生毛,后无毛。奇数羽状复叶,小叶全缘,托叶
针形,早落。穗状花序集生于枝条上部,花紫蓝色,旗瓣圆倒卵形。
荚果弯曲,通常只一种子,不开裂。

16. 柳

　　易生之木也,性柔脆,北土最多。枝条长软,叶青而狭
长。春初生柔荑,粗如筋,长寸馀,开黄花,鳞次荑上,甚细
碎,渐次生叶。至晚春,叶长成,花中结细子如粟米大,细扁
而黑,上带白絮如绒,名柳絮,又名柳绒,随风飞舞,着毛衣即
生虫,入池沼隔宿化为浮萍[一]。其长条数尺或丈馀,袅袅下
垂者,名垂柳[二],木理最细腻。又一种干小枝弱,皮赤叶细
如丝缕,婀娜可爱,一年三次作花,花穗长二、三寸,色粉红如
蓼花,名柽柳[三],一名雨师,一名赤柽,一名河柳,一名人柳,
一名三眼柳,一名观音柳,一名长寿仙人柳,即今俗所称三春

柳也。春前以枝插之易生。《草木子》云："大者为炭，复入炭汁，可点铜成银。"《酉阳杂俎》言："梁州有赤白桎。"则桎不特有赤，又有白者矣。唐曲江池畔多柳，号为柳衙，谓成行列如排衙也。柳条柔弱袅娜，故言细腰妩媚者谓之柳腰。

种植：正、二月皆可栽。谚云："插柳莫教春知。"谓宜立春前也。百木惟柳易栽易插，但宜水湿之地，尤盛。一法，柳栽近根三、二寸许钻一窍，用杉木钉拴之，出其两头各二、三寸，埋深尺馀杵实，永不生刺毛虫，且防偷拔之患。先于坑中置蒜一瓣，甘草一寸，永不生虫。常以水浇，必数条俱发。留好者三、四株，削去梢枝必茂，其馀皆削去。

制用：柳花：味苦寒无毒。主治风水黄疸、四肢挛急膝痛，收之贴炙诸疮甚良。柳絮：主治恶疮、金疮、溃痈，逐脓血，止血疗痹。柔软性凉，作褥与小儿卧甚佳。叶：治天行热病、骨蒸劳、服金石人大热闷、汤火疮毒入腹热闷。疔疮煮汁洗，恶疮膝疮煎膏。续筋骨，长肉止痛。枝及根白皮：煮汤洗风肿瘙痒，煎服治黄疸白浊，煎酒漱牙痛，熨诸肿毒，去风。

〔附录〕柳寄生、状类冬青，亦似紫藤，经冬不凋。春夏之间作紫花，散落满地。冬月望之，杂百树中荣枯各异。出蜀中。榉。一名榉柳，一名鬼柳，多生溪涧水侧。木大者高四、五丈，合二、三人抱。叶似柳非柳，似槐非槐。材红紫，作箱案之类甚佳。郑樵《通志》云。"榉乃榆类，其实亦如榆钱，乡人采其叶为甜茶。"

【诠释】

〔一〕柳絮化萍，仅系传说。

〔二〕垂柳,即水柳或垂枝柳,学名 *Salix babylonica*,系杨柳科落叶乔木。小枝细长下垂。叶披针形或线状披针形,有锯齿。早春先叶开花,雌雄异株,柔荑花序。蒴果,种子小,有白色丝状长毛,俗称柳絮。盛产于我国南方水乡,但北京及吉林各宫殿寺院以至国外亦有,作为行道树及风景树。

〔三〕柽柳,亦名三春柽、柽河柳、西河柳、山川柳、观音柳,学名 *Tamarix chinensis*。《尔雅》:"柽,河柳。"乃河边赤茎小杨,植在水边。皮正赤如绛,枝叶如松,一名雨师,一名赤柽。系柽柳科落叶小乔木,枝条柔弱,多下垂。叶小,鳞片状。夏季开小型花,淡红色,由细瘦总状花序合成圆锥花序。蒴果。产于我国黄河、长江流域及两广、云南等地平原及盐碱地。

17. 杨

有二种。一种白杨〔一〕。叶芽时有白毛裹之,及尽展,似梨叶而稍厚大,淡青色,背有白茸毛。蒂长,两两相对,遇风则簌簌有声。人多植之坟墓间。树耸直圆整,微带白色,高者十馀丈,大者径三、四尺,堪栋梁之任。一种青杨〔二〕。树比白杨较小,亦有二种。一种梧桐青杨,身亦耸直,高数丈,大者径一、二尺,材可取用,叶似杏叶而稍大,色青绿。其一种身矮多岐枝,不堪大用。北方材木全用杨、槐、榆、柳四木,是以人多种之。杨与柳自是二物。柳枝长脆,叶狭长,杨枝短硬,叶圆阔,迥不相侔。而诸家多将杨柳混称,甚至称为一物者,缘南方无杨故耳。柳性耐水,杨性宜旱。诸书所言水杨,盖水柳之讹也。惟垂柳作垂杨,据小说〔三〕,系隋炀赐姓,未知信否。至于春月飞絮,落水作萍〔四〕,亦与柳同,但其毯〔五〕颇粗大耳。性苦平无毒。饥岁,小民取其叶煮熟,水浸去苦味,用以充饥。

种植:白杨伐去大木,根在地中者遍发小条,候长至栗子、核桃粗,春月移栽,勤浇之。栽青杨于春月,将欲栽,树地挑沟深一尺五、六寸,宽一尺,长短任意,先以水饮透。次日将青杨枝如枣栗粗者,利刀斫下,仍截作二尺长段,密排沟内,露出沟外二、三寸,加土与平筑实。数日后方可浇水。候芽长,常浇为妙。长至五、六尺,择其密者删之,既可作柴又使易长。种十亩,岁不虑乏柴。及长至径四、五寸,便可取作屋材用。留端正者,长为大用。每年春月仍可修其冗枝作柴,而树身日益高大。

〔**附录**〕黄杨。木理细腻,枝干繁多。性坚致难长,岁长一寸,闰月年反缩一寸。叶小而厚,色青微黄。世重黄杨,以其无火。以水试之,沉则无火。取此木必于阴晦夜无一星伐之,为枕不裂。东坡诗曰:"园中草木春无数,只有黄杨厄闰年〔六〕。"考之《尔雅》,桐、茨菰皆厄闰,不独黄杨。

【诠释】

〔一〕白杨,即毛白杨或大叶杨,学名 *Populus tomentosa*,系杨柳科落叶乔木,高达 40 米。叶三角状卵形,具不规则波状齿,叶背密被白色绒毛,老则脱落。早春先叶开花,雌雄异株,柔荑花序,下垂,苞片有不规则缺裂。蒴果 2 裂。产于我国,主要分布于黄河流域及江浙等地,多栽为庭园树。

〔二〕青杨,即小叶杨,学名 *Populus cathayana*。花为柔荑花序,苞片边缘呈流苏状,雄蕊 30~35 枚,子房光滑,柱头 2~4 裂。蒴果卵圆形而尖。但一般植株并不比白杨小,是否本种尚有疑问。名见《河北习见树木图说》。

〔三〕小说,指唐人传奇《炀帝开河记》。叙隋炀帝开运河往游广陵(扬州)事。炀帝龙舟泛江沿淮而下,翰林学士虞世基献计,请用垂柳栽于汴渠两堤,"栽毕,帝御笔写赐垂柳姓杨,曰杨柳也"。

〔四〕落水作萍,亦是传说。

〔五〕穟,通"穗"。

〔六〕厄,困苦的意思。世有"黄杨厄闰"一语,喻小境遇之艰苦,出于《本草》"黄杨四时不凋,岁长一寸,遇闰年则不长"语。

18. 皂角

一名皂荚,一名乌犀,一名悬刀,一名鸡栖子,所在有之。树高大,叶如槐叶,瘦长而尖,枝间多刺。夏开细黄花。结实有三种。一种小如猪牙。一种长而肥厚,多脂而粘。一种长而瘦薄,枯燥不粘。以多脂者为佳。不结实者,凿一孔,入生铁三、五斤泥封之,即结。性辛咸温,有小毒。通关节,破坚症,通肺及大肠气,治咽喉痹塞、痰气喘咳、风疠疥癣,下胞衣堕胎。

采取:树多刺难上,采时以篾箍其树,一夕尽落。

修制:荚:取赤肥不蛀者,新汲水浸一宿,铜刀削去粗皮,以酥反复炙透,去子弦。每一两,酥五钱。又有蜜炙绞汁烧灰之异用者,照本方。子:拣圆满坚硬不蛀者,瓶煮熟,剥去硬皮,取向里白肉两片去黄,以铜刀切,晒用。禁忌:皂角与铁有相感处。铁砧槌皂角既自损,铁碾碾久则成孔,铁锅爨之,多爆片落。

制用:溽暑久雨时,皂荚合苍术烧烟,避瘟疫,邪湿气。皂荚浸酒中,取尽其精,煎成膏,涂帛上,贴一切肿痛。子炒,春去赤皮,水浸软,煮熟糖渍,食疏导五脏风热。肥皂荚煮熟捣烂,和白面及诸香作丸,澡身面去垢而腻润。

【诠释】

皂荚,学名 *Gleditsia sinensis*,系豆科落叶乔木。高达 30 米,有粗大分枝的刺。叶为偶数羽状复叶,小叶 3~7 对,长卵形至卵状披针形,边缘有细钝锯齿。春季开黄白色花,杂性,总状花序,腋生。荚果带状,棕黑色。产于我国黄河流域以南各地。木材坚实,可制车辆、农具及家具。荚果富胰皂质,可用洗丝绸。中医以其荚、子及刺入药。

19. 女贞[一]

一名贞木,一名蜡树,处处有之。以子种而生最易长。树似冬青[二],叶厚而柔长,面青背淡。长者四、五寸,甚茂盛,凌冬不凋,人亦呼为冬青。五月开细花,青白色,黄甚繁。九月实成,似牛李子,累累满树,生青熟紫。木肌白腻。立夏前后,取蜡虫种子裹置枝上,半月其虫化出,延缘枝上,造成白蜡,民间大获其利。女贞实气味苦平,无毒。补中、明目、强阴,安五脏,养精神,健腰膝,除百病,变白发。久服令人肥健,轻身不老。叶除风散血,消肿定痛,治头目昏痛、诸恶疮肿。

辨讹:人因女贞冬茂,亦呼为冬青。不知女贞叶长子黑,冬青叶圆子红。构骨与女贞亦相似。女贞即俗呼蜡树者,冬青即俗呼冻青树者,构骨即俗呼猫儿刺者,盖三树也。

种植:栽女贞略如栽桑法。纵横相去一丈上下,则树大力厚。若相去六、七尺,太逼。须粪壅极肥。岁耕地一再过,有草便锄之,令枝条壮盛。即蜡岁,子亦可种。巴蜀撷其子,渍渐米水中十馀日,捣去肤种之。蜡生,则近跗伐去。发肆再养蜡,养一年停一年。采蜡必伐,木无老干。

【诠释】

〔一〕女贞,学名 *Ligustrum lucidum*,系木犀科常绿灌木或乔木。叶卵状披针形,对生,革质,全缘。初夏开花,合瓣花冠,白色,圆锥花序。果实长椭圆形,紫黑色。分布于我国华南及长江流域各地。名见《本草纲目》。李时珍言:"东人因女贞茂盛,亦呼为冬青。与冬青同名异物,盖一类二种耳。"

〔二〕冬青,学名 *Ilex chinensis*,系冬青科常绿乔木。叶长椭圆形,革质,边缘有浅锯齿,互生,全缘。夏季开花,淡紫红色,雌雄异株,聚伞花序。核果椭圆形,红色。分布于我国长江以南各地。名见《本草纲目》,俗称冻青。

20. 乌臼

　　一名鸦臼,树高数仞。叶似小杏叶而微薄,淡绿色。五月开细花,色黄白。实如鸡头,初青熟黑,分三瓣。八、九月熟,咋之如胡麻子汁,味如猪脂。南方平泽甚多。根皮味苦,微温,有毒。治头风,通二便,慢火炙,令脂汁尽黄,干后用。子凉无毒,压汁梳头,变白为黑。炒作汤,下水气。易生易长。种之佳者有二:曰葡萄臼,穗聚子大而穰厚;曰鹰爪臼,穗散而壳薄。临安人每田十数亩,田畔必种臼数株,其田主岁收臼子便可完粮。如是者租轻,佃户乐种,谓之熟田。若无此树于田,收粮租额重,谓之生田。江浙之人,凡高山、大道、溪边、宅畔无不种,亦有全用熟田种者。树大者或收子二、三石。忌近鱼塘,令鱼黑,且伤鱼。

　　接博;子种者,须接之乃可。树如杯口大即可接,大至一、两围亦可接。但树小低接、树大高接耳。接须春分后数日,法与杂果同。闻之山中老圃云,臼树不须接博,但于春间将树枝一一捩转,碎其心无伤其肤,即生子与接博者同。试之良然。若地远无从取佳贴者,宜用此法。此法农书未载,农家未闻,恐他树木亦然,宜逐一试之。

【诠释】

　　乌桕,又称乌果树、鸦桕,系大戟科落叶乔木,高达 15 米。名见《唐本草》,学名 *Sapium sebiferum*。树皮灰色,浅纵裂。叶菱状卵形,互生,全缘,羽状脉。夏季枝梢开黄色小花,单性。雄花排列成细穗状花序,雌花 2~3 朵着生于花序基都,花粉有毒。蒴果球形,成熟时黑褐色。种之外被蜡质,可取蜡供工业用。

21. 楂

橡栗之属,生闽广江右山谷间。树易成材,亦坚韧。实如橡斗无刺。子或一、二,或三、四,似栗而壳薄。仁皮色如榧,肉如栗。味苦,多膏油。

种植:秋间收子时,拣取大者,掘地作小窖勿及泉,用沙土和子置窖中。次年春分取出畦种,秋分后分栽,三年结实。

【诠释】

楂,即油茶,学名 *Thea japonica*,*系山茶科常绿灌木。树皮平滑,淡褐灰色。叶革质,椭圆形,有锯齿。秋季开花,花大型,白色。蒴果有毛,种子 3 枚。种子榨油可供食用及工业用。能治疮疥,退湿热。《农政全书》载:“楂在南中,为利甚广,仍字书既无此字,……或直书为茶。”

22. 漆 [一]

一名桼,似榎 [二] 而大,树高二、三丈馀。身如柿,皮白。

*编者注:此拉丁名对应的是山茶,油茶的拉丁名为 *Camellia oleifera*。按选释者形容“秋季开花,花大型,白色”,明是油茶,并非山茶。山茶原种为冬季开花,花则红色,与此描述明显不同。然则此处拉丁名有误,恐原作 *Thea oleifera* 或 *Thea podogyna*(二者皆油茶学名之异名)。

叶似椿,花似槐,子似牛李子,木心黄。生汉中山谷,梁、益、陕、襄、歙州皆有,金州者最善,广州者性急易燥。辛温,有小毒。干漆去积滞,消淤血,杀三虫,通经脉。李时珍曰:"漆性毒而杀虫,降而行血,主证虽烦,功只在二者。"

种植:春分前移栽易成,一云腊月种。

制用:六月中以刚浒矸皮开,以竹筒承之,液滴下则成漆。先取其液,液满则树萄翳。一云取于霜降后者更良。取时须茬油点破,故淳者难得,可重重别拭之。上等清漆色黑如墨若铁石者好。黄嫩若蜂窠者不佳。

试验:稀者以物蘸起细而不断,断而急收,更涂于干竹上荫之,速干者佳。世重金漆,出金州也。人多以桐油杂入,试诀云:"微扇光如镜,悬丝急似钩,撼成琥珀色,打着有浮沤。"今广浙中出一种取漆物,黄泽如金,即《唐书》所谓黄漆也。入药当用黑漆。

入药:用干漆筒中自然干者。状如蜂房,孔孔隔者为佳。须捣碎炒熟,不尔损肠胃。亦有烧存性者。生漆毒烈。人以鸡子和服之去虫,犹自啮肠胃者。毒发,饮铁浆煎黄栌汁、甘豆汤、蟹并可制之。因漆气成疮肿者,杉木汤、紫苏汤、漆姑草汤、蟹汤浴之良。又嚼蜀椒涂口鼻,可避漆气。

【诠释】

〔一〕漆,一作桼,又称柒、山漆,系漆树科落叶乔木,学名 *Rhus verniciflua*。叶为奇数羽状复叶,有小叶 9~13 片,椭圆形或卵状披针形全缘。六月间开小花,黄绿色,排列成复总状花序。果实为核果,扁平而歪。漆树皮内割出之树脂即漆,可供髹物用。漆树是我国原产,漆是我国的发明之一,《尚书》中已有漆的记载。

〔二〕榎,楸之一种,细叶者称榎。

23. 棕榈〔一〕

一名栟榈,俗作棕䯀,皮中毛缕如马之鬃䯀〔二〕,故名。出岭南西川,今江南亦有。种之最难长。初生叶如白及〔三〕叶长,高二、三尺,则木端数叶大如扇,上耸四散岐裂。大者高一、二丈,叶有大如车轮者。其茎三棱,棱边如刺。四时不凋。干正直无枝,近叶茎处有皮裹之。每长一层即为一节。干身赤黑,皆筋络,可为钟杵,亦可旋为器物。其皮有丝毛,错综如织,剥取缕解,可织衣帽、褥椅、钟盖之属,大为时利。每岁必两三剥之,否则树死或不长。剥之多亦伤树。三月于木端茎中出数黄苞,苞中有细子成列,乃花之孕也,状如鱼腹孕子,谓之棕鱼,亦曰棕笋。渐长,出苞则成花穗,黄白色。结实累累,大如豆,生黄熟黑,甚坚实。木有二种。一种有皮丝可作绳。一种小而无丝,惟叶可作帚,以为王篲〔四〕者非。

〔**附录**〕榈木。性坚,紫赤色,似紫檀。亦有花纹者,谓之花榈。木可作器皿、床几、扇骨诸物。俗作花梨者非。出安南及南海。辛温而热。治产后恶露冲心、症瘕结气、赤白漏下,剉煎服,破血块冷嗽,煮汁温服。

【诠释】

〔一〕棕榈,古亦作椶榈,学名 *Trachycarpus fortunei*,系棕榈科常绿乔木。高约 7 米,生于暖地。名见《嘉祐本草》。直茎立,无枝,为叶鞘形成的棕衣所包。叶集生于茎顶,多分裂,叶柄有细刺。初夏茎顶自叶腋生分枝的花穗,着生多数黄色小花,有大苞,花被 6 片,雌雄异株。雄花有 6 雄蕊,雌花 1 雌蕊。多栽培供观赏用。木材坚重,可制床柱、木梳、扇骨等。

〔二〕鬃鬣,马颈上的毛。鬃同騌,一作騣。鬣,毛。

〔三〕白及,一作白芨,系兰科多年生草本,学名 *Bletilla hyacinthina*。叶长,阔寸许,广披针形,有平行脉。名见《本草》。

〔四〕王篲,原注:"王篲乃落帚之别名,即地肤也。" 按地肤系藜科一年生草本,学名 *Kochia scoparia*。叶狭长披针形,全缘。夏日叶腋开淡绿小花。茎枝可作扫帚。名见《本草》。

24. 藤 [一]

　　有大小数种,皆依附大木蟠曲而上。紫藤 [二],细叶,长茎如竹,根极坚实,重重有皮,花白子黑。置酒中二、三十年不腐败。榼藤 [三],依树蔓生,子黑色,三年方熟,一名象豆。壳贮药不坏,解诸药毒。钟藤植弱,须缘树作根。藤既缠裹,树即死,且有恶汁能令树速朽。

【诠释】

〔一〕藤,为藤类植物之总称。茎干细长,不能直立,匍匐地面或攀附他物生长,植物学称为藤本植物。

〔二〕紫藤,别名黄环(《植物名实图考》)、招草藤《本草拾遗》),系豆科木质藤本,学名 *Wisteria sinensis*,叶为奇数羽状复叶,小叶 7~13 片。春季开花,花蝶形,紫色,变种为白色,总状花序,稍有芳香。花穗及种子可为食用及药用。但食时必须煮熟,否则有微毒。花供观赏。

〔三〕榼藤,系豆科木质藤本,名见《开宝本草》。叶互生,二回羽状复叶,顶端有卷须。果实为大型荚果,长 0.7~1 米。种子形大,极坚硬,呈灰褐色。又有榼子、合子等名,学名 *Entada phaseoloides*。

群芳谱诠释之十

*

花　谱

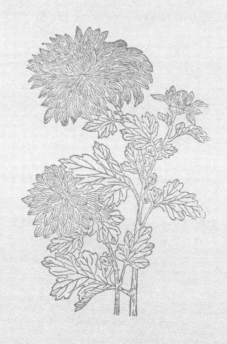

花谱小序

大抵造化清淑精粹之气,不钟于人,即钟于物。钟于人,则为丽质。钟于物,则为繁英。试观朝华之敷荣,夕秀之竞爽,或偕众卉而并育,或以违时而见珍。虽艳质奇葩,未易综揽,而荣枯开落,辄动欣戚。谁谓寄兴赏心,无关情性也。作花谱。

济南王象晋荩臣甫题

花谱首简（选释者改写）

原《花谱》在首简中的"卫花"、"雅称"、"花神"、"花姑"、"奇偶"、"花异"、"餐花"、"花毒"诸篇,有些迂腐、甚至含有迷信成分的内容。现改写如下；

《花谱》记述的花可酌分木本花及草本花两种。

（一）草本花可按其生长特性,分为以下四类：

i. 一年生草本花：在播种当年内开花,当年枯死。例如向日葵、牵牛花、百日草、一串红、千日红、鸡冠花、凤仙花等。

ii. 二年生草本花：在播种当年大部分不开花（即使开花,也不如第二年开的花有价值）,到了翌年才开花。一般是秋季播种,翌年春、夏开花,然后枯死。例如矢车菊、三色堇、雏菊、虞美人、花菱草、金盏花、金鱼草、石竹类等。

iii. 宿根类草本花（或多年生草本花）：在播种以后，年年从地面部分之茎或地下根发生新芽，生长、开花。其生育期间在二年以上。不耐寒性宿根类草本花有秋海棠、入腊红、蓬蒿菊、松叶菊、扶郎花等，耐寒性宿根类草本花有菊花、美女樱等。

iv. 球根类草本花：其地下根部为球形、块形、鳞形等不同形状，种植期也不一样。例如，春植球根类草本花有唐菖蒲、鸢尾、夜来香、美人焦、大丽菊等，秋植球根类草本花有风信子、百合、郁金香、水仙等。

（二）木本花类有：毛茛科落叶灌木牡丹花；石南科杜鹃属灌木杜鹃花、山踯躅、映山红、落叶灌木莲花踯躅，蔷薇科蔷薇属的灌木蔷薇花、海棠花、木香花、玫瑰花、月季花，七姐妹、酴醾花等；山茶科的常绿灌木山茶花、海红花等；金粟兰科的矮性灌木的珠兰；木犀科的小灌木桂花及茉莉花、迎春花；虎耳花科的落叶灌木秀球花（八仙花）；夹竹桃科的常绿灌木夹竹桃及黄夹竹桃花；瑞香科的常绿灌木瑞香花；豆科的蔓性缠络植物紫藤花、落叶乔木紫荆花；蜡梅科的灌木状植物蜡梅花；蔷薇科落叶小乔木梅花；木兰科的小乔木玉兰花（木兰花），亦称白兰花；芸香科的常绿花木代代花；千屈菜科的灌木紫薇花；茜草科的常绿灌木栀子花。

至于栽花的土壤，以种植蔬菜或花草经过 2~3 年之后成为黑色而轻松的土壤为宜，这是最普通的培养土。含有八分砂泥、二分粘土的称为砂土，此种土壤一般作为扦插、播种之用。含有六分粘土、四分砂泥的称为植土，此种土壤为栽培蔷薇、月季、睡莲等不可缺少的土壤。另外有一种山泥，可栽培兰花、万年青等植物。腐殖土壤或腐叶土为富含腐熟植物体的轻松肥沃土壤,空气流通及排水较好,最适于草本花类的栽培。上述各种土壤可按各种花卉的习性来配制,并适当加入堆肥、牛粪、化肥等。

　　一般农作物与花卉所需的养分都含有氮、磷、钾三要素以及其他一些成分。i. 氮肥:主要作用是使叶、茎长得茂盛,着花率高,花轮又大。例如人粪尿、硫酸铵、智利硝石等。ii. 磷肥:主要作用是使茎、叶充实,花色鲜艳,结实饱满。例如过磷酸石灰、米糠、骨粉、鸡粪等。iii. 钾肥:主要作用是使茎、叶、根生长得健壮,增加对病虫害与寒热的抵抗力,也可以增加花卉的香味。例如稻草灰、草木灰、硫酸钾等。市内的人粪尿,可以将小孩的粪尿放在各种瓶罐容器内密封,经过 1~2 星期的腐烂,就可以掺水使用了。人粪尿必须用腐熟的,新鲜的切不可用。

　　盆栽:植于盆内以供观赏的花草很多,一般都是用排水良好而肥沃的土壤来栽培。花草用盆必须是排水良好的素烧盆,此外也有用木盆、水泥盆、石头盆者。但从植物生育以及经济条件、工作方便等方面来看,仍以素烧盆为宜。

　　(一)上盆　按花草的大小,取适当大小的盆,以瓦片盖其底孔,盛入粗粒土少许,再装细粒土至半盆,乃取苗栽入盆中。用左手扶正以后,用右手加入细土,至离盆面约 1~2 厘米处为止。然后镇压,再用细孔的喷水壶浇水,或将盆底浸于水中,使水自底孔浸入亦可。盆栽须注意以下各项:i. 旧盆使用前要洗清洁。ii. 新的素烧盆须浸于水中充分湿润后方可使用,因新盆多干燥,能吸收多量的水分,会影响盆植花草的生长。iii. 盆的大小须与花草的大小相称。iv. 盆植所用的土壤,务须配制恰当,能适合花草习性的需要。

（二）换盆　一般宿根类花草到了冬季至春季须进行换盆。换盆前一两天浇一次水,使盆里土壤不干不湿(容易操作)。用右手将盆边土壤按动 2~3 次后,用左手按住盆面表土向下倒,以右手拇指从底孔推动盆里土壤,则可将植株从原盆中倒出。倒出之后,适当剪除一些根须及老弱枝条,再按上述方法栽入新盆,加入新的培养土。以后的养护可按各种花草的特性来进行。

花卉繁殖法:花卉的繁殖方法大致可分为有性繁殖与无性繁殖两种。

（一）有性繁殖　如实生繁殖,就是用植物的种子播种。可分为春播与秋播。所用的种子必需选新鲜而充实的,否则发芽率比较差。

（二）无性繁殖　利用植物体的一部分营养器官来繁殖的称为无性繁殖。无性繁殖有分株、扦插、嫁接、压条等方法。

i. 分株:把一株植物分为几株(分株时须带根),主要用于宿根类。例如芍药、兰花、牡丹等。

ii. 扦插:利用带新芽的稍硬化的枝条繁殖称为扦插。木本和草本花卉,都可以进行扦插。例如菊花、秋海棠、入腊红、一串红、万寿菊、多肉植物、月季花、白杨、柳树等。扦插又可分为叶插、枝插、芽插等。具体方法在各花项内说明。

iii. 嫁接:用野生或劣种的品种作为砧木,其上嫁接优良品种的枝或芽作接穗。例如茶花、牡丹等。具体方法在牡丹项内说明。

iv. 压条:有两种方法。一种是将割伤皮层的枝条埋在土壤里,使其割伤部发根。例如桂花、月桂等。另一种是剪掉离根部

15~30 厘米以上的枝条,使之分生出更多的枝条,其上堆盖土壤（象馒头形）,使分出的枝条生根。例如木莲,天竹等。或将割伤一部分的枝条,包子青苔内,使它从割伤部发根。例如石榴、橡皮树、蔷薇、无花果等。

浇水:浇水须按花卉的种类与季节来进行。一般盆花在春季每日浇水一次。遇霉雨季节,对浇水与施肥要加以控制,按干湿的程度来进行浇水。夏季每日浇水两次（上午 10 时前一次,下午 4 时后一次）。秋季每日一次。冬季每过两、三日浇水一次,最好在上午 10 时至下午 2 时之间进行,不致受冻。所用之水,无论冬夏都不宜寒冷,须先将水贮藏于贮水池或容器中,令受日光,然后再浇。又温室花草之浇水与一般有所不同,因为温室的气温都保持在 40 华氏度以上,浇水也要按植物的性质与干湿程度来进行,不一定两、三日一次,可能要每日浇水。

病虫害防治:花卉的病虫害种类很多。从病害来说,有各种斑叶病（在叶子表面上显出黑色或褐色的斑点）、立枯病（在久雨或阴湿时幼苗往往倒伏）、萎缩病（茎叶逐步萎缩）、白绢病（根与球根发生丝状的菌丝,使根部腐烂）、白粉病（叶或新梢里发生白色粉状物,象面粉散在叶上）等等。可以用波尔多液、硫酸铜、石灰乳（农业上用的生石灰与水溶解）等药剂防治。花卉的虫害也不少,例如蚜虫（密生在叶上与新梢上,吸其汁液,并能分泌出一种毒素,使花苗死亡）、地蚤（为害草花的叶、茎及根部）、介壳虫（主要密生在茎、叶,吸取养分及植物汁）、各种尺蠖、青虫、毛虫（都吃叶）等等。这些害虫可用烟草水、鱼藤精、硫磺合剂、松脂合荆、砒酸铅等药剂防除。

采集种子：采集花草种子的方法，依各种类别而有所不同，一般是在完全成熟以前进行采集。但有花期较长的总状花序的花卉，例如一串红、花千屈菜、毛地黄、金鱼草等等，种子成熟以后自然裂开而掉落，因此，要从花梗下部将先成熟的种子先行采收，陆续采集。上部的种子不如下部的结实而壮大，故上部种子最好不要采收作种。对有弹性的种子，采集时可用纸作成纸袋套于花梗上，剪掉花梗，这样种子裂开可飞落在纸袋内，例如三色堇、凤仙花、松叶菊等。

采种时，务须选择优良纯种而且结实饱满的种子。采集以后，放在通风良好的半阴处，使种子干燥后熟，切不可在强烈直射的阳光下晒干。干燥后用筛子除掉杂物，然后贮藏于干燥阴凉处。贮藏时最好保持一定的温度，大约 50~60 华氏度较为理想，最低也不能低于 40 华氏度。

花　信

二十四番花信：一月两番，阴阳寒暖各随其时。但先期一日有风雨微寒即是。梁元帝《纂要》。一月二气六候，自小寒至谷雨，凡二十四候，每候五日，一花之风信，应小寒：一候梅花，二候山茶，三候水仙；大寒：一候瑞香，二候兰花，三候山矾；立春：一候迎春，二候樱桃，三候望春；雨水：一候菜花，二候杏花，三候李花；惊蛰：一候桃花，二候棠棣，三候蔷薇；春分：一候海棠，二候梨花，三候木兰；清明：一候桐花，二候麦花，三候柳花；谷雨：一候牡丹，二候荼蘼，三候楝花。过此则立夏矣。《花木杂考》。

花　谱

1. 海棠

　　有四种,皆木本。贴梗海棠,丛生,花如胭脂。垂丝海棠,树生,柔枝长蒂,花色浅红。又有枝梗略坚、花色稍红者,名西府海棠。有生子如木瓜可食者,名木瓜海棠。海棠盛于蜀,而秦中次之。其株翛然出尘,俯视众芳,有超群绝类之势。而其花甚丰,其叶甚茂,其枝甚柔,望之绰约如处女,非若他花冶容不正者比。盖色之美者,惟海棠,视之如浅绛外,英英数点,如深胭脂,此诗家所以难为状也。以其有色无香,故唐相贾耽著《花谱》,以花中神仙。南海海棠枝多屈曲有刺如杜梨,花繁,盛开稍早,四季花灌生,花红如胭脂,无大木即贴梗,又曰祝家桃花,同西府跗微坚。一种黄者木,性类海棠,青叶微圆而深,光滑不相类,花半开鹅黄色,盛开渐浅红矣。又贴梗海棠,花五出,初极红如胭脂点点然,及开则渐成缬晕,至落则若宿妆淡粉矣。叶间或三或五蕊如金粟,须如紫丝。实如梨,大如樱挑,至秋熟可食,其味甘而微酸。

　　栽接:海棠性多类梨,核生者十数年方有花,都下接工,多以嫩枝附梨而赘之,则易茂。种宜垆壤膏沃之地。贴梗海棠,腊月于根傍开小沟,攀枝着地,以肥土壅之,自能生根,来年十月截断,二月移栽。樱桃接贴梗,则成垂丝。梨树接贴梗,则成西府。又春月取根侧小本种之亦易活,或云以西河柳接亦可。海棠色红,接以木瓜则色白。亦可以枝插,不花取已花之木纳于根跗间,即花。花谢结子,剪去,来年花盛而无叶。

浇灌:《琐碎录》:海棠花欲鲜而盛,于冬至日早以糟水浇根下,或肥水浇,或盦过麻屑粪土壅培根下,使之厚密。才到春暖,则枝叶自然大发,着花亦繁密矣。一云:此花无香而畏臭,故不宜灌粪。一云:惟贴梗忌粪,西府、垂丝亦不甚忌,止恶纯浓者耳。

插瓶:薄荷包根或以薄荷水养之,则花开耐久。

〔附录〕秋海棠。一名八月春,草本,花色粉红甚娇艳,叶绿如翠羽。此花有二种,叶下红筋者,为常品。绿筋者,开花更有雅趣。性好阴而恶日,一见日即瘁。喜净而恶粪,宜盆栽寘南墙下,时灌之。枝上有种,落地明年自生根,夏便开花。四围用碎瓦铺之,则根不烂。老根过冬者,花更茂。旧传,昔有女子怀人不至,泪洒地遂生此花。色如美妇面,甚媚,名断肠花。浸花水饮之害人。于念东云,秋海棠喜阴生又宜卑湿,茎岐处作浅绛色,绿叶文似朱丝,婉媚可人不独花也。

【诠释】

贴梗海棠为蔷薇科木瓜属,学名 *Chaenomeles lagenaria*,原产我国,为著名园景植物。花色有大红、粉红、乳白等,且有重瓣及半重瓣形状。

垂丝海棠亦原产我国,学名 *Malus halliana*。树势婆娑,枝下垂成带状,花色红艳美丽,以往文人对它极为欣赏,是花中的名品,变种有重瓣及白色等。

普通海棠为落叶乔木,学名 *Malus spectabilis*,多用山荆子为砧木,花色美丽。果实味甘微酸,供生食及作蜜饯。

西府海棠学名 *Malus micromalus*。叶质稍厚。四月间枝梢叶腋出花梗,着生数花,排列成伞形花序,花冠 3 瓣,淡红色。果实球状。

2. 紫薇

一名百日红,一名怕痒花,一名猴刺脱。树身光滑,花六瓣,色微红紫,皱蒂长一、二分,每瓣又各一蒂,长分许,蜡跗茸,萼赤,茎叶对生,一枝数颖,一颖数花。每微风至,妖娇颤动,舞燕惊鸿,未足为喻,人以手爪其肤,彻顶动摇,故名怕痒。四、五月始花,开谢接续,可至八、九月,故又名百日红。省中多植此花,取其耐久且烂熳可爱也。紫色之外,又有红白二色。其紫带蓝焰者,名翠薇。

栽种:以二瓦或竹二片,当叉处套其枝,实以土,俟生根分植。又春月根旁分小本,种之最易生。此花易植易养,可作耐久交。

【诠释】

紫薇是千屈菜科落叶灌木或乔木,学名 *Lagerstroemia indica*。

"紫薇"品名系本谱首先著录。夏日枝梢开花,排列成圆锥花序,萼球形,6裂,花瓣微皱缩,紫红色、淡红色或白色,花期很长。果实为广椭圆形的蒴果。

3. 玉蕊花

所传不一。唐·李卫公以为琼花,宋·鲁端伯以为玚花,黄山谷以为山矾,皆非也。宋·周必大云:"唐人甚重玉蕊花,故唐昌观有之,集贤院有之,翰林院亦有之,皆非凡境也。"予自招隐寺远致一本,蔓如荼蘼,冬凋春荣,柘叶紫茎,花苞初甚微,经月渐大,暮春方八出须,如冰丝上缀金粟,花心复有碧筒,状类胆瓶,其中别抽一英,出众须上,散为十馀蕊,犹刻玉然,花名玉蕊乃在于此。宋子京、刘原父、宋次道博洽无比,不知何故,疑为琼花。

【诠释】

现名西番莲(*Passiflora caerulea*),又叫紫西番莲,为西番莲科常绿缠绕植物,有卷须,叶掌状5~7深裂,在寒冷地方冬季叶片亦凋落。另有甜西番莲(*Passiflora ligularis*)及黄西番莲(*Passiflora lutea*)。花单生,花瓣披针状,约与萼片等长。夏月正午开花,外瓣白色,内部有细须(副冠的丝状体)多瓣,有浓紫色及紫色。雄蕊之药可转动,形状稍似时辰表,故又名"时计果"或"转心莲"。名见《植物名实图考》。原产巴西,栽培供观赏。另种鸡蛋果(*Passiflora edulis*),叶深3裂,花白色,果实卵形,长5~7.5厘米,熟时深紫色,可供食用。亦原产于巴西,我国有栽培。

4. 玉兰花

　　九瓣,色白微碧,香味似兰,故名。丛生,一干一花,皆着木末,绝无柔条,隆冬结蕾,三月盛开。浇以粪水,则花大而香。花落从蒂中抽叶,特异他花。亦有黄者,最忌水浸。

　　接插:寄枝用木笔体。与木笔并植,秋后接之。

　　制用:花瓣择洗净,拖面麻油煎食至美。

【诠释】

　　玉兰原产我国,系木兰科落叶乔木,学名 *Magnolia denudata*。形状与木兰相似,高 6~7 米。叶大,倒卵形,全缘,互生。花大,花盖 9 片,倒卵形,白色而厚,微带绿,有香气。这种植物系供观赏用。本谱首先著录。

5. 木兰

　　一名木莲,一名黄心,一名林兰,一名杜兰,一名广心。树似楠,高五、六丈,枝叶扶疏。叶似菌桂,厚大无脊,有三道纵纹。皮似板桂,有纵横纹。花似辛夷,内白外紫。四月初开,二十日即谢,不结实。亦有四季开者,又有红、黄、白数色。其木肌理细腻,梓人所重。十一、二月采皮阴干。出蜀、韶、春州者各异。木兰洲在浔阳江,其中多木兰。

【诠释】

原产我国,系木兰科落叶乔木,本谱已著录为"玉兰",学名 *Magnolia liliflora*。* 叶大,倒卵形,互生。晚春新叶之间,枝梢苞开而出花。花大,外面暗紫色,内面淡紫色,花瓣长,倒卵形,殆如直立的花朵。又名"杜兰"、"玉兰"、"木莲",供观赏用。花瓣可供食用。木材坚硬,致密,可制器物。

6. 辛夷

一名辛雉,一名侯桃,一名木笔,一名望春,一名木房,生汉中、魏兴、梁州川谷。树似杜仲,高丈馀,大连合抱。叶似柿叶而微长,花落始出。正、二月花开,初出枝头,苞长半寸而尖锐,俨如笔头,重重有青黄茸毛顺铺,长半分许。及开,似莲花而小如盏,紫苞红焰,作莲及兰花香,有桃红及紫二色,又有鲜红似杜鹃,俗称红石荠是也。入药用紫者,须未开收,已开不佳。用须去毛,毛射人肺令人咳。花落无实。夏秒复着花如小笔。宋掌禹锡云:"苑中有树,高三、四丈,枝叶繁茂,系兴元府进。初仅三、四尺,有花无实,经二十馀年方结实,盖年浅者不实,非二种也。"至花开早晚,各随方土节气。

---

*编者注:此拉丁名对应的是紫玉兰,也即下条所言之辛夷。按紫玉兰为灌木,与选释者所言之"落叶乔木"完全不同,但下文描述其花朵形态颜色,确为紫玉兰,未知选释者何以混淆? 又上条诠释言玉兰"形状与木兰相似",本条诠释言"本谱已著录为'玉兰'",相互矛盾,未知何故。疑选释者所言本指二乔玉兰 *Yulania × soulangeana*。

苞治鼻渊、鼻鼽[*]、鼻塞、鼻疮及痘后鼻疮,并研末入麝小许,葱白蘸入数次,甚良。分根傍小株插肥湿地即活,本可接玉兰。

【诠释】

辛夷一名木笔,系木兰科大灌木。原产我国中部,是最普通的园景树,并可用作玉兰的砧木。5 月间开花,花大型,有绿色萼片 3 枚,细而短。花瓣 6 片,外面紫色,里面白色,无香气。

* 鼽,音求。

7. 紫荆

一名满条红。丛生,春开紫花,甚细碎,数朵一簇,无常处,或生本身之上,或附根上,枝下直出花。花罢叶出,光紧微圆,园圃庭院多植之。花谢即结荚,子甚扁。味苦平无毒。皮、梗、花气味功用并同,能活血消肿,利小便,解毒。

种植:冬取其荚,种肥地,春即生。又春初取其根傍小条栽之即活。性喜肥恶水。

制用:花未开时采之,滚汤中焯过,盐渍少时,点茶颇佳。或云花入鱼羹中食之杀人,慎之。

【诠释】

紫荆系豆科紫荆属落叶乔木,学名 *Cercis chinensis*。春月先叶节节攒簇生花,花为蝶形花冠,红紫色。名见《开宝本草》。

8. 山茶

一名曼陀罗树,高者丈馀,低者二、三尺,枝干交加。叶似木樨,硬有稜,稍厚,中阔寸馀,两头尖,长三寸许,面深绿光滑,背浅绿,经冬不脱。以叶类茶,又可作饮,故得茶名。花有数种,十月开至二月。有鹤顶茶、大如莲,红如血,中心塞满如鹤顶,来自云南曰滇茶。玛瑙茶、红、黄、白、粉为心,大红为盘,产自温州。宝珠茶、千叶攒簇,色深,少态。杨妃茶、单叶,花开早,桃红色。焦萼白宝珠、似宝珠而蕊白,九月开花,清香可爱。正宫粉、赛宫粉、皆粉红色。石榴茶、中有碎花。海榴茶、青蒂而小。菜榴茶、踯躅茶、类山踯躅。真珠茶、串珠茶。粉红色。

又有云茶、磬口茶、茉莉茶、一捻红、照殿红、千叶红、千叶白之类,叶各不同。不可胜数。就中宝珠为佳,蜀茶更胜。《虞衡志》云广州有南山茶,花大,倍中州,色微淡。叶薄有毛,结实如梨,大如拳,有数核如肥皂子大。红花为末,入姜汁童便酒调服,治吐血、衄血、下血,可代郁金,为末蔴油调,涂汤火伤灼。

栽接:春间腊月皆可移栽。四季花寄枝宜用木体,黄花香寄枝宜用茶体,若用山茶体,花仍红色。白花寄枝同上。一种玉茗,如山茶而色白,黄心绿萼。磬口花、邕口花宜子种。以单叶接千叶者则花盛树久。以冬青接,十不活一。

【诠释】

普通简称茶花,系山茶科常绿花木,原产我国云南、四川、广东、福建、湖南各地山中，现在还有野生山茶树，学名 *Camellia japonica*，名见《本草纲目》。可用二年生枝，切成短段，只留两叶扦插，或用空中压条及切接法繁殖。

叶革质，卵形或椭圆形，上面光滑，边缘有细齿。冬春开花，花大型，常大红色。园艺上品种很多，有单瓣、重瓣，花色红、白不一。原产于我国云南一带，朝鲜、日本亦有。久经栽培，为著名观赏植物。种子榨出的油，可供食用和工业用。中医以花入药，性寒味苦，功能凉血止血，主治吐血、便血等症。

9. 栀子

一名越桃，一名鲜支。有两三种，处处有之。一种木高七、八尺，叶似兔耳厚而深绿。春荣秋瘁，入夏开白花，大如酒杯，皆六出，中有黄蕊，甚芬香。结实如诃子状，生青熟黄，中仁深红，可染缯帛、入药用。山栀子皮薄，圆小如鹊脑房七棱至九棱者佳。一种花小而重台者，园圃中品。一种徽州栀子，小枝小叶小花，高不盈尺，可作盆景。《货殖传》曰："栀茜千石亦比千乘之家，或云此即西域之檐葡花。"檐葡，金色，花小而香，西方甚多，非栀也。此花喜肥，宜粪浇，然太多又生白虱，宜酌之。

栽种：带花移易活。芒种时穿腐木板为穴，涂以泥污，剪其枝插板穴中，浮水面，候根生，破板密种之。或梅雨时以沃壤一团，插嫩枝其中，置松畦内，常灌粪水，候生根移种亦可。荼䕷、素馨皆同。千叶者用土压其傍小枝，逾年自生根。十月内选子淘净,来春作畦种之,覆以粪土,如种茄法。

【诠释】

系茜草科栀子属常绿灌木,名见《本草经》。《植物名实图考》作"山栀子",《宁波府志》《嘉应州志》均作"黄栀子"。又有"乔丹"、"鲜支",等名,学名为 *Gardenia jasminoides*。

10. 合欢

一名宜男,一名合婚,一名合昏,一名青棠,一名夜合,处处有之。枝甚柔弱,叶纤密。圆而绿,似槐而小,相对生,至暮而合。枝叶互相交结,风来辄解不相牵缀。五月开花,色如醮晕线,下半白,上半肉红,散垂如丝,至秋而实,作荚子,极薄细,花中异品也。树之庭阶,使人释忿恨。根侧分条艺之,子亦可种。主安和五脏,利心志,令人欢乐。或以百合当夜合者误。

【诠释】

合欢为豆科合欢属落叶乔木,学名为 *Albizia julibrissin*。叶为二回偶数羽状复叶,由多数小叶合成。小叶形小,夜间闭合。夏日枝梢出花梗着花,呈红色,萼和花瓣短小,有多数细长的雄蕊。名见《本草经》。又有"青裳"、"萌葛"等名。《植物名实图考》载:"合欢即'马缨花',京师呼为'绒树',以其花似绒线,故名。"

11. 木芙蓉

灌生,叶大如桐,有五尖及七尖,冬凋夏茂。一名木莲,一名华木,一名拒霜花,一名榇木,一名地芙蓉。有数种,惟大红千瓣白千瓣、半白半桃红千瓣、醉芙蓉、朝白午桃红晚大红者佳,甚黄色者种,贵难得。又有四面花、转观花,红白相间。八、九月间,次第开谢,深浅敷荣,最耐寒而不落,不结子。总之,此花清姿雅质,独殿众芳,秋江寂寞,不怨东风,可称俟命之君子矣。欲染别色,以水调靛纸蘸花蕊上仍裹其尖,开花碧色,五色皆可染。种池塘边,映水益妍。气味辛平无毒。清肺、凉血、散热、解毒,消肿毒恶疮,排脓止痛有殊效。俗传叶能烂獭毛。

种植:十月花谢后,截老条长尺许,卧置窖内无风处,覆以干壤及土。候来春有萌芽时,先以硬棒打洞,入粪及河泥,浆水灌满,然后插入,上露寸馀,遮以烂草即活,当年即花。若不先打洞,伤其皮即死。

【诠释】

木芙蓉原产我国,是锦葵科木槿属落叶灌木或亚乔木,学名 *Hibiscus mutabilis*。《本草纲目》注云:"此花艳如荷花,故有芙蓉、木莲之名。"叶大,呈掌状,叶背密被茸毛。花有单瓣和重瓣之分。早晨开花时,花色白,及午即渐渐变红,至下午变为深红,故有醉酒芙蓉之称。其花色之所以多变,是由于花初开时,花瓣中所含的主要是无色花青素和一些黄色素,因此花呈乳白而稍带黄色。开花以后,如果天气晴朗,阳光充足,则花青素产生较快,随着气温升高,植物呼吸加快,花瓣中的酸性逐渐增加,使花青素呈红色,木芙蓉花也随之转红,并且越变越红,直至变成紫红色。其花色的变化和温度有密切关系:在骄阳似火的夏季,气温高,花色变化就快;秋风送爽的天气,变色就慢。

12. 木槿

　　一名椵,一名櫬,一名蕣,一名玉蒸,一名朱槿,一名赤槿,一名朝菌,一名日及,一名朝开暮落。花木如李,高五、六尺,多岐枝,色微白,可种可插。叶繁密,如桑叶光而厚,末尖而有桠齿。花小而艳,大如蜀葵,五出,中蕊一条,出花外,上缀金屑,一树之上日开数百朵,有深红、粉红、白色,单叶、千叶之殊,朝开暮落,自仲夏至仲冬开花不绝。结实轻虚,大如指顶,秋深自裂。其中子如榆荚、马兜铃之仁。嫩叶可数,作饮代茶。味平滑无毒。治肠风下血、痢后热渴、肿痛、疥癣,润燥活血,除湿热,利小便,妇人赤白带下。小儿忌弄,令病疟,俗名疟子花。

　　扦插:二、三月间新芽初发时截作段,长一、二尺,如插木芙蓉法即活。若欲插篱,须一连插去,若少住手,便不相接。

【诠释】

　　木槿系锦葵科落叶小乔木,学名 *Hibiscus syriacus*,小亚细亚原产。高约 2.7~3 米。叶楔状卵形,往往有 3 浅裂,边缘有齿牙。6~7 月间开花,淡红色,又有淡紫色、白色或重瓣等变种。果实为蒴果。叶除可代茶外,并可用以沐发。花烹调可作汤。

13. 扶桑木

高四、五尺,产南方,枝叶婆娑。叶深色,光而厚,微涩如桑花,有红、黄、白三色,红者尤贵。又朱槿、赤槿、日及等名,以此花与木槿相仿佛也。叶及花性甘平无毒。

【诠释】

扶桑,名见《本草纲目》,普通称大红花,学名 *Hibiscus rosa-sinensis*,系常绿小灌木。茎高 1 米许。叶卵形,先端尖锐,边缘有锯齿。夏秋间,叶腋生花,红色,另有白色、黄色和重瓣等变种。萼下有线形小苞 6~7 片。果实为球形蒴果。栽培于庭园间,可为盆景,亦可供作绿篱栽培。

14. 蜡梅

小树丛枝尖叶,木身与叶类桃而阔大尖硬,花亦五出,色欠晶明。子种者经接过花疏,虽盛开,常半含,名磬口梅,言似磬之口也。次曰荷花。又次曰九英。又有开最先,色深黄如紫檀,花密香浓,名檀香梅,此品最佳,香极清芳。殆过梅不以形状贵也,故难题咏。此花多宿叶结实如垂铃,尖长寸馀,子在其中。

　种植:子既成,试沉水者种之。秋间发萌放叶,浇灌得宜,四、五年可见花。一法取根旁自出者分栽,易成树。子种不经接者,花小香淡,名狗蝇梅,品最下。

【诠释】

　蜡梅属蜡梅科,学名 *Chimonanthus praecox*。全体成灌木状,高达 3 米左右。枝密花繁,花之直径约 2 厘米,呈杯状,多向下方或横侧而开,无向上开者。萼片与花瓣之区别不明。萼片之在内侧者,广大如花瓣状,呈淡黄色,颇有光泽。花富芳香。原产华中地区,性稍喜寒冷。品种有檀香蜡梅,素心蜡梅等。据《本草》记载,蜡梅花味辛甘性平。经分析,蜡梅含挥发油、蜡梅碱和异蜡梅碱等,功能凉血、清热、解毒,理气、活血、生肌,多用于治疗麻疹及风火喉痛。蜡梅浸油,也可治疗烫伤。

15. 绣毬

　木本皴体,叶青色微带黑而涩。春月开花,五瓣,百花成朵,团圞如毬,其毬满树。花有红、白二种,宜寄枝,用八仙花体。

【诠释】

　绣毬花亦称紫阳花,学名 *Hydrangea macrophylla*,系虎耳草科之落叶灌木。高 1.7 米。叶对生,呈椭圆形,有光泽。花开于枝顶,成聚伞花序,现红、白、青等色,全体为球状。萼片4枚,呈花瓣状,甚美丽。

16. 夹竹桃

　　花五瓣,长筒,瓣微尖,淡红,娇艳类桃花,叶狭长类竹,故名夹竹桃。自春及秋逐旋继开,妩媚堪赏。性喜肥,宜肥土盆栽,肥水浇之则茂。何无咎云,温台有丛生者,一本至二百馀干,晨起扫落花盈斗,最为奇品。性恶湿而畏寒。九月初宜置向阳处,十月入窖。忌见霜雪。冬天亦不宜大燥,和暖时微以水润之,但不可多,恐冻。来年三月出窖,五、六月时配白茉莉,妇人簪髻娇袅可挹。

　　栽种:四月中,以大竹管分两瓣合嫩枝,实以肥泥,朝夕灌水,一月后便生白根,两月后即可剪下另栽。初时用竹帮扶,恐摇动。一、二月后新根扎土便不须用此物,极易变化。

【诠释】

　　夹竹桃系夹竹桃科常绿灌木,原产波斯(伊朗),学名 *Nerium indicum*,本谱已著录。又名柳叶桃,见《花历百咏》。叶线状披针形,花玫瑰红色或白色,通常重瓣,有芳香。花冠附属器为细长裂片。我国栽培甚久,主要供观赏用。

　　另有黄花夹竹桃,学名 *Thevetia peruviana*。枝条微垂,富含乳液。叶互生,线状披针形,边缘下卷,表面有光泽。夏秋开花,花大黄色,有香气,聚伞花序,顶生。核果扁三角形,熟时黑色。扦插繁殖。华南和台湾都有分布,供观赏用。种子有毒,含黄花夹竹桃素,有强心作用;又可榨油,供生产肥皂、杀虫药剂或鞣草用油,油粕可作肥料。

17. 牡丹

一名鹿韭,一名鼠姑,一名百两金,一名木芍药。秦汉以前无考。自谢康乐始言永嘉水际竹间多牡丹,而北齐杨子华有画牡丹,则此花之从来旧矣。唐开元中,天下太平,牡丹始盛于长安。逮宋惟洛阳之花为天下冠,一时名人高士,如邵康节、范尧夫、司马君实、欧阳永叔诸公,尤加崇尚,往往见之咏歌。洛阳之俗,大都好花,阅《洛阳风土记》可考镜也。天彭号小西京,以其好花有京洛之遗风焉。大抵洛阳之花,以姚魏为冠。姚黄未出,牛黄第一;牛黄未出,魏花第一;魏花未出,左花第一。左花之前,惟有苏家红、贺家红、林家红之类。花皆单叶,惟洛阳者千叶,故名曰洛阳花。自洛阳花盛,而诸花诎矣。嗣是岁益培接,竞出新奇,固不特前所称诸品已也。性宜寒畏热,喜燥恶湿。得新土则根旺,栽向阳则性舒。阴晴相半,谓之养花天。栽接剔治,谓之弄花。最忌烈风炎日。若阴晴燥湿得中,栽接种植有法,花可开至七百叶,面可径尺。善种花者,须择种之佳者种之。若事事合法,时时着意,则花必盛茂,间变异品,此则以人力夺天工者也。其花有:

姚黄、花千叶,出民姚氏家,一岁不过数朵。禁院黄、姚黄别品,闲淡高秀,可亚姚黄。庆云黄、花叶重复,郁然轮困,以故得名。甘草黄、单叶,色如甘草,洛人善别花,见其树,知为奇花,其叶嚼之不腥。牛黄、千叶,出民牛氏家,比姚黄差小。玛瑙盘、赤黄色,五瓣,树高二、三尺,叶颇短蹙。黄气毬、淡黄檀心,花叶圆正,间背相承,敷腴可爱。御衣黄、千叶,色似黄葵。淡鹅黄、初开微黄,如新鹅儿,平头后渐白,不甚大。太平楼阁。千叶。以上黄类。

魏花、千叶,肉红,略有粉梢,出魏丞相仁溥之家。树高不过四尺,花高五、六寸,阔三、四寸,叶至七百馀。钱思公尝曰:"人谓牡丹花王,今姚花真可为王,魏乃后也。"一名宝楼台。石榴红、千叶楼子,类王家红。曹县状元红、成树宜阴。映日红、细瓣,宜阳。王家大红、红而长,尖微曲,宜阳。大红西瓜瓤、宜阳。大红舞青猊、胎微短,花微小,中出五青瓣,宜阴。七宝冠、难开,又名七宝旋心。醉胭脂、茎长,每开头垂下,宜阳。大叶桃红、宜阴。殿春芳、开迟。美人红、莲蕊红、瓣似莲。翠红妆、难开,宜阴。陈州红、砵砂红、甚鲜,向日视之如猩血,宜阴。锦袍红、古名潜溪绯,深红,比宝楼台微小而鲜粗,树高五、六尺,但枝弱,开时须以杖扶,恐为风雨所折,枝叶疏阔,枣芽小弯。皱叶桃红、叶圆而皱,难开,宜阴。桃红西瓜瓤、胎红而长,宜阳。以上俱千叶楼子。大红剪绒、千叶并头,其瓣如剪。羊血红、易开。锦袍红、石家红、不甚紧。寿春红、瘦小,宜阳。彩霞红、海天霞、大如盘,宜阳。以上俱千叶平头。小叶大红、千叶,难开。鹤翎红、醉仙桃、外白内红,难开,宜阴。梅红平头、深桃红。西子红、圆如毬,宜阴。粗叶寿安红、内红,中有黄蕊花,出寿安县锦屏山,细叶者尤佳。丹州延州红、海云红、色如霞。桃红线、桃红凤头、花高大。献来红、花大浅红,敛瓣如撮,颜色鲜明,树高三、四尺,叶团。张仆射居洛,人有献者,故名。祥云红、浅红,花妖艳多态,叶最多,如朵云状。浅娇红、大桃红,外瓣微红而深矫,径过五寸,叶似粗叶寿安,颇卷皱,葱绿色。娇红楼台、浅桃红,宜阴。轻罗红、浅红娇、娇红,叶绿可爱,开最早。花红绣毬、细瓣,开圆如毬。花红平头、银红色。银红毬、外白内红,色极娇,圆如毬。醉娇红、微红。出茎红桃、大尺馀,其茎长二尺。西子、开圆如毬,宜阴。以上俱千叶。大红绣毬、花类王家红,叶微小。罂粟红、茜花鲜粗,开瓣合拢,深檀心,叶如西施而尖长,花中之烜焕者。寿安红、平头黄心,叶粗细二种,粗者香。鞓红、单叶,深红,张仆射齐贤自青州驮其种,遂传洛中,因色类腰带鞓,故名。亦名青州红。胜鞓红、树高二尺,叶尖长,花红赤焕然,五叶。鹤翎红、多瓣,花末白而本肉红,如鸿鹄羽毛,细叶。莲花萼、多叶,红花青跌三重如莲萼。一尺红、深红,颇近紫花,面大几尺。文公红、出西京潞公园,亦花之丽者。迎日红、醉西施同类,深红,开最早,妖丽夺目。彩霞、其色光丽,烂然如霞。梅花楼子、娇红、色如魏红,不甚大。绍兴春、祥云子花也,花尤富大者径尺,绍兴中始传。金腰楼、玉腰楼、皆粉红花而起楼子,黄白间之,如金玉色,与胭脂楼同类。政和春、浅粉红,花有丝头,政和中始出。叠罗、中间琐碎如叠罗纹。胜叠罗、差大于叠罗。瑞露蝉、亦粉红,华中抽碧心,如合蝉状。乾花、分蝉旋转,其花亦大。大千叶、小千叶、皆粉红花之杰者,大千叶无碎花,小千叶则花萼琐碎。桃红西番头、难开,宜阴。四面镜。有旋。以上红类。

　　庆天香、千叶楼子,高五、六寸,香而清,初开单叶,五、七年则千叶矣,年远者树高八、九尺。肉西、千叶楼子。水红毬、千叶丛生,宜阴。合欢花、一茎两朵。观音面、开紧不甚大,丛生,宜阴。粉娥娇、大淡粉红,花如椀大,开盛者饱满如馒头样,中外一色,惟瓣根微有深红,叶与树如天香,高四、五尺,诸花开后方开,清香耐久。以上俱千叶。醉杨妃、二种。一千叶楼子,宜阳,名醉春客。一平头极大,不耐日色。赤玉盘、千叶平头,外白内红,宜阴。回回粉西、细瓣楼子,外红内粉红。醉西施、粉白色,中间红晕,状如酡颜。西天香、开早,初甚娇,三、四日则白矣。百叶仙人。以上粉红类。

　　玉芙蓉、千叶楼子,成树宜阴。素鸾娇、宜阴。绿边白、每瓣上有绿色。玉重楼、宜阴。羊脂玉、大瓣。白舞青猊、中出五青瓣。醉玉楼,以上俱千叶楼子。白剪绒、千叶平头,瓣上如锯齿,又名白缨络,难开。玉盘盂、大瓣。莲香白、瓣如莲花,香亦如之。以上俱千叶平头。粉西施、千叶甚大,宜阴。玉楼春、多雨盛开。万卷书、花瓣皆卷筒,又名波斯头,又名玉玲珑,一种千叶桃红,亦同名。无瑕玉、水晶毯、庆天香、玉天仙、素鸾、玉仙妆、檀心玉风、瓣中有深檀色。玉绣毯、青心白、心青。伏家白、凤尾白、金丝白、平头白、盛者大尺许,难开,宜阴。迟来白紫玉、白瓣中有红丝纹,大尺许。以上俱千叶。醉春容、色似玉芙蓉,开头差小。玉板白、单叶,长如拍板,色如玉深檀心。玉楼子、白花起楼,高标逸韵,自是风尘外物。刘师哥、白花带微红,多至数百叶,纤妍可爱。玉覆盆、一名玉炊饼,圆头白华。碧花、正一品花,浅碧,而开最晚,一名欧碧。玉碗白、单叶,花大如椀。玉天香、单叶大白,深黄蕊开径一尺,虽无千叶而丰韵异常。一百五。多叶,白花大如椀,瓣长三寸许,黄蕊深檀心,枝叶高大亦如天香,而叶大尖长。洛花以谷雨为开候,而此花常至一百五日开,最先古名灯笼。以上白类。

　　海云红、千叶楼子。西紫、深紫,中有黄蕊,树生枯燥古铁色,叶尖长。九月内枣芽鲜明,红阔,剪其叶,远望若珊瑚然。即墨子、色类黑葵。丁香紫、茄花紫、又名藕丝。紫姑仙、大瓣。淡藕丝、淡紫色,宜阴。**以上俱千叶楼子。**左花、千叶紫花,出民左氏家,叶密齐如截,亦谓之平头紫。紫舞青猊、中出五青瓣。紫楼子、瑞香紫、大瓣。平头紫、大径尺,一名真紫。徐家紫、花大。紫罗袍、又名茄色楼。紫重楼、难开。紫红芳、烟笼紫、浅淡。**以上俱千叶。**紫金荷、花大盘而紫赤色,五、六瓣,中有黄蕊,花平如荷叶状,开时侧立翩然。鹿胎、多叶,紫花有白点,如鹿胎。紫绣毬、一名新紫花,魏花之别品也,花如绣毬状,亦有起楼者,为天彭紫花之冠。乾道紫、色稍淡而晕红。泼墨紫、新紫花之子也,单叶,深黑如墨。葛巾紫、花圆正而富丽,如世人所戴葛巾状。福严紫、重叶紫花,叶少如紫绣毬,谓之旧紫。朝天紫、色正紫,如金紫夫人之服色,今作子,非也。三学士、锦团绿、树高二尺,乱生成丛,叶齐小短厚如宝楼台,花千叶,粉紫色,合纽如撮瓣,细纹多媚而欠香,根旁易生,古名波斯,又名狮子头滚绣毬。包金紫、花大而深紫鲜粗,一枝仅十四、五瓣,中有黄蕊,大红如核桃,又似僧持铜击子,树高三、四尺,叶仿佛天香而圆。多叶紫、深紫花,止七、八瓣,中有大黄蕊,树高四、五尺,花大如椀,叶尖长。紫云芳、大紫千叶楼子,叶仿佛天香,虽不及宝楼台而紫容深迥自是一样,清致耐久而欠清香。蓬莱相公。**以上紫类。**

青心黄。花原一木,或正圆如毬,或层起成楼子,亦异品也。状元红、重叶深红花,其色与鞓红潜绯相类,天姿富贵,天彭人以冠花品。金花状元红、大瓣平头微紫,每瓣上有黄须,宜阳。金丝大红、平头不甚大,瓣上有金丝毫,一名金线红。胭脂楼、深浅相间如胭脂染成,重叠累萼,状如楼观。倒晕檀心、多叶红花。凡花近萼色深,至末渐浅,此花自外深色,近萼反浅白而深檀点,其心尤可爱。九蕊珍珠红、千叶红花,叶上有一点白,如珠叶,密蘼,其蕊九丛。**添色红**、多叶,花始开色白,经日渐红,至落乃类深红,此造化之尤巧者。**双头红**、并蒂骈萼,色尤鲜明,养之得地,则岁岁皆双,此花之绝异者也。**鹿胎红**、鹤翎红子花也,色微带黄,上有白点如鹿胎,极化工之妙。**潜溪绯**、千叶绯花,出潜溪寺,本紫花,忽于丛中特出绯者一、二朵,明年移在他枝,洛阳谓之转枝花。**一捻红**、多叶浅红,叶杪深红,一点如人以二指捻之。旧传贵妃匀面馀脂印花上,来岁花开,上有指印红迹,帝命今名。**富贵红**、花叶圆正而厚,色若新染,他花皆卸,独此抱枝而稿,亦花之异者。**桃红舞青猊**、千叶楼子,中五青瓣,一名睡绿蝉,宜阳。**玉兔天香**、二种。一早开头微小,一晚开头极大,中出二瓣如兔耳。**萼绿华**、千叶楼子,大瓣,群花卸后始开,每瓣上有绿色,一名佛头青,一名鸭蛋青,一名绿蝴蝶,得自永宁王宫中。**叶底紫**、千叶,其色如墨,亦谓墨紫花,在丛中旁心生一大枝,引叶覆其上,其开比他花可延十日,岂造物者亦惜之耶。唐末有中官为观军容者,花出其家,亦谓之军容紫。**腰金紫**、千叶,腰有黄须一团。**驼褐裘**、千叶楼子,大瓣,色类褐衣,宜阴。**蜜娇**。树如樗,高三、四尺,叶尖长,颇阔厚,花五瓣,色如蜜蜡,中有蕊根檀心。**以上间色。**

　　大凡红白者多香,紫者香烈而欠清,楼子高,千叶多者,其叶尖岐多而圆厚,红者叶深绿,紫者叶黑绿,惟白花与淡红者略同。此花须殷勤照管,酌量浇灌,仔细培养。花若开盛,主人必有大喜。

【诠释】

　　牡丹为我国原产,是毛茛科落叶性灌木,学名*Paeonia moutan*。茎高约1~2米,通常为二回羽状复叶,小叶呈淡绿色,有深裂,具缺刻。花大而美丽,着生在枝顶。花期在 5 月间,颜色有红、紫、白等。根多为药用。

牡丹栽培历史悠久,被誉为花中之王,为著名观赏植物,遍栽于各地庭园,因此品种极多。本谱记载有 185 个品种。清初的《花镜》记其主要品种凡 151 个。现在种植的品种当不止此数,不过分布在各地且未经品种整理。这里仅就《花镜》依颜色而分,略举如下:

正黄色 5 个品种,大红 7 个品种,桃红 9 个品种,粉红 11 个品种,紫色 7 个品种,白色 7 个品种,青色 3 个品种。

牡丹忌炎热多湿,耐寒力较差,能耐旱。繁殖多用嫁接,砧木用劣种牡丹,多在秋凉时进行,一般是在 9 月下旬。或者采用分株法,即将根株萌蘖,在秋季繁殖。

历代人们对牡丹都很爱好。从宋代起即有《洛阳牡丹记》、《陈州牡丹记》、《天彭牡丹记》、《牡丹谱》、《亳州牡丹表》、《牡丹志》等专著。

18. 瑞香

一名露甲,一名蓬莱紫,一名风流树。高者三、四尺许,枝干婆娑,柔条厚叶,四时长青。叶深绿色,有杨梅叶、枇杷叶、荷叶挛枝。冬春之交,开花成簇,长三、四分,如丁香状。其数种,有黄花、紫花、白花、粉红花、二色花、梅子花、串子花,皆有香,惟挛枝花紫者香更烈。枇杷叶者结子,其始出于庐山,宋时人家种之,始著名。挛枝者,其节挛曲如断折之状,其根绵软而香,叶光润似橘叶。边有黄色者,名金边瑞香,枝头甚繁,体干柔韧。性畏寒,冬月须收暖室或窖内,夏月置之阴处,勿见日。此花名麝囊,能损花,宜另植。

栽种:梅雨时折其枝插肥阴之地,自能生根。一云左手折下,旋即扦插,勿换手,无不活者。一云芒种时就老枝上剪其嫩枝,破其根入大麦一粒,缠以乱发,插土中即活。一说带花插于背日处,或初秋插于水稻侧,俟生根移种之,移时不得露根,露根则不荣。

浇灌:瑞香恶太湿,又畏日晒。以抒猪汤或宰鸡鹅毛水从根浇之甚肥,蚯蚓喜食其根。觉叶少萎,以小便浇之,令出即寻逐之。须河水多浇之,以解其酰。以头垢拥根,则叶绿。大概香花怕粪,瑞香为最。尤忌人粪,犯之辄死。

【诠释】

瑞香为瑞香科常绿灌木,学名 *Daphne odora*。叶互生,呈椭圆形,有短叶柄。早春多开淡红色花,着生如伞状,亚洲原产。

瑞香喜排水良好的轻松土,适宜日照不甚充足的半阴地,冬季露地栽培亦可开花。一般用播种、压条、扦插等方法进行繁殖。播种:于种子成熟后采下即可播种;压条:多在春季进行;扦插:宜于夏末秋初,取成熟枝条 2~3 节,插于盛砂土的苗床或花盆中即可育成。

19. 迎春花

一名金腰带,人家园圃多种之。丛生,高数尺,有一丈者。方茎厚叶,如初生小椒叶而无齿,面青背淡,对节生小枝,一枝三叶。春前有花如瑞香,花黄色,不结实。叶苦涩平无毒。虽草花,最先点缀春色,亦不可废。花时移栽,土肥则茂。焊牲水灌之,则花蕃。二月中可分。

【诠释】

迎春系木犀科小灌木,学名 *Jasminum nudiflorum*。高达 2 米。枝细长而稍带蔓性,新梢方形。绿色叶,对生,由小叶 3 枚而成,小叶为长卵形或椭圆形。花生于前年枝的各节,呈黄色,春早开花。

盆栽或露地栽培均可。种植地要日照充足,春秋都可种植。于春季开花后扦插繁殖育苗,1~3 月随时可控制开花。在新梢发育期间,多施液肥。老干发生的徒长枝,要随时修剪,以免上部的枝条过多而至衰老枯死。

20. 凌霄花

一名紫葳,一名陵苕,一名女葳,一名菱华,一名武威,一名瞿陵,一名鬼目。处处皆有,多生山中,人家园圃亦栽之。野生者蔓缠数尺,得木而上,即高数丈。蔓间须如蝎虎足附树上,甚坚牢,久者藤大如杯。春初生枝,一枝数叶,尖长有齿,深青色。开花一枝十馀朵,大如牵牛花,头开五瓣,赭黄色,有数点。夏中乃盈,深秋更赤。八月结荚如豆角,长三寸许。子轻薄如榆仁,如马兜铃仁。根长亦如兜铃根,秋深采

之阴干。花及根甘酸微寒,无毒,治妇人产乳馀疾、崩中症瘕
血闭、寒热羸瘦带下。茎叶苦平无毒,主热风身痒、游风风
疹、瘀血带下、喉痹热痛、凉血生肌。

【诠释】

亦名紫葳,名见《本草经》。《唐本草》则以凌花著录。攀援
茎,高及 10 数米。羽状复叶,对生,叶卵形,有锯齿。7~8 月间开
花,花冠略呈唇形,5 裂,黄赤色,2 强雄蕊,雌蕊 1 枚,落叶。凌霄
花系攀援性木本,山野自生,多栽培于庭园间,供观赏用。植株有
毒,不宜采食。

21. 素馨

一名那悉茗花,一名野悉蜜花,来自西域。枝干袅娜,似
茉莉而小。叶纤而绿。花四瓣,细瘦,有黄、白二色。须屏架
扶起,不然不克自竖,雨中妖态亦自媚人。

制用:采花压油泽发甚香滑。

【诠释】

素馨亦称素方花,木犀科,学名 *Jasminum officinale*,常绿直立
亚灌木。枝条下垂,有角稜。叶对生,羽状复叶,小叶 5~7 枚,总叶
柄有翅。春季开花,花白色,富香气,聚伞花序,顶生。我国云南、
广东等省都有栽培,供作观赏。花为提芳香油原料。

22. 茉莉

　　一名抹厉,一名没利,一名末利,一名末丽,一名雪瓣,一名抹丽,谓能掩众花也。佛书名缦华,原出波斯,移植南海。北土名奈,《晋书》"都人簪奈花",即此花,入中国久矣。弱茎繁枝。叶如茶而大,绿色,团尖。夏秋开小白花,花皆暮开,其香清婉柔淑,风味殊胜。花有草本者,有木本者,有重叶者,惟宝珠小荷花最贵。此花出自暖地,性畏寒,喜肥,壅以鸡粪,灌以焄猪汤或鸡鹅毛汤或米泔,开花不绝。六月六日以治鱼水一灌愈茂,故曰"清兰花,浊茉莉"。勿安床头,恐引蜈蚣。一种红者,色甚艳,但无香耳。又有朱茉莉,其色粉红,有千叶者初开花时心如珠,出自四川。

　　扦插:梅雨时,取新发嫩枝从节折断。将折处劈开入大麦一粒,乱发缠之,插肥土阴湿即活。与扦瑞香法同。

【诠释】

　　茉莉是木犀科小灌木,学名 *jasminum sambac*。叶厚,对生,广卵形,有光泽。夏秋开花,一花梗开花 3~12 朵,花白色,花冠 5 裂,芳香馥郁,可充茶中的香料。

　　繁殖用压条或扦插法。长江流域各地,大体是由福建或广东采购苗木,多用盆栽。茉莉喜欢强光,惟不耐寒,冬季须将盆移至室内。

　　〔**附录**〕指甲花。夏月开,香似木樨,可染指甲,过于凤仙花,有黄、白二色。

【诠释】

指甲花即水木樨,一名散沫花。由于叶可染指甲成红色,故名。除蜜色(淡黄色)的以外,也有淡红色或淡绿色的花瓣。

23. 木香

灌生,条长有刺,如蔷薇。有三种花,开于四月,惟紫心白花者为最香馥清远,高架万条,望若香雪。他如黄花、红花、白细朵花、白中朵花、白大朵花,皆不及。

栽种:四月中扳条入土,泥壅一段,俟月馀根长,自本生枝剪断,移栽可活。若剪条扦插,多难活。荼蘼等同此法。

【诠释】

木香是蔷薇之一种,学名 *Rosa banksiae*,原产我国,为落叶性灌木。枝干无刺,长可达 7 米。叶通常由 3~5 枚小叶组成。小叶为先端带尖的椭圆形,有光泽,叶缘具细锯齿。花于 5~6 月间丛生于枝顶,花黄色的叫黄木香,白色的叫白木香,有香气。

24. 玫瑰

一名徘徊花。灌生,细叶多刺,类蔷薇,茎短。花亦类蔷薇,色淡紫,青橐黄蕊,瓣末白,娇艳芬馥,有香有色,堪入茶、

入酒、入蜜。栽宜肥土,常加浇灌。性好洁,最忌人溺,浇即
毙。燕中有黄花者,稍小于紫蒿,山深处有碧色者。

栽种:株傍生小条不可久存,即宜截断另植,既得滋生又
不妨旧丛。不则,大本必枯瘁。夏间生嫩枝时,有黑翅黄腹飞
虫,名镌花娘子,以臀入枝生子,三、五日出,小虫黑嘴青身,伤
枝食叶,大则又变前虫。蔷薇、月季亦生此虫,俱宜捉去。

【诠释】

玫瑰属蔷薇科,学名 *Rosa rugosa*。本种在我国、日本、朝鲜均
有分布,为落叶小灌木。枝条上密生大小的刺。叶为奇数羽状复
叶,质厚,浓绿色,脉条明显。小叶约 3 厘米,上面有皱纹,下面叶
柄密布毡毛,托叶颇大,大部分附在叶柄上。花期在 5 月,花紫红
色至白色,花径 5~7 厘米,单瓣,亦有重瓣的。果实径 2 厘米,球
状,稍扁平,赤黄色。本种除供观赏外,可制玫瑰酒及玫瑰露等。

25. 刺蘼

灌生。茎多刺,叶圆细而青,花重叶状,似玫瑰而大,艳
丽可爱,惜无香耳。春时分根旁小株种之,亦易活。

26. 酴醾

一名独步春,一名百宜枝,一名琼绥带,一名雪缨络,一
名沉香蜜友。藤身灌生,青茎多刺,一颖三叶如品字形,面光

绿背翠色,多缺刻。花青跗红萼,及开时变白。大朵千瓣,香
微而清,盘作高架,二、三月间烂熳可观。盛开时折置书册中,
冬取插鬓犹有馀香。本名荼蘼,一种色黄似酒,故加西字。

【诠释】

亦作荼蘼,系蔷薇科攀援灌木,学名 *Rubus rosaefolius* var. *co-
ronarius*。小叶通常 5 枚,卵状椭圆形至倒卵形,先端尖,边缘有粗
钝锯齿,背面有毛。酴醾为密集的伞房花序。果实略似球形。亦
名佛见笑。

27. 蔷薇

一名刺红,一名山枣,一名牛棘,一名牛勒,一名买笑。
藤身丛生,茎青多刺。喜肥,但不可多。花单而白者更香。
结子名营实,堪入药。有朱千蔷薇、赤色,多叶,花大,叶粗,最先
开。荷花蔷薇、千叶,花红,状似荷花。刺梅堆、千叶,色大红,如刺绣
所成,开最后。五色蔷薇、花亦多,叶而小,一枝五六朵,有深红、浅红之
别。黄蔷薇、色蜜,花大,韵雅态娇,紫茎修条,繁夥可爱,蔷薇上品也。
淡黄蔷薇、鹅黄蔷薇、易盛难久。白蔷薇,类玫瑰。又有紫者、黑
者、出白马寺。肉红者、粉红者、四出者、出康家。重瓣厚叠者、
长沙千叶者。开时连春接夏,清馥可人,结屏甚佳。别有野
蔷薇号"野客",雪白粉红,香更郁烈。法,于花卸时摘去其
蒂,如凤仙法,花发无已。如生莠虫,以鱼腥水浇之,倾银炉
灰撒之,虫自死。他如宝相金钵盂、佛见笑、七姊妹、十姊妹,

体态相类,种法亦同。又有月桂一种,花应月圆缺。

种植:立春折当年枝,连榾柮插阴肥地,筑实,其傍勿伤皮,外留寸许,长则易瘁。或云芒种及三、八月皆可插黄蔷薇。春初将发芽时取长条卧置土内,两头各留三、四寸即活。须见天不见日处。一云芒种日插之亦活。

【诠释】

蔷薇为蔷薇科落叶灌木,种类颇多,欧美各国尊为花中之王,栽培极盛。蔷薇枝条具刺,稍带蔓性。叶为奇数羽状复叶,由小叶5~7枚而成,小叶椭圆形或倒卵形。花白色或淡红色,芳香浓郁。果实可以入药,有利尿之功效。

28. 月季花

一名长春花,一名月月红,一名斗雪红,一名胜春,一名瘦客。灌生,处处有,人家多栽插之。青茎长蔓,叶小于蔷薇,茎与叶俱有刺。花有红、白及淡红三色。白者须植不见日处,见日则变而红。逐月一开,四时不绝。花千叶厚瓣,亦蔷薇之类也。性甘温无毒,主活血、消痈、傅毒。

种植:春前剪其枝培肥土中,时时灌之。俟生根,移种,辅以屏架。花谢结子,即摘去,花恒不绝。

【诠释】

月季花系蔷薇科直立灌木,学名 *Rosa chinensis*,我国原产。

变种有紫月季花（*Rosa chinensis* var. *semperflorens*，有刺或近于无刺，小叶稍薄，带紫色，花通常生于细长花梗上，深红色或深桃红色）、小月季花（*Rosa chinensis* var. *minima*，矮灌木，花小如玫瑰，红色，单瓣或重瓣）、绿月季花（*Rosa chinensis* var. *viridiflora*，花大，呈绿色，花瓣有时变为小叶状），另有香水月季等。

29. 金雀花

丛生，茎褐色，高数尺，有柔刺，一簇数叶。花生叶旁，色黄形尖，旁开两瓣，势如飞雀，甚可爱。春初即开，采之滚汤，入少盐微焯，可作茶品清供。春间分栽，最易繁衍。

【诠释】

金雀系豆科金雀儿属，学名 *Cytisus scoparius*，原产欧洲，常绿灌木。高 1.5 米左右，嫩茎平滑，绿色有棱，纵行数列。掌状复叶，自 3 片 3 叶合成，无卷须。花 1~2 枚，生于叶腋。初夏开花，花冠蝶形，呈黄金色，颇美丽，雄蕊 10 枚，雌蕊 1 枚。果实为荚，供观赏用。本谱始著录。一名黄雀花，见《本草纲目拾遗》；一名飞来凤，见《嘉兴府志》；一名金雀儿，见《（成化）四明志》《龙沙纪略》。

30. 葵

阳草也。一名蜀葵，一名吴葵，一名露葵，一名戎葵，一名滑菜，一名卫足，一名一丈红，处处有之。本丰而耐旱，味甘而无毒。可备蔬茹,可防荒俭,可疗疾病,润燥利窍,服丹石人最宜。生郊野地,不问肥瘠,种类甚多。宿根自生,亦可子种。天有十日葵与终始,故葵从癸。能自卫其足,又名卫足。叶微大。花如木槿而大。肥地勤灌,可变至五、六十种。色有深红、浅红,紫、白、墨紫、深浅桃红、茄紫、蓝数色。形有千瓣、五心、重台、重叶、单叶、剪绒、钜口、细瓣、圆瓣,重瓣数种。昔人谓其疏茎密叶,翠萼艳花,金粉檀心,可谓善状此花已。五月繁华莫过于此,庭中篱下无所不宜。茎有紫、白二种,白者为胜。又有锦葵、一名荍,一名荍芣,丛低,叶微厚,花小如钱,文彩可观。又名钱葵,色深红、浅红、淡紫,皆单叶,开亦耐久。《诗》"视尔如荍",注"荍,蚍芣也",即此种。同蜀葵一种,戎葵奇态百出。秋葵、一名侧金盏,与蜀葵另一种,高六、七尺,黄花绿叶,檀蒂白心,叶如芙蓉,有五尖,如人爪,形狭而多缺。六月放花,大如碗,淡黄色,六瓣而侧,雅淡堪观,朝开午收。花落即结角,大如拇指,长二寸许,六棱,有毛,老则黑,其棱自绽,内六房,子累累在房内,与葵相似,故名秋葵。朝夕倾阳,此葵是也。秋尽收子,二月种,以手高撒。梗亦长大,子宜浸油,治杖疮,又作催生妙剂。旌节花、高四、五尺,花小类茄花,俗讹为锦茄儿。花节节对生,红紫如锦。西番葵。茎如竹,高丈馀,叶似蜀葵而大,花托圆二、三尺,如莲房而扁,花黄色,子如蓖麻子而扁。孕妇忌,经其下能堕胎。

种植:实大如指顶,皮薄而扁,子如芜荑,仁轻虚易种。收子以多为贵。八、九月间锄地下种,冬有雪辄耧之,勿令飞去,使地保泽无虫灾。至春初删其细小,馀留在地,频浇水,勿缺肥。当有变异色者,发生满庭。花开最久,至七月中尚蕃。大风雨后即宜扶起壅根,少迟其头便曲,不堪观矣。寻千叶者四、五,种墙篱向阳处,间色种之,干长而直,花艳而久,胜种罂粟十倍。一法,陈葵子微炒令爆咤,撒熟地,遍蹋之,朝种暮生,迟不过经宿。

〔**附录**〕蒲葵、叶似葵,可食。凫葵:生水中,叶圆似莼,名水葵。天葵、一名蒴苨葵,《雷公》所谓紫背天葵是也。叶如钱而厚嫩,背微紫,生崖石,凡丹石之类得此始神,但世人罕识。兔葵。似葵而叶小,状如藜。刘禹锡《诗叙》所云“兔葵燕麦,动摇春风”者,即此。

【诠释】

向日葵系菊科一年生草本,花为头状花序,大型。周围的花,舌状花冠;中部的花,筒状花冠。花有向阳性,供观赏用。种子供食用及榨油。学名 *Helianthus annuus*。

蜀葵与锦葵都属锦葵科。蜀葵(*Althaea rosea*)又名一丈红,花似木槿花而稍大,有单瓣、重瓣之分,花冠的颜色有大红、粉红、深紫、浅紫等,颇美丽,足供观赏。锦葵(*Malva sylvestris* var. *mauritiana*)又名钱葵,丛生,叶如葵,花缀生在叶腋时,单瓣小如钱,粉红色,上面有紫缕纹,开花繁而久,堪供观赏。

31. 萱

一名忘忧,一名疗愁,一名宜男。通作谖、蕿、蘐,本作藼。包生,茎无附枝,繁萼攒连叶四垂。花初发如黄鹄,嘴开则六出,时有春花、夏花、秋花、冬花四季,色有黄、白、红、紫、麝香,重叶、单叶数种。与鹿葱相似,惟黄如蜜色者清香。春食苗,夏食花,其稚芽花跗皆可食。性冷,能下气,不可多食。《草木记》:"妇人怀孕,佩其花必生男。"采花入梅酱砂糖,可作美菜。鲜者积久成多,可和鸡肉,其味胜黄花菜,彼侧山萱故也。雨中分勾萌,种之初宜稀,一年后自然稠密。或云,用根向上、叶向下种之,则出苗最盛。夏萱固繁,秋萱亦不可无。盖秋色甚少,此品亦庶几可壮秋色耳。

〔**附录**〕鹿葱。色颇类,但无香耳,鹿喜食之,故以命名。然叶与花、茎皆各自一种。萱叶绿而尖长,鹿葱叶团而翠绿。萱叶与花同茂,鹿葱叶枯死而后花。萱一茎实心而花五、六朵节开,鹿葱一茎虚心而花五、六朵并开于顶。萱六瓣而光,鹿葱七、八瓣。《本草》注"萱"云即今之鹿葱,误。

【诠释】

萱草栽培历史悠久。《诗经·卫风》有"焉得谖草,言树之背"的诗句,"谖"今作"萱",又叫宜男。《齐民要术》引晋·嵇含《宜男花赋序》云:"宜男花者,荆楚谓之鹿葱,可以荐宗庙……"从这里可知在晋代时期,已将萱花供作宗庙的羹品了。萱草的嫩芽及冬季促成栽培的叶均供作蔬菜。它的花瓣为金黄色,是供观赏之用。唐·李白诗有"忘忧当树萱",又宋·苏东坡诗有"我非儿女萱",可知历代对萱花的珍爱。萱草是百合科多年生草本,学名 *Hemerocallio fulva*。

萱草的近缘植物有红萱(花金黄色,叶短而狭,花茎与叶同长)、金萱(叶长而宽,花茎之长不及叶长,花红色,无香气)、千叶萱草(叶为此类中最长大者,花茎高达 1 米,每花序生 6~12 花朵。花橙色,重瓣,小梗短,花瓣的边缘有波状纹,夏秋渐次开花,无香气)。

32. 兰

香草也。一名蕑,一名都梁香,一名水香,一名香水兰,一名香草,一名兰泽香,一名女兰,一名大泽香,一名省头香。生山谷。紫茎赤节,苞生柔荑。叶绿如麦门冬而劲健特起,四时常青,光润可爱。一荄一花生茎端,黄绿色,中间瓣上有细紫点。幽香清远,馥郁袭衣弥旬不歇。常开于春初,虽冰霜之后,高深自如,故江南以兰为香祖。又云兰无偶,称为第一香。紫梗青花为上,青梗青花次之,紫梗紫花又次之,馀不入品。

其类紫者有陈梦良、色紫,每干十二萼,花头极大,为紫花之冠。至若朝晖微照,晓露暗湿,则灼然腾秀,亭然露奇。敛肤傍干,团圆四向,婉媚娇绰,伫立凝思,如不胜情。花三片,尾如带微青。叶三尺,颇觉弱,黯然而绿,背虽似剑脊,至尾棱则软薄。斜撒粒许,带缁最为难种,故人稀得其真者。种用黄净无泥瘦沙,忌肥,恐致腐烂。吴兰、色深紫,有十五萼,干紫荚红,得所养则岐而生,至有二十萼。花头差大,色映人目,如翔鸾翥凤,千态万状,叶高大,刚毅劲节,苍然可爱。不堪受肥,须以清茶沃之,冀得其本生土地之性。潘花、色深紫,有十五萼,干紫。圆匝齐整,疏密得宜。疏不露干,密不簇枝。绰约作态,窈窕逞姿,真所谓艳中之艳,花中之花也。愈久愈见精神,使人不能舍去。花中近心处色如吴紫,艳丽过于众花,叶则差小于吴,峭直雄健,众莫能及。其气特深,未能受肥,清茶沃之。二种用赤砂泥。赵师博、色紫,十五萼。初萌甚红,开时若晚霞灿目,色更晶明。叶劲直,肥耸超出群品。**以上俱上品。**何兰、大张青、蒲统领、陈八斜、淳监粮、**以上俱中品。**萧仲和、许景初、石门红、何首座、小张青、林仲孔、庄观成、**俱下品。**纵土质浇灌有太过不及,亦无大害。金棱边。色深紫,十二萼,出于长泰陈家。色如吴兰,片则差小,叶亦劲健。所可贵者,叶自尖处分二边,各一线许,映日如金线。紫花品外之奇,用黄色粗沙和泥,少添赤沙泥,妙半月一用肥。白者有济老、色白,有十二萼,标致不凡,如淡妆西子,素裳缟衣,不染一尘。叶似施花更高一二尺,得所养,则岐而生。亦号一线红,白花之冠。宜沟中黑沙泥和粪种,爱肥,一任浇灌。灶山、一名绿衣郎。有十二萼,色碧玉,花枝间体肤松美,颐颐昂昂,雅特闲丽,真兰中之魁品也。每生并蒂花,干最碧,叶绿而瘦,薄如苦荬菜。山下流聚沙泥种亦可,肥戒多。黄殿讲、一名碧玉干、西施花。色微黄,有十五萼,并干而生,计二十五萼,或迸于根。叶细最绿,肥厚。花头似开不开,第干虽高而实瘦,叶虽劲而实柔,且朵不起秸,根有萎叶,是其所短者耳。李通判、色白,十五萼,峭特雅淡,追风浥露,如泣如诉,人多爱之。以较郑花,则减一头地。用泥同灶山。叶大施、叶剑脊最长,惜不甚劲直。惠知客、色白,有十五萼,赋质清癯,团簇齐整,娇柔瘦润,花英淡紫,片尾凝黄。叶虽绿茂,但颇柔弱。用泥同济老。马大同、色碧而绿,有十二萼,花头微大,间有向上者,中多红晕。叶则高耸苍然肥厚,花干劲直,及其叶之半,一名五晕丝。用泥同济老。**以上俱上品。**郑少举、色白,十四萼,莹然孤洁,极为可爱。叶修长散乱,所谓蓬头少举也。有数种，花有多少、叶有软硬之别。白花之能生者无出于此，其花之资质可爱，为群花翘楚。用粪壤泥及河沙，内用草鞋屑铺四围种之，累试甚佳。大凡用轻松泥皆可。**黄八兄**、色白，有十二萼，善于抽干，颇似郑花。叶绿而直，惜干弱不能支持耳。用泥同济老。**周染**、色白，十二萼，与郑花无异，但干短弱。用泥同郑少举。以上俱中品。**夕阳红**、花八萼，花片微尖，色则凝红，如夕阳返照，肥瘦任意，当视沙之燥湿，蓄雨水沃之，令色绿为妙，观堂主、名弟同。**观堂主**、花白，有七萼，花聚如簇，叶不甚高，可供妇女时妆。**名弟**、色白，有五六萼，花似郑，叶最柔软。如新长叶则旧叶随换，人多不种。**弱脚**、色绿，花大如鹰爪，一干一花，比叶高二三寸。叶瘦，高二三尺。入腊方花，香馥可爱。外有云峤、朱花、青蒲、玉小娘之类。以上俱下品。**鱼魫兰**、又名赵花。十二萼，花片澄澈，如鱼魫沉水中无影，叶劲绿。此白花品外之奇。山下流聚沙泥，种戒肥腻。**都梁**、紫茎绿叶，芳馨远馥。都梁县西有小山，山上停水清浅，山悉生兰，山与邑得名以此。**建兰**、茎叶肥大，苍翠可爱，其叶独阔，今时多尚之，叶短而花露者尤佳。若非原盆，须用火烧山土栽。根甚甜，招蚁，以水杀隔之。水须日换，恐起皮则蚁易度。频分则根舒，花开不绝，此已试妙法也。浇洗须如法。又有按月培植之方，乃闽中士绅所传，宜照行之。**杭兰**、惟杭城有之，花如建兰，香甚，一枝一花，叶较建兰稍阔。有紫花黄心，色若胭脂；有白花黄心，白若羊脂。花甚可爱。取大本根内无竹钉者，用横山黄土拣去石块种之，见天不见日。浇以羊鹿粪水，花亦茂盛，鸡鹅毛水亦可。若浇灌得宜，来年花发，其香胜新栽者远甚。一说用水浮炭种之，上盖青苔，花茂频洒水，花香。花紫白者名荪，出法华山。

江南兰只在春芳，荆楚及闽中者秋复再芳，故有春兰、夏兰、秋兰、素兰、石兰、竹兰、凤尾兰、玉梗兰。春兰花生叶下，素兰花生叶上。至其绿叶紫茎，则如今所见。大抵林愈深而茎愈紫尔。沉沣所产花在春则黄，在秋则紫，春花不如秋之芳馥。凡兰皆有一滴露珠在花蕊间，谓之兰膏，不啻沉瀜多取则损花。

正讹：兰之为世重尚矣，今世重建兰，北方尤为难致，间得一本置之书屋，爱惜郑重，即拱璧不啻也。及详阅载集，如《遁斋闲览》《楚辞辨证》《本草纲目》《草木疏》诸书，乃知今所崇尚，皆非灵均九畹故物。至有谓春花为兰、秋花为蕙者，其视刈秋兰为佩之语，不刺谬乎！第沿袭既久，习尚难更，姑识简端，取正博雅。**群芳主人题**

〔**附录**〕朱兰、花开肖兰，色如渥丹，叶阔如柔，粤种也。伊兰、出蜀中，名赛兰。香树如茉莉花，小如金粟，香特馥烈，戴之香闻一步，经日不散。风兰、温台山阴谷中，悬根而生，干短劲，花黄白似兰而细。不用土栽，取大窠者，盛以竹篮或束以妇人头髻、铜铁丝、头发衬之，悬见天不见日处，朝夕喂以冷茶、清水，或时取下，水中浸湿又挂，至春底自花。即不开花，而随风飘扬，冬夏长青，可称仙草，亦奇品也。最怕烟烬。一云，此兰能催生，将产，挂房中最妙。箬兰、叶似箬，花紫，形似兰而无香，四月开与石榴红同时，大都产海岛阴谷中。羊山、马迹诸山亦有。性喜阴，春雨时种。赛兰、蔓生。树兰、木生，其香皆与兰等。真珠兰、一名鱼子兰，色紫，蓓蕾如珠，花成穗，香甚浓。四月内，节边断二寸插之即活。喜肥忌粪，以鱼腥水浇则茂。十月半，收无风处，以盆覆土封之，水浇勿令乾，来年愈茂。花戴之髻，香闻甚远，以蒸牙香、棒香、名兰香非此不可。广中甚盛，叶能断肠。含笑花。产广东，其花如兰，形色俱肖，花不满,若含笑然,随即凋落。故有是名。*

养兰口诀:正月安排在坎方,离明相对向阳光;晨昏日晒都休管,要使苍颜不改常。　二月栽培其实难,须防叶作鹧鸪斑;四围插竹防风折,惜叶犹如惜玉环。　三月新条出旧丛,花盆切忌向西风;提防湿处多生虱,根下尤嫌大粪浓。　四月庭中日乍炎,盆间泥土立时干;新鲜井水休浇灌,腻水时倾味最甜。　五月新芽满旧窠,绿阴深处最平和;此时叶退从他性,剪了之时愈见多。　六月骄阳暑气加,芬芳枝叶正生花;凉亭水阁堪安顿,或向檐前作架遮。　七月虽然暑渐消,只宜三日一番浇;最嫌蚯蚓伤根本,苦皂煎汤尿汁调。　八月天时稍觉凉,任他风日也无妨;经年污水今须换,却用鸡毛浸水浆。　九月时中有薄霜,阶前檐下慎行藏;若生蚁螳妨黄肿,叶洒油茶庶不伤。　十月阳春暖气回,来年花笋又胚胎;幽根不露真奇法,盆满尤须急换栽。　十一月天宜向阳,夜间须要慎收藏;常教土面微生湿,干燥之时叶便黄。　腊月风寒雪又飞,严收暖处保孙枝;直教冻解春司令,移向庭前对日晖。

种植:性喜阴,女子同种则香。《淮南子》曰:"男子种兰,美而不芳。"其茎叶柔细,生幽谷竹林中者,宿根移植腻土多不活,即活亦不多开花。茎叶肥大而翠劲可爱者,率自闽广移来。种法,九月终,将旧盆轻击碎,缓缓挑起旧本,删去老根,勿伤细根。取有窍新盆,用粗碗覆窍,以皮屑、尿缸、瓦

---

*编者注:"故有是名"出于选释者改写,原文作:"予初得自广中,仅高二尺许。今作拱把之树矣,且不惧冬。"

片铺盆底,仍用泥沙半填。取三季者三箟作一盆,互相枕藉,新箟在外,分种之。糁土壅培,勿用手捺实,使根不舒畅。长满复分,大约以三岁为度,盆须架起,仍不可著泥地,恐蚯蚓、蝼蚁,入孔伤根,令风从孔进,透气为佳。十月时,花已胎孕,不可分。若见霜雪大寒,尤不可分,否则必至损花。分之次年,不可发花,恐泄其气,则叶不长。凡善于养花,切须爱其叶,叶耸则不虑花不茂也。

位置:兰性好通风。台不可太高,高则冲阳;亦不可太低,低则隐风。地不必旷,旷则有日;亦不可狭,狭则蔽气。前宜南面,后宜背北,盖欲通南薰而障北吹也。右宜近林,左宜近野,欲引东日而被西阳也。夏遇炎烈则荫之,冬逢沍寒则曝之。沙欲疏,疏则连雨不能淫;上沙欲濡,濡则酷日不能燥。至于插引叶之架,平护根之沙,防蚯蚓之伤,禁蝼蚁之穴,去其莠草,除其丝网,助其新箟,剪其败叶,尤当一一留意者也。

修整:花时若枝上蕊多,留其壮大者,去其瘦小。若留之开尽,则夺来年花信。性畏寒暑,尤忌尘埃。叶上有尘即当涤去。兰有四戒:春不出,夏不日,秋不干,冬不湿。养兰者不可不知。

浇灌:春三、二月无霜雪时,放盆在露天,四面皆得浇水。浇用雨水、河水、皮屑水、鱼腥水、鸡毛水。浴汤夏用皂角水、豆汁水。秋用炉灰清水。最忌井水。须四面匀灌,勿得洒下,致令叶黄。黄则清茶涤之。日晒不妨。逢十分大雨,恐坠其叶,用小绳束起。如连雨三、五日,须移避雨通风处。四月至七月,须用疏密得所竹篮遮护,置见日色通风处。浇须五更或日未出一番,黄昏一番。又须看干湿,湿则勿浇。梅天忽逢大雨,须移盆向背日处。若雨过,即晒盆内,水热则荡叶伤根。七、八月时,骄阳方炽,失水则黄,当以腥水或腐秽浇之,以防秋风肃杀之患。九月盆干,用水浇,湿则不浇。十月至正月不浇不妨。最怕霜雪,更怕春雪,一点着叶,一叶即毙。用密篮遮护,安朝阳日照处南窗檐下,须两、三日一番旋转,使日晒匀,则四面皆花。用肥之时,当俟沙土干燥,遇晚方始灌溉,候晓以清水碗许浇之,使肥腻之物得以下渍其根,自无勾蔓逆上散乱盘盆之患。更能预以瓮缸之属储蓄雨水,积久色绿者间或灌之,其叶浡然挺秀,濯然争茂,盈台簇槛,列翠罗青,纵无花开,亦见雅洁。

收藏:冬作草囤比兰高二、三寸,上编草盖,寒时将兰顿在中,覆以盖,十馀日河水微浇一次。待春分后去囤,只在屋内勿见风,如上有枯叶剪去。待大暖方可出外见风。春寒时亦要进屋,常以洗鲜鱼血水并积雨水或皮屑浸水苦茶灌之。

卫护:忽然叶生白点,谓之兰虱,用竹针轻轻剔去。如不尽,用鱼腥水或煮蚌汤频洒之即灭。或研蒜和水新羊毛笔蘸洗去。珍珠兰法同。盆须安顿树阴下。如盆内有蚓,用小便浇出,移蚓他处,旋以清水解之。如有蚁,用腥骨或肉,引而弃之。

酿土:用泥不拘,大要先于梅雨后取沟内肥泥曝干,罗细备用。或取山上有火烧处,水冲浮泥,再寻蕨菜待枯。以前泥薄覆草上,再铺草,再加泥,如此三四层。以火烧之,浇入粪,干则再加再烧数次,待干取用。一云,将山土用水和匀,搏茶瓯大猛火煅红。火煅者,恐蚁蚓伤根也,捶碎拌鸡粪待用。如此蓄土,何患花之不茂?

〔附录〕蕙。一名薰草,一名香草,一名燕草,一名黄零香,即今零陵香也。零陵、地名,旧治在今全州,湘水发源出此草。今人所谓广零陵香,乃真薰草。今镇江、丹阳皆莳此草。刈之,洒以酒,芬香更烈,与兰草并称香草。兰草即泽兰,今世所尚乃兰花,古之幽兰也。蕙草生下湿地方。茎叶如麻,相对生。七月中旬开赤花,甚香。黑实。江淮亦有,但不及湖岭者更芬郁耳。题咏家多用兰蕙而迷其实,今为拈出以正讹误。《楚词》言兰必及蕙,畹兰而亩蕙也,氾兰而转蕙也,蕙殽蒸而兰藉也。蕙虽不及兰,胜于馀芳远矣。《楚辞》又有菌阁蕙楼,盖芝草干杪敷华有阁之象,而蕙华亦以干杪重重累积,有楼之象云。

【诠释】

兰系兰科植物之总称。兰科植物分地生兰与气生兰两大类。气生兰产于印度、缅甸等亚热带地区和太平洋诸岛屿。中国所产为地生兰,称中国兰花,学名 *Cymbidium virescens*。它是我国传统名贵花卉之一,已有两千多年载培历史。春秋时的《周易》已有"同心之言,其臭如兰"之言。《楚辞》更多以兰喻君子高洁的品质。由于兰花叶态优美,花朵清雅芳香,花质素洁,自古就深受人民的喜爱,有"香祖"之誉。

中国兰花系多年生常绿草本。根簇生,肉质,圆柱形。茎肥大而短,称假球茎,有节,每节着生1叶。兰叶通常狭而长,革质。一茎所有的叶片一次长出,而且只长一次。花葶生于叶丛间,开花数朵或1朵。花被6片,其中3片在外,称萼片;2片在两则,形色相同;独中间1片,形大而美艳,特称为唇瓣。兰花之优劣,主要由唇瓣之形态、色彩而定。

兰科植物有450属,1,700多种。在我国,有兰属植物148属,1,080种。这里和《花镜》所载均为35个品种,其中有不少名贵品种,如江苏、浙江的春兰与夏兰,大理的雪兰,云南、贵州的金边稜、硬叶素,四川的蕙兰,兰州的武陵素、心兰等,都甚负盛名。台湾兰花有100多个品种,其中驰名世界的蝴蝶兰曾在第三届国际花卉展览会上被评为群芳之冠。其花似蝴蝶,甚为艳丽芳香。目前我国常见的栽培品种有:

春兰:又称草兰,根肉质,须根白色,假球茎密集成簇。叶狭长而小,边缘粗糙。2~3月抽花葶,一葶一花,花淡黄绿,有芳香。其上等的品种香味清纯。依花瓣的形态,春兰又分为荷瓣、梅瓣、水仙瓣、柳叶瓣、竹叶瓣等品种,以前三者为上品。春兰的名贵品种有宋梅、绿英、绿云、小打梅等。

蕙兰:一名九华,又名九节兰。叶似管茅,苗壮而茂盛,叶缘有锯齿。花葶肥大,长达0.7米,约与叶等长。有白葶与紫葶之分,一葶5~6花,亦有10花以上者。白葶花有芳香,紫葶花香稍淡。蕙兰又分为荷瓣、梅瓣、水仙瓣、素心等品种。名贵品种有金嶰素、隆昌素、荣梅、祥梅等。

建兰:系代表福建原产的大叶种,又称秋兰。叶长而尖,有光泽,直立性强。7~8月抽花葶,长约30厘米,每葶5~7花,花淡黄色,稍带绿晕,唇瓣有紫色斑点,香气浓。建兰是一个较普遍的品种,诸花谱多有记载。赵时庚《金漳兰谱》记载 20 个品种,王贵学《兰谱》记载 22 个品种。其中只有一个独头兰代表春兰,其馀都是建兰。建兰又分为素心兰与四季兰。素心兰如鱼魫兰,为古代保存至今的一个著名品种。四季兰叶粗壮而直立,一葶 5~6 花,黄白色,瓣上有紫红脉,唇瓣有紫色斑点,芳香,如赤穗观音、玉真等是。建兰的名贵品种有铁梗素、金边乌兰、十三太保等。

墨兰:又称报岁兰,产于福建、广东、台湾等地。以旧历春节时开花,故名报岁。叶较大,宽而厚,有光泽,全缘,较柔软。冬春抽花葶,紫红色,高出叶面,每葶 5~10 花,紫褐色,唇瓣有赫色斑,但白墨花瓣及花葶是纯白而带青色。名贵品种有绿墨、白墨、鹦鹉墨、徽墨等。

寒兰:叶似建兰稍窄,基部直立性强。冬月抽花葶,花葶较细,直立,每葶 5~7 花。花瓣亦较建兰稍窄,花有清紫,桃红、白、黄等色,芳香。日本栽培较多。我国福建、江西及浙江南部亦不少。名贵品种有银铃、翠玉紫云。

兰花的繁殖,一般采用分株法,按不同品种,在不同季节进行。一般除夏季与冬季外,春秋季节都可分株。兰花的培植用土,与其他花卉不同,最好用山泥与腐叶土配成的培养土。分株出来的小株,种在预先盛好栽养土的盆中(盆底到高三分之一处,放粗泥或木炭,其上放 1 厘米的泥土),浇水后放在荫棚处。

栽培:在 4~9 月下旬,需遮荫,勿受阳光直射,最好在雨天(当然不要使其淋雨)进行。施肥不必过勤,在 4~9 月内施用完全腐熟的油粕水肥(比例为 1:70~80)4~5 次。假如肥料过多,可能会使根部腐烂。冬季需移放在没有加温的温室中过冬,最好让叶子稍受阳光。浇水对培养兰花来说,是一项重要而基本的工作。经常使盆上半部保持湿润,就可不必再浇水。兰花的主要害虫是介壳虫,可将烟水加上稀肥皂水用毛笔涂上,或用旧牙刷或棕榈的棕皮去除掉,过半小时后再用清水洗净。

33. 菊[一]

一名治蔷[二],一名日精,一名节花,一名傅公,一名周盈,一名延年,一名更生,一名阴威,一名朱嬴,一名帝女花。《埤雅》[三]云:"菊本作蘜,从鞠,穷也。"花事至此而穷尽也。宿根在土,逐年生芽。茎有棱,嫩时柔,老则硬。高有至丈馀者。叶绿,形如木槿而大,尖长而香。花有千叶单叶、有心无心、有子无子、黄白红紫粉红间色浅深、大小之殊,味有甘苦之辨。大要以黄为上,白次之。性喜阴恶水,种须高地,初秋烈日尤其所畏。《本草》及《千金方》皆言菊有子。将花之干者令近湿土,不必埋入土,明年自有萌芽,则有子之验也。味苦甘平无毒。昔有谓其能除风热、益肝补阴,盖不知其得金水之精英,能益金水二脏也。补水所以制火,益金所以平木,木平则风息,火降则热除。用治诸风头目,其旨深微。黄者入金水阴分,白者入金水阳分,红者行妇女血分,皆可入药。久服[四]令人长生明目,治头风,安肠胃,去目翳,除胸中烦热、四肢游气,久服轻身延年。或用之而无效者,不得真菊耳。菊之紫茎、黄色冗心、气香而味甘者为真菊,当多种。其类有:

甘菊、一名真菊,一名家菊,一名茶菊。花正黄,小如指顶,外尖瓣内细萼,柄细而长,味甘而辛,气香而烈。叶似小金铃而尖,更多亚浅,气味似薄荷。枝干嫩则青,老则紫。实细如葶苈而细。种之亦生苗,人家种以供蔬茹,凡菊叶皆深绿而厚味,极苦,或有毛。惟此叶淡绿柔莹,味微甘,咀嚼香味俱胜,撷以作羹,及泛茶,极有风致。都胜、一名胜金黄,一名大金黄,一名添色喜容。蓓蕾殷红,瓣阔而短,花瓣大者皆有双画直纹,内外大小重叠相次面黄背红开也,黄晕渐大,红晕渐小。突起如伞顶,叶绿皱而尖,其亚深瘦则如指,肥则如掌。茎紫而细劲,直如铁,瘦矬肥则高,可至六七尺。叶常不坏,小花中之极美者也。九月末开。出陈州。御爱、出京师,开以九月末,一名笑靥,一名喜容。淡黄千叶,花如小钱。大叶有双纹,齐短而阔,叶端皆有两缺。内外鳞次上二、三层花色鲜明,下层浅色带微白,心十馀缕色明黄。叶比诸菊最小而青,每叶不过如指面大。或云出禁中,因得名。金芍药、一名金宝相,一名赛金莲,一名金牡丹,一名金骨朵。蓓蕾黄红,花金光,愈开愈黄,径可三寸,厚称之,气香瓣阔。叶绿而泽,稀而弓长而大,亚深。枝干顺直而扶疏,高可六、七尺。菊中极品。黄鹤翎、蓓蕾朱红如泥金瓣而红,背黄,开也外晕黄而中晕红。叶青弓而稀,大而长,多尖如刺。干紫黑,劲直如铁,高可七、八尺。韵度超脱,菊中之仙品也。蜜鹤翎久不可见,白者次之,粉者又次之,紫者为下。木香菊、多叶,略似御衣黄。初开浅鹅黄,久则淡白,花叶尖薄,盛开则微卷,芳气最烈。一名脑子菊。大金黄、花头大如折三钱,心瓣黄,皆一色,其瓣五、六层,花片亦大。一枝之杪,多独生一花。枝上更无从蕊。绿叶亦大,其梗浓紫色。小金黄、花头大如折二,心瓣黄,皆一色。开未多日,其瓣鳞鳞六层而细。态度秀丽,经多日则面上短瓣亦长至干,整整而齐,不止六层,盖为状先后不同也。如此秾密,状如笑靥花,有富贵气,开早。**胜金黄**、花头大,过折二钱。明黄瓣、青黄心,瓣有五六层。花片比大金黄差小,上有细脉。枝杪凡三四花,一枝之中,有少从蕊,颜色鲜明,玩之快人心目,但条梗纤弱,难得团簇作大本,须留意扶植乃成。**黄罗伞**、花深黄,径可二寸,体薄,中有顶瓣,纹似罗下垂如伞,柄长而劲。叶绿而稀,厚而长,亚深。枝干细直劲如铁,高可六、七尺。**报君知**、一名九日黄,一名早黄,一名蟹爪黄。花黄赤而有宝色,开于霜降前,久而愈艳,径二寸有半。气香,瓣末稍岐,有尖突起。叶青而稀,长而大,亚深,茎紫,枝干劲挺,高可八九尺。**金锁口**、一名黄锦鳞,一名锦鳞菊。瓣叶茎干颇类黄鹤翎,开亦同时,体厚莹润,绝类西施,瓣背深红,面正黄,瓣展则外晕黄而内晕红。既彻,则一黄菊耳。径可二寸有半。沈注,深红千瓣周边黄色,半开时,红黄相杂如锦。**银锁口**、花初黄后淡,周边白色如银,半开时黄白相杂可爱。上二花可为绝品,非其他小巧者可比。**鸳鸯锦**、一名四面佛,一名鸾交凤友,一名孔雀尾。初作蓓蕾时,每一蒂即迸成三、四,亦有至五、六者,其瓣面重黄而背重红。开也奇怪,一分为三截,下截皆黄,中截则红,其顶又红,四面支撑,红黄交杂如锦,开彻,四面尽露,红背尽隐。厚径二寸馀,上尖高二寸,如楼台。气香,叶黑绿泽皱而瓦有棱角,其尖最多,亚甚深。叶根多宜茎紫,枝干劲挺,高可四五尺。**御袍黄**、一名琼英黄,一名紫梗御袍黄,一名柘袍黄,一名大御袍黄。花如小钱大,初开中赤,既开莹黄,径三寸半,瓣阔开早,瓣末如有细毛,开最久,残则红。叶绿稀而长,厚而大,亚深。叶根青净。茎叶枝干扶疏,高可一丈,状类御爱,但心有大小之分。**青梗御袍黄**、一名御衣黄,一名浅色御袍黄。朵瓣叶干俱类小御袍黄,但瓣疏而茎青耳。范《谱》曰:千瓣初开深鹅黄而差疏瘦,久则变白。**侧金盏**、此品类大金黄,其大过之,有及一寸八分者。瓣有四层,皆整齐。花片亦阔大,明黄色,深黄心,一枝之杪独生一花。枝中更无丛蕊。名以侧金盏者,以其花大而重欹侧而生也。叶绿而大,梗淡紫。**状元黄**、一名小金莲。其花焦黄,焰焰始终一色,瓣疏细而茸作馒头之形,径二寸许,萼深绿,开甚早。气香,叶绿而大,长而瓦,厚而绵,似金芍药而尖。叶根清净。茎淡红,枝干顺直扶疏,高七八尺。**剪金毬**、一名剪金黄,一名金凤毛,一名金楼子,一名密剪毬。其色莹黄,瓣末细碎如剪,顶突有细萼,相杂茸茸,气香,其残也红。叶青而绿,皱而稠,肥而厚,阔而短,亚深。叶根冗甚。枝干劲挺,高可五六尺。**黄绣毬**、一名金绣毬,一名黄罗衫,一名木犀毬,一名金毬。花深黄,叶色稍淡而高大。**晚黄毬**、深黄千瓣,开极大。**十采毬**、黄千瓣如毬。**大金毬**、金黄千瓣,瓣反成毬。**小金毬**、一名毬子菊,一名毬子黄,一名金缨菊,一名金弹子。深黄千瓣,中边一色,花较小,突起如毬。**毬子**、开以九月中,深黄千叶,尖细重叠,皆有伦理。一枝之杪丛生百馀花,若小毬菊,诸黄花最小无过此者。然枝青叶碧,花色鲜明,相映尤好。**金铃菊**、花头甚小如铃之圆,深黄一色。其干之长与人等。或言有高近一丈者,可以上架,亦可蟠结为塔,故又名塔子菊。一枝之上,花与叶层层相间有之,不独生于枝头。绿叶尖长,七出,凡菊叶多五出。**金万铃**、开以九月末,淡黄千叶。菊以黄为正,铃以金为质,是菊正黄色而叶有铎形,则于名实两无愧也。菊有花密枝偏者,谓之鞍子菊,与此花一种,特以地脉肥瘠使之然尔。又有大黄铃、大金铃、蜂铃之类,或形色不正,较之此花,大非伦比。**小金铃**、一名馒头菊。花似大金铃而小,外单瓣,中筒瓣。叶似甘菊而厚大。开以十月。**夏金铃**、出西京,开以六月,深黄千叶,与金万铃相类而花头瘦小,不甚鲜茂,以生非其时故也。**秋金铃**、出西京,开以九月中,深黄双纹重叶。花中细蕊皆出小铃,萼中亦如铃。叶但比花叶短广而青,有如蜂铃状。初出时,京师戚里相传以为爱玩。**蜂铃**、开以九月中,千叶深黄。花形圆小而中有铃,叶拥聚蜂起,细视若有蜂窠之状,似金万铃,独以花形差小而尖,又有细蕊出铃叶中,以此别尔。**大金铃**、开以九月末,深黄,有铃者皆如铎之形,而此花之中实皆五出细花,下有大叶开之,每叶有双纹,枝与常菊相似,叶大而疏,一枝不过十数叶,俗名大金铃,花形似秋万铃。**千叶小金钱**、略似明州黄,花叶中外叠叠整齐,心甚大。**单叶小金钱**、花心尤大,开最早,重阳前已烂熳。**小金钱**、开早,大于小钱,明黄瓣、深黄心。其瓣齐齐三层,花瓣展其心则舒而为筒。**大金钱**、开迟,大仅及折二,心瓣明黄一色,其瓣五层。此花不独生于枝头,乃于叶层层相间而生,香色与态度皆胜。**金钱**、出西京,开以九月末,深黄,双纹重叶,似大金菊,而花形圆齐颇类滴滴金,人未有识者,或以为棠棣菊,或以为大金铃,但以花叶辨之乃可见。**荔枝菊**、花头大于小钱,明黄,细瓣层层,鳞次不齐。中央无心,须乃簇簇未展,小叶至开遍凡十馀层,其形颇圆,故名荔枝菊,香清甚。姚江士友云,其花黄,状似杨梅。**金荔枝**、一名荔枝黄。花金黄,径二寸馀,厚半之,瓣短而尖,开迟。叶青而稠,大而尖。其亚浅高,可三四尺。**荔枝红**、一名红荔枝。红黄千瓣。**棣棠**、出西京,开以九月末,双纹多叶。自中至外,长短相次,如千叶棣棠状。凡黄菊类多小花,如都胜、御爱,虽稍大而色皆浅黄,其最大者若大金铃菊则又单叶浅薄,无甚佳处,惟此花深黄多叶,大于诸菊,而又枝叶甚青,一枝丛生,至十馀朵,花叶相映,颜色鲜好。**金毬子**、花比甘菊差大,纤秾酷似棣棠,色艳如赤金,它花色皆不及,盖奇品也。叶亦似窠,株不甚高,金陵最多开早。**九炼金**、一名渗金黄,一名销金菊。花似棣棠菊而稍大,瓣似荔枝菊而稍秃。开于九月前,外晕金黄,中晕焦黄。叶绿,狭而尖,亚深,叶根多冗。茎紫而细劲直如铁,高可一丈。**黄二色**、九月末开,鹅黄双纹多叶,一花之间自有深淡两色。然此花甚类蔷薇菊,惟形差小,又近蕊多有乱叶,不然亦不辨其异种也。**橙菊**、花瓣与诸菊绝异,黄色不甚深,其瓣成筒排,竖生于萼上。小片婉娈,至于成团。众瓣之下,又有统裙一层承之,亦犹橙皮之外包也,其中无心。**小御袍黄**、一名深色御袍黄。花全似御袍黄,瓣稍细,开颇迟,心起突。色如深鹅黄菊,瘦,有心不突。**黄万卷**、一名金盘橙,其色金黄,径二寸有半,厚三之二,其外夹瓣,其中筒瓣,开迟。叶青而稠,大而瓦,其末团,其亚深,叶根多冗。枝干偃蹇而粗大,高五六尺。**邓州黄**、开以九月末,单叶双纹,深于鹅黄而浅于郁金,中有细叶出铃萼上,形样甚似邓州白,但差小耳。按陶隐居云:“南阳郦县有黄菊而白,以五月采。”今人间相传多以白菊为贵,又采以九月,颇与古说相异,惟黄菊味甘,气香,枝干叶形全类白菊,疑弘景所说即此。**金丝菊**、花头大过折二,深黄细瓣,凡五层,一簇黄心甚小,与瓣一色。颜色可爱,名为金丝者,以其花瓣显然起纹络也,十月方开此花,根荄极壮。**垂丝菊**、花蕊深黄,茎极柔细,随风动摇如垂丝海棠。**锦牡丹**、花之红黄、赤黄者多以锦名,花之丰硕而綷者多以牡丹名,或又名秋牡丹。**檀香毬**、色老黄形团,瓣圆厚,开彻整齐,径几三寸,厚三之二,气香,叶干短蹙。**麝香黄**、花心丰腴,旁短叶密承之,格极高胜。亦有白者,大略似白佛顶而胜之,远胜吴中,比年始有。**黄寒菊**、花头大如小钱,心瓣皆深黄色,瓣有五层,甚细。开至多日,心与瓣并而为一,不止五层,重数甚多,耸突而高,其香与态度皆可爱,状类金铃菊,差大耳。**蔷薇**、九月末开,深黄双纹单叶,有黄细蕊出小铃萼中。枝干差细,叶有枝股而圆。又蔷薇有红黄千叶、单叶两种,而单叶者差尖,人间谓之“野蔷薇”,盖以单叶尔。**鹅毛**、开以九月,淡黄,纤如细毛,生于花萼上。凡菊,大率花心皆细叶如,下有大叶承之间,谓之柎叶。今鹅毛花自内至外,叶皆一等,但长短上下有次尔,花形小于万铃,亦近年花也。**金孔雀**、一名金褥菊,蓓蕾甚巨,初开金黄,既开赤黄,径三寸半,厚称之,其气不嘉,瓣尖而下垂,随开随悴,叶青而浊长,大而皱,其亚深,根冗甚,枝干偃塞而粗大,高可一丈。**黄五九菊**、花鹅黄色,外尖瓣一层,中瓣茸茸然,径仅如钱,夏秋二度开。叶青而稠,长而多尖,其亚深。叶根有冗,枝干细而高,仅二、三尺。**九日黄**、大如小钱,黄瓣黄心,心带微青,瓣有三层,状类小金钱,但此花开在金钱之前也。开时或有不甚盛者,惟地土得宜方盛。绿叶甚小,枝梗细瘦。**殿秋黄**、一名黄芙容,一名金芙容,一名近秋黄,一名晚节黄,一名大蜡瓣。花蜜蜡色,径二寸有半,瓣阔,微皱,开于秋末。叶青稀厚而瓦,大如掌,亚深。枝干粗劲如树,高可八九尺。**小殿秋黄**、朵瓣叶干俱似殿秋黄而清雅过之。**叠罗黄**、状如小金黄,花叶尖瘦如剪罗縠,三、两花自作一高枝出丛上。态度潇洒。**伞盖黄**、花似御袍黄而小,柄长而细,萼黄茎青。**小金眼**、一名杨梅毯,一名金带围,一名腰金紫。与大金眼同,花朵差小,枝干稍细,高仅三、四尺。**太真黄**、花如小金钱,色鲜明,此花小甚。**黄木香**、一名木香菊,深黄小千瓣,花仅如钱。**黄剪绒**、色金黄。**黄粉团**、黄花千瓣,中心微赤。**黄蜡瓣**、花淡黄。**锦雀舌**、一名金雀舌。重黄多瓣,瓣微尖如雀舌。**金玲珑**、一名锦玲珑,一名金络索。金黄千瓣,瓣卷如玲珑。**锦丝桃**、一名锦苏桃。瓣背紫而面黄,馀类紫丝桃。**黄牡丹**、其花鹅黄。其背色稍大。**金纽丝**、一名金撚线,一名出谷笺,一名金纹丝。色莹黄,开迟。高可一丈。瘦则薄而小,肥则与银纽丝同。**锦西施**、红黄多瓣。形态似黄西施。**黄西施**、嫩黄多瓣。**玛瑙西施**、红黄多瓣。**二色玛瑙**、金红、淡黄二色,千瓣。**锦褒姒**、金黄千瓣,似粉褒姒而韵态尤胜。**鸳鸯菊**、一名合欢金。千朵小黄花皆并蒂,叶深碧。**波斯菊**、花头极大,一枝只一葩,喜倒垂下,久则微卷,淡黄千瓣。**茉莉菊**、花头巧小,淡淡黄色,一蕊只十五、六瓣,或止二十片,一点绿心,其状似茉莉花,不类诸菊,叶即菊也。每枝条之上,抽出十馀层小枝,枝皆簇簇有蕊。**紫粉团**、黄花千瓣,中心微赤。**锦麒麟**、一名回回菊。其花极耐霜露,径可二寸。萼黄,瓣初赤红,既开则面金黄而背赤红。叶绿而黑,长厚而尖,其亚深,叶根有冗,高可五六尺。**莺羽黄**、一名莺乳黄。嫩黄千瓣如大钱。**鹅儿黄**、一名鹅毛黄。开以九月末,淡黄纤细如毛,生于花萼上。**楼子佛顶**、花鹅黄,其瓣大约四层,下一层瓣单而大,二层数叠稍缩,三层亦数叠又缩,第四层黄萼细铃,茸茸然突起作顶,径仅如钱,经霜即白。其叶微似锦绣毯,青而皱,长厚而尖,其亚浅,叶根有冗。其枝干劲直,高可四五尺。凡花之外有大瓣,而中有细萼茸茸然突起作顶,似铃非铃、似管非管者。不问千瓣、多瓣、单瓣、皆当从佛顶之称,惟铃管分明者,则不可得而混也。**黄佛顶**、一名佛头菊,一名黄饼子,一名观音菊。黄千瓣,中心细瓣高起,花径寸馀。心突起似佛顶,四边单瓣,瓣色深黄。**黄佛头**、花头不及小钱,明黄色,状如金铃。菊中外不辨,心瓣但见混同,纯是碎叶突起甚高。又有白佛头,菊之黄心也。**佛头菊**、无心,中边亦同。**小黄佛顶**、一名单叶小金钱花。佛头颇瘦,花心微注。**兔色黄**、蓓蕾叶干俱似绣芙容,瓣似荔枝菊,色似兔毛。径仅二寸,殊不足观。**野菊**。亦有三、两种。花头甚小,单层,心与瓣皆明黄色,枝茎极细,多依倚他草木而长。别有一种,其花初开心如旱莲草,开至涉日则旋吐出蜂须,周围蒙茸然如莲花须之状,枝茎颇大,绿叶五出,能仁寺侧府城墙上最多。**以上黄色。**

　　九华菊、此渊明所赏,今越俗多呼为大笑。瓣两层者曰九华,白瓣黄心,花头极大,有阔及二寸四、五分者,其态异常,为白色之冠。香亦清胜,枝叶疏散,九月半方开。昔渊明尝言秋菊盈园,诗集中仅存九华之一名。喜容、千叶,花初开微黄,花心极小,花中色深,外微晕淡,欣然丰艳有喜色,甚称其名。久则变白,尤耐封植,可以引长七八尺至一丈,亦可揽结,白花中高品也。金杯玉盘、中心黄,四旁浅白,大叶三数层,花头径三寸,菊之大者不过此。本出江东,比年稍移栽吴中。粉团、亦名玉毬。此品与诸菊绝异。含蕊时,色浅黄带微青,花瓣成筒排,竖生于萼上,其中央初看一似无心,状如灯。菊盛开则变作一团,纯白色,形甚圆,香甚烈。至白瓣凋谢,方见瓣下有如心者甚大,白瓣皆匼匝出于上,经霜则变紫色,尤佳。绿叶甚粗,其梗柔弱。龙脑、一名小银台。出京师,开以九月末,类金万铃而叶尖,花色类人间紫郁金而外叶纯白,香气芬烈,甚似龙脑。是香与色俱可贵也。新罗、一名玉梅,一名倭菊。出海外,开以九月末,千叶纯白,长短相次,花叶尖薄,鲜明莹彻若琼瑶。始开有青黄细叶如花蕊之状,盛开后细叶舒展,始见蕊。枝正紫,叶青,支股甚小。凡菊类多尖阙,而此花之蕊分为五出,如人之有支股,与花相映,标韵高雅,非寻常比。玉毬、出陈州,开以九月末,多叶白花,近蕊微有红色。花外大,叶有双纹,莹白齐长,而蕊中小叶如剪茸。初开时有壳青,久乃退去。盛开后,小叶舒展,皆与花外长叶相次侧垂。以玉毬目之者,以其有圆聚之形也。枝干不甚粗,叶尖长无残阙,枝叶皆有浮毛,颇与诸菊异。然颜色标致,固自不凡,近年以来方有此本。出炉银、一名银红西施,一名粉芙蓉。花宝色,瓣厚大,初微红,后苍白,如银出炉,终始可爱。径三寸许,形团,叶青而黄,有纹,蜡色,皱而瓦,长厚而尖,叶根冗,茎青,枝干屈曲,高仅三四尺。白绣毬、一名银绣毬,一名白罗衫,一名琼绣毬,一名玉绣毬,一名白木犀,一名玉毬。色青白而有光焰,花抱蒂大于鹅卵,其瓣有纹,中有细萼,开最久,残则牙红。叶稀而青长,大而多尖,亚深,枝干劲直而扶疏,高可一丈。玉牡丹、一名青心玉牡丹,一名莲花菊。花千瓣,洁白如玉。径二寸许,中晕青碧,开早,开彻疏爽。叶青而稀,长而厚,狭而尖,亚深,叶根有冗。茎淡红,枝干劲挺,高仅二三尺。**玉芙蓉**、一名酴醿菊,一名银芙蓉。初开微黄,后纯白。径二寸有半,香甚。开早。瓣厚而莹,疏而爽,开最久。其残也粉红。叶靛色,微似银芍药,皱而尖,叶根多冗。茎亦靛色,枝干偃蹇,高仅三四尺。**银纽丝**、一名白万卷,一名万卷书,一名银绞丝,一名撚银条,一名鹅毛菊,一名银撚丝。初微黄,后莹白如雪,径可三寸,体薄开早,气香味甘。萼黄,开彻瓣纽则萼亦不见。瓣如纸撚,残则淡红。叶青而稠,亚浅,枝干劲直扶疏,高可六七尺。**一拿雪**、一名胜琼花。花硕大有宝色,其瓣茸茸然,如雪花之六出。叶似白西施而长大。干枝顺直高大。**玉宝相**、白多瓣,初开微红。花径三尺许,上可坐人,其瓣如大杓,容二三升,或以为粉雀舌,非也。**蜡瓣西施**、一名蜜西蜡瓣花。不甚大,而温然玉质,其品甚高。此外有红蜡瓣、大蜡瓣,虽冒蜡瓣之名而实不相似,惟紫蜡瓣花略相似,而枝叶又全不类。**白叠罗**、一名新罗菊,一名叠雪罗,一名玉梅,一名白叠雪,一名倭菊。蓓蕾难开,中晕青而微黄。开彻莹白如雪,径可三寸,厚三之二,其瓣罗纹,其残粉红。叶青而稠,大而仰,其末团,其亚深。枝干劲挺,高仅三四尺。**一团雪**、一名白雪团,一名簇香毯,一名斗婵娟。花极白,晶莹,瓣如勺长而厚,疏朗,香清。中萼黄,开迟最久,径可二寸,残时紫红。叶稀似艾,白而青,大而长,尖而厚,阔如掌,亚最深。叶极耐日,深冬五色斑然如画。枝干劲直,高可六七尺。**玉玲珑**、一名玉连环。蓓蕾初淡黄而微青,渐作牙红,既开纯白。其瓣初仰而后覆。叶青长而阔,厚而大,有棱角,叶根净,秋有采色。茎淡红,枝干顺直,高可至丈。**玉铃**、开以九月中,纯白千叶,中有细铃,甚类大金铃。凡白花中如玉毯、红罗,形态高雅,而此花可与争胜。**白麝香**、似麝香黄,花差小,亦丰腴韵胜。**莲花菊**、如小白莲花,多叶而无心,花头疏极,潇散清绝。一枝只一葩,绿叶甚纤巧。**万铃菊**、中心淡黄,餛子旁白花叶绕之,花端极大,香尤清烈。**月下白**、一名玉兔华。花青白,色如月下观之。径仅二寸,其形团,其瓣细而厚。叶青似水晶毬,长而狭,其背弓,其亚浅,其枝干劲挺,高可三四尺。**水晶毬**、其花莹白而嫩,初开微青,径二寸许,其瓣细而茸,中微有黄。萼初褊薄,后乃暄泛。叶稀而弓,青而滑,肥而厚,大而长,亚浅,根有冗,茎青,枝干挺劲,高可七八尺。**芙蓉菊**、开就者如小木芙蓉,尤称盛者如楼子芍药,但难培植,多不能繁。**象牙毬**、其花丰硕,初开黄白色,其后牙色,微作鸭卵之形。柄弱不任其花,色稠青而毛茎亦青。**劈破玉**、小白花,每瓣有黄纹如线,界之为二。**大笑**、白瓣黄心,本与九华同种,其单层者为大笑,花头差小,不及两层者之大。其叶类栗木叶,亦名栗叶菊。**徘徊**、淡白瓣,黄心,色带微绿。瓣有四层,初开时先吐瓣三四片,只开就一边,未及其馀。开至旬日,方及周遍,花头乃见团圆。按字书,徘徊为不进,此花之开若是,其名不妄。十月初方开,或有一枝花头多者,至攒聚五六颗,近似淮南菊。**佛顶**、亦名佛头菊,中黄心极大,四旁白花一层绕之,初秋先开,白色,渐沁微红。**玉楼春**、一名土粉西。花初桃红,后苍白,径可二寸有半,瓣厚而大,莹而润,开疏爽。叶青而毛稀,可数大如茄叶,亚浅,枝干劲直如木,高可六七尺。**酴醾**、出相州,开以九月末。纯白千叶,自中至外,长短相次。花之大小,正如酴醾,而枝干纤柔,颇有态度,若花叶稍圆,加以檀蕊,真酴醾也。**玉盆**、出滑州,开以九月末。多叶黄心,内深外淡,而下有阔白,大叶连缀承之,有如盆盂中盛花状。世人相传为玉盆菊者,大率皆黄心碎叶。初不知其得名之繇,后请于识者,乃知物之见名于人者,必有形似之实云。**波斯**、花头极大,一枝只一葩,喜倒垂下,久则微卷如发之鬈。**白**

西施、一名白粉西,一名白二色。花初微红,其中晕红而黄,既则白而
莹,径三寸以上,厚二寸许,瓣参差。开早。叶青而稠,狭而尖,其亚深,
叶枝多冗。枝干偃蹇,高仅三四尺。银盆、出西京,开以九月中。花皆
细铃,比夏秋万铃差疏而形色似之。铃叶之下,别有双纹白叶,谓之银盆
者,以其下叶正白故也。此菊近来未多见。木香菊、大过小钱,白瓣淡
黄心,瓣有三四层,颇细,状如春架中木香花,又如初开缠枝白,但此花
头舒展稍平坦耳。亦有黄色者。银盘、白瓣二层,黄心突起颇高,花头
或大或小不同,想地有肥瘠故也。邓州白、九月末开。单叶双纹白,叶
中有细蕊,出铃萼中。凡菊单叶如蔷薇菊之类,大率花叶圆密相次,而此
花叶皆尖细,相去稀疏。然香比诸菊甚烈,又为药中所用,盖邓州菊潭所
出。枝干甚纤柔,叶端有支股而长,亦不甚青。白菊、单叶白花,蕊与邓
州白相类,但花叶差阔,相次圆密而枝叶粗繁,人多谓此为邓州白,今正
之。金盏银台、一名银台,一名万铃菊,一名银万管花,外单瓣或夹瓣,
薄而尖,白而莹。中筒瓣初鹅黄后牙色,径可二寸,残则淡红。叶青而
狭,长而多尖,其亚深,叶根冗甚。枝干细偃蹇,高可五六尺。佛顶菊、
大过折二,或如折三,单层白瓣突起,淡黄心,初如杨梅之肉蕾,后皆舒为
筒子,状如蜂窠,末后突起甚高,又且最大。枝干坚粗,叶亦粗厚。又名
佛头菊。一种每枝多直生,上只一花,少有旁出枝。一种每一枝头分为
三四小枝,各一花。淮南菊、一种白瓣黄心,瓣有四层,上层抱心,微带
黄色,下层黯淡,纯白,大不及折二,枝头一簇六七花。一种淡白瓣淡黄
心,颜色不相染惹,瓣有四层,一枝攒聚六七花,其枝杪六花如六面仗鼓
相抵,惟中央一花大于折三,此则所产之地力有不同也。大率此花自有
三节不同,初开花,面微带黄色,中节变白,至十月开过,见霜则变淡紫
色。且初开之瓣,只见四层开,至多日乃至六七层,花头亦加大焉。茉莉

菊、花叶繁,全似茉莉绿。叶亦似之,长大而圆净。万铃菊、心茸茸突起,花多半开者如铃。玉盘菊、黄心突起,淡白绿边。粉蔷薇、花似紫蔷薇而粉色。玉瓯菊、或云瓯子菊,即缠枝白菊也。其开层数,未及多者,以其花瓣环拱如瓯盏之状也。至十月经霜则变紫色。白褭妳、一名银褭妳。多瓣小花。此花四色锦者为最,紫者次之,粉者又次之,白其尤胜者。银杏菊、淡白,时有微红,花叶尖绿,叶全似银杏叶。银芍药、一名芙蓉菊,一名楼子菊,一名琼芍药,一名太液莲,一名银牡丹,一名银骨朵。初似金芍药,后莹白,香甚,残色淡红。叶亚深,与金芍药同。小银台、一名龙脑菊,一名脑子菊,一名瑶井栏。花类金盏银台,外瓣圆厚,色正白,中筒瓣色黄,开甚早。叶厚而深绿,高大。白五九菊、一名银铃菊,一名夏玉铃。外瓣一层纯白,其中铃萼淡黄,径仅如钱,夏秋二度开。叶青长,大而尖,亚深,叶根有冗,高仅二三尺。八仙菊、花初青白色,后粉色。一花七八蕊,叶尖长而青。白粉团、一名玉粉团。千瓣白花,似粉团。蜡瓣粉西施、一名粉西娇,一名西施娇,叶干全类三蜡瓣,似粉西施而差小,瓣厚,不莹。白牡丹、纯白。鹭鸶菊、出严州。花如茸毛,纯白色,中心有一丛簇起如鹭鸶头。蘸金白、一名蘸金香。白千瓣,瓣边有黄色似蘸。琼玲珑、白千瓣,参差不齐。碧蕊玲珑、白千瓣,叶色深绿。白佛顶、一名琼盆菊,一名佛顶菊,一名佛头菊,一名银盆菊,一名大饼子。菊单瓣,中心细瓣突起,如黄佛顶。小白佛顶、一名小佛顶。心大突起似佛顶,单瓣。白绒毯、花粉白,馀类紫绒毯。白剪绒、一名剪鹅毛,一名剪鹅翎。色雪白。银荔枝、大概似金荔枝。白木香、一名木香菊,一名玉钱菊,白千瓣,小花径如钱。碧桃菊、其花纯白,叶与紫芍药相似。艾叶菊、心小叶单,绿叶尖长似蓬艾。白鹤顶、似鹤顶红而色较白。白鹤翎、一名银鹤翎,一名银雀舌,一名玉雀舌。花纯白,与粉鹤翎同,瓣皆有尖,下垂。**白麝香**、似麝香,黄花差小,丰腴。**粉蝴蝶**、一名玉蝴蝶,一名白蛱蝶,千瓣小白花。**白蜡瓣**、一名玉菡萏。花纯白,与粉蜡瓣同。**脑子菊**、花瓣微皱缩如脑子状。**缠枝菊**、花瓣薄,开过转红色。**楼子菊**、层层状如楼子。**单心菊**、细花心,瓣大。**五月菊**、花心极大,每一须皆中空攒成一匾毬子,红白,单叶绕承之。每枝只一花,径二寸,叶似茼蒿。夏中开。近年院体画草虫,喜以此菊写生。**殿秋白**。一名玉玫瑰,花朵叶干俱类殿秋黄。**寒菊**。大过小钱,短白瓣,开多日其瓣方增长。明黄心,心乃攒聚。碎叶突起颇高。枝条柔细,十月方开。以上白色。

　　状元紫、花似紫玉莲而色深。**顺圣浅紫**、出陈州、邓州,九月中方开。多叶,叶比诸菊最大,一花不过六七叶,而每叶盘叠凡三四重。花叶空处间有筒叶辅之。大率花枝干类垂丝棣棠,但色紫花大尔。菊中惟此最大,而风流态度又为可贵,独恨色非黄白,不得与诸菊争先耳。**紫牡丹**、一名紫西施,一名山桃红,一名檀心紫。花初开红黄,间杂如锦,后粉紫,径可三寸。瓣比次而整齐,开迟,气香,叶绿而泽,长厚而尖,其亚深,叶根有冗枝,干肥壮,高仅三四尺。**碧江霞**、紫花青蒂,蒂角突出花外,小花,花之奇异者。**双飞燕**、一名紫双飞。淡紫千瓣,每花有二心,瓣斜卷如飞燕之翅。**孩儿菊**、紫萼白心,茸茸然。叶上有光,与它菊异。**紫茉莉**、似梅花菊而紫,花虽小而标格潇洒,气味芬馥,不可以常品目之。**朝天紫**、一名顺圣紫。蓓蕾青碧,花初深紫后浅紫,气香,瓣初如兔耳,后尖而覆,鬅松而整齐。径二寸有半,叶绿而稀尖,亚细密如缕,叶根清净,枝干细紫,劲而直高,可五六尺。**剪霞绡**、紫多瓣,瓣边如剪,其花径二寸许,瓣疏而大,其边如绣。**佛座莲**、紫千瓣,瓣颇大,且开殿众菊,或以为紫牡丹,非。**瑞香紫**、一名锦瑞香。花淡紫如瑞香色,径寸许,瓣疏尖而竖,枝叶类金荔枝。**紫丝桃**、一名紫苏桃,一名晓天霞。蓓蕾青绿,花茄色,中晕浓而外晕稍淡。瓣长而尖,初如勺,后平铺。瓣上有纹色更紫。花径二寸有半,厚称之。开彻髼松明润,枝叶俱类紫玉莲。**墨菊**、一名早紫。花似紫霞觞而厚大,色紫黑秾艳,开于九日前。茎叶与紫袍金带相似,高可四五尺。皆紫之极,非世俗点染之说也。**夏万铃**、出鄌州,开以五月。紫色,细铃生于双纹大叶之上。以时别之者,以有秋时紫花故也。或以菊皆秋生花,而疑此菊独以夏盛,按《灵宝方》曰,菊花紫白。又陶隐居云,五月采。今此花紫色而开于夏时,是其得时之正也,夫何疑哉?**秋万铃**、出鄌州,开以九月中。千叶浅紫,其中细叶尽为五出锋形,而下有双纹大叶承之。诸菊如棣棠,是其最大,独此菊与顺圣过焉。环美可爱。**荔枝紫**、出西京,九月中开。千叶紫花,叶捲为筒,大小相间。凡菊铃并蕊皆生托叶之上,叶背乃有花萼与枝相连,而此菊上下左右攒聚而生,故俗以为荔枝者,以其花形正圆故也。花有红者与此同名,而纯紫者盖不多得。**紫褒姒**、似粉褒姒而色紫。**赛西施**、又名倚栏娇。淡紫小花,头倒侧如醉。**紫芍药**、一名红剪春。花先红后紫,复淡红变苍白,径可三寸,厚称之。其瓣阔大而髼松,开早,气香。叶薄绿而泽,稀而多尖,其枝干顺直,高可四五尺。**绣毬**、出西京,开以九月中。千叶紫花,叶尖阔,相次丛生如金铃。花似荔枝菊。花无筒叶而萼边正平尔,花形之大,有若大金铃菊者。**紫鹤翎**、一名紫粉盘,一名紫雀舌。花先淡紫后粉白色。**紫玉莲**、一名紫荷衣,一名紫蜡瓣。蓓蕾青绿,花紫而红,质如蜡,径可二寸,瓣如勺,终始上竖,叶全似朝天紫。**玛瑙盘**、淡紫赤心千瓣,花极丰大。**紫蔷薇**、花略小似紫玉莲而色淡。**紫罗伞**、一名紫罗袍。花似紫鹤翎,小而厚,色匀。其瓣罗纹而细,叶青大而稠,根多冗枝,干劲直高大。**紫绣毬**、一名紫罗衫。其花粉紫,得养则如紫牡丹之色蒨丽，失养则青红黄白夹杂而不匀。瓣结不舒，叶类锦绣毯，绿而混，厚而皱。**紫剪绒**、四剪绒俱小巧，紫者其名独振。**金丝菊**、紫花黄心，以蕊得名。**水红莲**、一名菡萏红，一名荷花毯，一名粉牡丹，一名紫粉莲，一名紫粉楼。花粉紫，初开似紫牡丹，其后渐淡如水红花色。径二寸，形团瓣疏，开早。叶绿稀而可数，阔大而厚，皱而蹙，似芡叶。枝干劲直，高可一丈。或以为太液莲，非。**鸡冠紫**、一名紫凤冠。千瓣，高大起楼，取象于鸡冠花，非以鸡之冠为比也。**福州紫**。紫多瓣。以上紫色。

状元红、花重红，径可二寸，厚半之。瓣阔而短厚，有纹，其末黄。其红耐久，开早，叶似猫脚迹，绿而丽，亚深，叶根冗。枝干如铁，高仅三四尺。**锦心绣口**、一名杨妃茜裙红，一名美人红。径二寸许，厚半之，外大瓣一二层深桃红，中筒瓣突起，初青而后黄。筒之中娇红而外粉，筒之口金黄，烂熳如锦。香清，开与报君知同。叶绿而泽，团而弓，稀而可数。其缺刻如捷业。枝干红紫，细劲顺直，高可四五尺。**紫袍金带**、一名紫重楼，又一名紫绶金章。蓓蕾有顶，开稍迟，初黑红，渐作鲜红。既开彷佛亚腰葫芦，亚处无瓣，黄蕊绕之。其彻也，黄蕊不见，攒簇成毯，大如鸡卵，开极耐久。叶绿而秀，阔而长，薄而多尖。叶根有冗茎，淡红，枝干劲直，高可三四尺。**大红袍**、蓓蕾如泥金，初开朱红，瓣尖细而长，体厚，径可二寸以上，残色木红。叶青泽，厚而大，亚深，末团，叶根清净，茎青，枝干肥壮顺直，高可四五尺。**紫霞觞**、一名紫霞杯。花似状元红，厚而大，开早，初重红，稍开即木红。叶青，阔而皱，亚深，叶根多冗，枝干挺劲，高可四五尺。**红罗伞**、一名紫幢，一名锦罗伞。紫红千瓣。**庆云红**、一名锦云红。蓓蕾深桃红，开则红黄，并作玛瑙色，中晕秾而外晕淡，其瓣尖细而鬅松，径二寸有半，厚称之。叶青泽，厚而长，稍尖，亚深，茎青,枝干顺直,高可四五尺。**海云红**、一名海东红,一名相袍红,一名将袍红,一名扬州红,一名旧朝服。先殷红,渐作金红,久则木红而淡,径二寸有半,其瓣初尖而后岐,其萼黄,其彻也髯松。其叶长而大,青而多尖,其亚深,枝干壮大,高可四五尺。**燕脂菊**、类桃花菊,深红残紫比燕脂色尤重。比年始有之。此品既出,桃花菊遂无颜色,盖奇品也。**缕金妆**、一名金线菊。深红千瓣,中有黄线路。**出炉金**、一名锦芙蓉。金红千瓣,色如炉金出火。**火炼金**、花径仅寸许,外尖瓣猩红,其中萼金黄。朵垂,其红不变。叶绿而泽,稀而瓦长,厚而尖,亚深,枝干劲直,高可四五尺。**木红毬**、一名红罗衫,一名红绣毬。花初开殷红,稍开即木红,径可二寸有半,瓣下覆如毬,心萼黄甚。茎叶枝干颇类御袍黄,高可五六尺。**紫骨朵**、一名大红绣毬,一名红绣毬。蓓蕾鲜红,顶如泥金,开甚早,先红紫,后紫红,径可二寸有半,厚二寸,瓣明润丰满如榴子,其彻也攒簇如毬。叶类紫霞觞,叶绿而小,根有冗,枝干劲直,高可四五尺。**醉杨妃**、一名醉琼环。其色深桃红,久而不变。其花疏爽而润泽,小径近二寸以上,厚半之,其瓣尖而硬,下覆如脐。花繁而柄弱,其英乃垂。其叶青厚短,大而稠,其尖多,其亚浅。叶根冗甚,茎青,枝干偃蹇,高可五六尺。**太真红**、娇红千瓣。**楼子红**、蓓蕾甚巨,开早,初深黑,渐作鲜红,瓣垂而长,光焰夺目。既开,径二寸以上,其萼如小钱,初青后黄,其中隐然有顶。有开数瓣上竖者。茎叶如紫袍金带,枝干高大,可至四五尺。**红万卷**、一名红纽丝。深红千瓣,如万卷书。**一捻红**、花瓣上有红点,面径三寸,瓣大而圆。**红剪绒**、初殷红,后木红,径寸有半,其形薄而瓦,其瓣末碎而茸,攒簇如刺。叶绿尖而小,其亚浅,其茎红,叶根清净,枝干扶疏,高可三四尺。**锦绣毬**、一名锦罗衫。蓓蕾如栗,其花抱蒂,其初殷红,既开鲜红,渐作红黄色,瓣阔而短。叶似紫绣毬,稀而大,皱而尖,叶根有冗。**鹤顶红**、一名不老红。花似晚香红,薄而小,外晕粉红,中晕大红,开彻粉红,瓣下弹大,红瓣上攒如鹤顶。叶青圆而小,枝干不甚高大。**鸡冠红**、红千瓣,色如鸡冠。**猩猩红**、花似状元红而厚,仅二寸,开早,色鲜红,耐久。叶泽长而多尖,茎青,枝干挺劲,高可四五尺。**绣芙蓉**、一名赤心黄,一名老金黄。初开赤红,既开中晕赤而外晕黄,其瓣面黄而背红,径二寸有半,厚半之。开早,棱层整齐。叶青泽而脆,亚深,叶根冗甚,枝干偃蹇而粗大,高可四五尺。**桃花菊**、一名桃红菊。花瓣如桃花,粉红色。一蕊凡十三四片,开时长短不齐,经多日乃齐,其心黄色,内带微绿。此花嗅之无香,惟撚破闻之,方知有香。至中秋便开,开至十馀日渐变为白色。或生青虫食其花片,则衰矣。其绿叶甚细小。**锦荔枝**、金红多瓣。**红牡丹**、开早,初殷红后银红,开最久。**红茉莉**、似梅花菊而红。**芙容菊**、状如芙容红色。**二色莲**、一名赛红荷,一名西番莲、一名蜡瓣红,一名大红莲,一名红转金,一名锦蜡瓣。花先茜红后红黄色,其萼黄,径二寸许,厚半之。瓣如勺而毛,末微皱,上簇如莲。萼黄而大,萼中或突起数瓣。叶绿长大而多尖,其亚深,叶根有冗,干劲挺,高可四五尺。**襄阳红**、并蒂双头,出九江彭泽。**宾州红**、一名岳州红,一名日轮红。重红褊薄如镟,径二寸,中黄,萼叶干似紫霞觞。**土硃红**、其色如土硃。**红二色**、出西京,开以九月末。千叶,丛有深淡红两色,而花叶之中,间生筒叶,大小相应。方盛开时,筒之大者裂为二三,与花叶相杂比,茸茸然。花心与筒叶中有青黄色,颇与诸菊异。**冬菊**。花薄而小,径仅寸半,色深红,质如蜡。瓣阔而短,开极迟,叶疏青而泽,初似银芍药,其后弓而厚,长而尖,亚深,尖多。茎紫,枝干顺直扶疏,高可五六尺。

以上红色。

桃花菊、多叶至四五重,粉红色,浓淡在桃杏红梅之间,未霜即开,最为妍丽。中秋后便可赏。**粉鹤翎**、一名粉纽丝,一名玉盘丹,一名粉雀舌,一名荷花红。花粉红,大如芍药,瓣尖长而大,背淡红,初开鲜浓,既开四面支撑紫焰腾耀,后渐白,纽丝。叶青而稀阔,大如掌,亚深,叶根多冗,枝干顺直而扶疏,高可七八尺。**垂丝粉红**、千瓣,细如茸,攒聚相次,花下亦无托瓣,枝干纤弱,其花淡红似银纽丝,而瓣不纽,其朵俱垂,色态娇艳,与醉西施、醉杨妃各不相涉,或谓三名即一物,非也。**粉蜡瓣**、蓓蕾稀,花微红褪白,质如蜡色,径可二寸有半,厚称之,气香,瓣初仰而后覆,其残如红粉涂抹。叶青长大而稀,亚深,叶根清净,枝干顺直,高可一丈。**粉西施**、一名红西施,一名红粉西,一名粉西花。丰硕似白西施,初开红黄相杂有宝色,开彻则淡粉红。瓣卷而纽,背惨而红,如猱头然。柄弱不任,叶青而厚,长而瓦,狭而尖,亚深。叶根多冗,枝干亦类白西施。**合蝉菊**、九月末开。粉红筒瓣,花形细者与蕊杂比。方盛开时,筒之大者裂为两翅,如飞舞状。一枝之杪凡三四花。**洒金红**、一名洒金香,一名金钱豹。淡红千瓣,瓣间有黄色如洒。**孩儿菊**,一名泽兰。花淡粉红色,筒瓣茸茸,四五月即开。叶青长狭多尖,花叶皆香。茎紫,高数尺,宜小儿佩。一云,置衣中发中可辟汗。**红粉团**、一名粉团花。粉红,径二寸,厚半之,中晕红,瓣短而多纹,枝叶似金荔枝而青。**楼子粉西施**、一名晚香红,一名秋牡丹,一名红粉楼,一名车轮红。其花粉红,径可三寸,厚三之二,其开也迟,瓣圆而厚,比次整齐,中深红突起,上作重台,色易淡。叶稠青而毛,狭而尖,其亚深,叶根冗甚。枝干亦与白西施同,壮大过之。**醉西施**、淡红千叶,垂英似醉杨妃。**胜绯桃**、一名红碧桃。格局似碧桃,色似秋海棠,枝叶似紫芍药而高大不及。**粉褒姒**、花粉红而小,径二寸有半,瓣尖短,厚而无纹。叶绿而泽,似状元红而尖,其亚少,叶根有冗,枝干偃蹇。或遂以粉西施当之,非也。**大杨妃**、一名杨妃菊,一名琼环菊。粉红千瓣,散如乱茸,而枝叶细小,袅袅有态。**赛杨妃**、粉红千瓣,花略小。**粉玲珑**、一名紫丁香。粉红小花。按沈《谱》,玲珑与万卷、万管并载,今人类多混称,不知玲珑者疏朗通透之物,卷则书卷画卷之类,管则箫管笔管之类,取象各不同。《百咏》之连环络索,即玲珑之别号。于命名之意浸失,不可不辨。**垂丝粉**、出西京,九月中开。千叶,叶细如茸攒聚,相次而花下亦无托叶。人以其枝叶纤柔,故以垂丝目之。**八宝玛瑙**、一名八宝菊千瓣,粉红花,花具红黄众色。**紫芙容**、一名胜芙容,一名芙容菊千瓣。开极大,其叶尖而小。**粉万卷**、粉红千瓣。**粉绣毯**、千瓣,淡红花。**夏月佛顶菊**、五六月开。色微红。**佛见笑**、粉红千瓣。**红傅粉**。粉红千瓣。<mark>以上粉红色。</mark>

珠子菊、白色,见《本草注》。云南京有一种,开小花,瓣下如小珠子。**丹菊**、见嵇含《菊铭》云:"煌煌丹菊,暮秋弥荣。"**十样锦**、一本开花形模各异,或多瓣,或单瓣,或大或小,或如金铃,往往有六七色,黄白杂样,亦有微紫,花头小。**满天星**、一名蜂铃菊。春苗掇去其颠,岐而又掇,掇而又岐,至秋而一干数千百朵。**二色西施**、一名红二色,一名黄二色,一名二色白,一名平分秋色。径可三寸,厚半之,开最久。瓣叶枝干皆与白西施同。初开时数朵淡红,数朵淡黄,迥然不类。半开时五彩宝色,炫烂夺目。开彻则皆淡桃红色矣。**二色杨妃**、一名二梅,一名金菊对芙蓉。多瓣,浅红淡黄二色双出,如金银花。径仅二寸,其萼黄,其瓣如兔耳。其叶绿而不泽,厚而尖,皱而瓦。**赤金盘**、一名脂晕黄,一名琥珀杯。其花初开红黄而赤,金星浮动,其后渐作酱色,径可二寸,形薄而瓦,瓣如杓而尖。叶稀绿而泽,其末团,枝干紫红,顺直而扶疏,高可一丈。**锦丁香**、花略似红剪绒,大寸许,瓣疏,初开黄而红,后红而黄,色易衰。叶绿,厚而短,尖而长。**檀香菊**、一名小檀香。叶干似檀香毯,花亦相似。**梅花菊**、一名试梅菊,一名银丁香,一名试梅妆,一名寿阳妆,一名银梅。每花不过数瓣,瓣大如指顶。每瓣卷皱密蹙,下截深黄,上截莹白,重台彷佛水仙花。下垂成毯,如梅花清逸,开早,香甚。叶绿,大而皱,尖而长,其亚深,叶根多冗,其枝干柔细而扶疏,高可一丈。或以为茉莉菊,甚谬。**海棠菊**、一名锦菊,一名海棠春,一名海棠娇,一名海棠红,一名小桃红,一名铁干红。色类垂丝海棠,径寸有半,形薄而瓦,瓣短多纹而尖,愈开愈奇,有宝色。中晕赤,外晕黄,边晕纯白,或数色错出,变态不穷。叶绿而泽,厚而小,亚深,其枝干劲直扶疏,高可四五尺。**蜜西施**、蜜色千瓣。**蜜鹤翎**、蜜色千瓣,与金鹤翎垮。以为蜜绣毯,非是。**蜜绣毯**、一名金翅毯,一名金凤团,一名蜜西牡丹。花蜜色莹润,径二寸馀,气香,瓣舒,开迟。其残也红而丽。叶青而稠,大而尖,亚深,叶根冗,枝干偃蹇,高可四五尺。**紫绒毯**、一名紫丝毯,一名紫苏桃。蓓蕾圆而绿,如小龙眼大。其开也碧绿红紫黄白诸色间杂,而紫焰为多。瓣细而镶,四面参差,茸茸如剪。径仅寸许,圆如毯。叶类朝天紫,小而青尖,亚似少,叶根清净,枝干细直而劲,高可四五尺。**僧衣褐**、一名缁衣菊。深栩子色小。**刺蝟菊**。一名栗叶。花如兔毛,朵团,瓣如蝟之刺,大如鸡卵。叶长而尖,枝干劲挺,高可三四尺。以上异品。

凡黄白二色皆可入药。其茎青而大,作蒿艾气者,味苦,不堪食,薏也,非菊也,不惟无益,且耗元气。菊之无子者名牡菊,烧灰撒地能止蛙黾,说出《礼记》。

〔**附录**〕**丈菊**、一名西番菊,一名迎阳花。茎长丈馀,干坚粗如竹。叶类麻,多直生。虽有傍枝,只生一花,大如盘盂,单瓣色黄,心皆作窠如蜂房状,至秋渐紫黑而坚。取其子种之,甚易生。花有毒,能堕胎。**五月白菊**、外大瓣白而微红,内铃萼亦黄色,径二寸馀,高可三四尺。**七月**

菊、外夹瓣中镶瓣突起如紫薇。花色如茄花,径寸有半,厚寸许。其叶似五月翠菊。六、七月花,一株不过数朵。高仅一、二尺。翠菊。一名佛螺,一名夏佛顶。蓓蕾重附层叠,似海石榴花。其花外夹瓣翠而紫,中铃萼而黄,径寸有半,开于四、五月。每雨后及晡时,光丽如翠羽,开最久。叶青而泽,似马兰,香甚,亚深,茎毛而红。枝干肥劲,高可二、三尺。八月种子。

【诠释】

〔一〕通称菊花,学名 *Dendranthema morifolium*,曾用学名 *Chrysanthemum sinense*,意谓"中国的黄花"。原产我国,已有3,000多年的栽培历史。最早的文字记载,见于春秋时的《尔雅》。稍后,《礼记·月令》有"季秋之月,菊有黄华(花)"的记载。屈原《楚辞》亦有"餐秋菊之落英"句。相传唐宋时,菊花从我国经朝鲜传至日本。十七世纪后,方陆继传入欧美各国,遂成为世界名贵花卉之一。

菊花系菊科多年生草本。茎草质,基部木质。单叶,互生,有叶柄,叶片浅裂或深裂,卵圆形至长圆形,有锯齿,先端尖。头状花序,着生于枝梢或叶腋,花序四周为舌状花,俗称花瓣,其颜色、大小、花形因品种不同而异。中央为筒状花,密集成盘状,俗称花心。花期一般为10月至12月。

〔二〕菊,古作蘜,《说文》:"蘜,治墙也。"

〔三〕《埤雅》,凡二十卷,陆佃撰。内容均因各物而求训诂,分"释鱼"、"释虫"、"释木"、"释草"等8篇。

〔四〕菊花中有些是食用的品种,人们常常栽培专供食用。广州附近的佛山、南海、顺德、珠海等县市均有栽培,主要有蜡黄、细黄、细迟白及广州大红等4个品种,供应广州及香港、澳门的需要,为酒宴的名贵配料,亦可供欣赏。

　*菊花是我国传统的名花之一,具有悠久的栽培历史,深受人民喜爱。晋·陶渊明"采菊东篱下",当时菊已作食用和药用栽培,不过花色只有黄色一种。唐时才出现紫菊和白菊。至宋朝,菊花栽培大盛,菊谱相继出现。至明、清两代,菊花品种数量更为增加。本谱记载284种,《花镜》记载152种,同时还出现了不少专著。时至近代,菊花栽培日益广泛,仅我国常见的优良品种就有二、三千个之多。1958年杭州第九届菊花展览会上展出有900多个品种。

　菊花的种类至为繁多。对于分类,各家见解很不相同。大致来说,依花瓣形状来分,有单瓣花、匙瓣花、管瓣花和歧瓣花。依花瓣多少来分,可分单瓣花、重瓣花。依花心变化来分,有托桂筒状花、原始筒状花。依花期来分,10月前开花称早花,10月下旬开花称晚花。依花轮直径大小来分,则10厘米以上的称大菊,10厘米以下的称小菊,小菊分枝多、花亦多的称千头菊。依栽培形式来分,可分为独立菊、多头菊、大立菊、悬崖菊、盆景菊、花篮菊等。依花瓣颜色来分,有黄、白、紫、粉红、褐、泥金、檀香、雪青、墨色、绿色等。

　为了适应菊花品种的记载、鉴定、整理以及育种、栽培的需要,必须对菊花的品种作出科学的分类。迄今为止,国内外曾提出过不少菊花品种的分类方案,对品种的整理和保留起了一定的作用。但各方案的分类标准系统很不一致,各有优点和缺点。为了寻求合理而统一的菊花品种分类方案,实有进一步研究的必要。

菊花花瓣基本可归纳为平瓣、匙瓣、管瓣和桂瓣四类。四类花瓣系在分化形成中,同时由分化初期的筒状花直接演变而来的。平瓣与匙瓣以及管瓣在分化形成中没有相互演变的关系,它们与桂瓣类之间没有截然划分的明显界限,因此在菊花花型分类中,将花型划分两类或两系是不恰当的。

花瓣类型是决定菊花类型的首要因素。按照菊花花型形成的因素,可以根据组合推出许多新的花型,反映当前栽培品种的演变关系,同时也组成了许多尚未栽培的花型。

大菊和小菊的区别不但表现为花径大小不同,而且其营养器官的性状、生长习性以及染色体数都有明显的区别,因此花径大小,可作为菊花品种花型分类的第一标准。花型分类中不应列于"类"或"型"的地位。

菊花是耐寒性宿根草花,国内各大城市的主要公园都掌握有数百至千以上的品种。我国种的菊花除了普通的花坛菊及盆菊之外,特殊栽培的有标本菊(包括独立菊三本及多本)、大立菊(包括普通立菊)、悬崖菊、接木菊及吊菊等。现将特殊栽培的几种措施简述如下:

(一)标本菊　栽培的目的在于充分显示有关品种的特征,使之开花美丽且大个,因此要通过细致的抚育,才能获得名符其实的标本菊。

在苗圃露地栽培,当花蕾初放、微微见色时,即需上盆,继续精心护理。有的则在畦边用三片瓦筒护之,大半埋入地下。在瓦筒范围内种植的,由于土层厚,生长比局限在花盆的会好些。有的仍用盆栽,待扦插苗成活后移置畦地里,使菊发根。由于仍藏在畦边,受外界不良环境影响较少,生长易正常。不过上盆仍易伤根,后期生长不免受影响,开花常常不够大。

繁殖:在秋末取从根部发出的芽,假植在阳光较温暖地方过冬;或在菊花开过后,从根部离地15厘米处剪掉老株连盆埋入地下,周围用稻草围起过冬,保护根部发出的芽。假如将盆拿掉后栽在地下,会使菊苗软弱。最好连盆埋下,到翌年2月下旬萌出新芽。在4月上旬正在伸长时进行一次摘心,使生出来的茎生长壮健。在2~3月施肥一次(人粪尿1份,水3份)。在4月下旬至5月下旬,剪取较为硬化的新梢,切成6~9厘米长的段,插在预先盛好培养土的苗床,入土约占一半深,浇水后搭荫棚(晚间可除去覆盖,以承受露水),以免阳光直射。经过约2个星期,将荫棚除掉,经常保持土壤表面湿润,即可不必施肥。经过3星期左右就能发根。

栽培:栽菊的培养土最好是多含有机质的砂质壤土,一般培养土是由肥土、腐叶、泥沙、砻糠熏灰等合成的。

i. 肥土以秋季掘起的塘泥为好,最好是经过半年至1年的风化作用,打碎、筛过使用。

ii. 腐叶最好用常绿树的落叶,在11~12月堆积成堆,高约30厘米左右,宽度按具体情况决定。一般于浇水后压实。除自然雨水外,还要适当浇水。当中出现半腐熟的落叶,就可以施用了。尚未腐熟的叶子,再堆起来,经过2个月后还可以施用。

iii. 泥沙的作用在于使土壤保持良好的物理性状,除山沙外,一般河沙亦可使用。

iv. 砻糠薰灰的作用是使土壤轻松,防止根的腐烂,一般谷壳烧的灰可作配合培养土之用。

以上四种材料的配合比例约为 3∶3∶3∶1。

在 5 月上、中旬扦插的菊苗,经过 3 星期左右发根后,可移植在露地,到上盆之前需移植 1~2 次,否则上盆后会使茎过于长,花不能开大。移植后要酌情施行摘心,促使其发根。萌发的幼芽,可留强者 1 株,新苗长出后盆内再泥一半。要勤浇水,使之发根。经过 1~2 星期后,将盆土加满。在 7~9 月的晴天里,每天浇水 2 次,不宜减省,使根生长得好。取时要细心。施肥的当否对菊花的影响很大,不可一时多,一时少,甚或断肥。施肥次数可多,但切不可过量,浓度要随着菊花的生长而适当增加(开始时人粪尿 1 份,水 10 份;最后人粪尿 1 份,水 3 份),到开花后就停止施肥。花蕾开绽后,随时将根于盆底截断。

(二)大立菊 用脚芽过冬,至翌年长成一本数十朵或数百朵的大瓣菊花,用人工扎成图案,排列整齐,花朵均匀。在 11 月挖取适宜品种的根芽,在温室或温床里作畦扦插,距离约 12 厘米,要注意浇水、施肥、通风、保温等措施。到 2 月中、下旬,叶子互相穿插,需分别栽入 12 厘米口径的盆中,也可以不上盆,但上盆的比地栽的较少损伤根部,易于复原。

栽培:在 4 月下旬移出温室,栽于露地,距离为 120~150 厘米,使植株有充分发育的空间。种好后随即在中央插支柱,以供维护。施肥要勤,每隔 10 天施用 1 次完全腐熟的人粪尿(尿 1 份,水 3 份)或油粕肥水。大立菊一般可整枝 5~6 次,使它可以开数十朵至数百朵花。第一次摘心在 3 月上、中旬,使它分出 9~11 枝。第二次摘心约在 1 个月之后,以后天气暖和可每隔 2~3 星期摘心一次。最后一次在 7 月上旬,整枝时需留一部分长枝条,以备将来可以弥补空枝。天气干燥时,每 2 天浇水 1 次。要浇足水,施肥要勤,支柱要立 5 根以上。定植成活后,每隔 3~4 个星期喷射 0.5% 波尔多液 1 次,以防锈病及白粉病,7 月以后不必再喷。到 7 月下旬栽于口径 60~72 厘米的大盆里,盆底垫碎盆片或瓦片,以利于排水。培养土可按标本菊的培养土配制,或用园土与牛粪(比例为 5∶3)配合。浇水后移置荫棚下,以后 5 天内不必浇水,但时常在叶面喷水,以促生新须根。以后可按干湿情况酌量浇水。1 星期后拿掉荫棚,到花蕾开绽为止可施用 2~4 次人粪尿(尿 1 份,水 3 份)或油粕肥料。大立菊的整形,一般是半球形。选蕾要大小整齐,使之能同时开花。发育早的可留 2 个侧蕾或 1 个侧蕾。花朵的排列情况是中心为 1 朵,第二圈为 6 朵,以后依次增加,不受一定规格约束。

(三)悬崖菊　搞大型的悬崖菊,可选稍大型的小菊。在 11 月下旬选取适宜品种的根芽,在温床进行培育。种植时倾斜插上竹枝,以引导方向。除留顶芽外,在根据需要将横枝上芽摘心整形时,要依预定方向,使植株下垂,并酌量预留一定的花旁和侧枝,以达到造型倒悬的美观。

34. 芍药

一名馀容,一名䓠,一名犁食,一名将离,一名婪尾春,一名黑牵夷。《本草》曰:"芍药犹婥约美好貌。"处处有之,扬州为上,谓得风土之正,犹牡丹以洛阳为最也。白山、蒋山、茅山者俱好。宿根在土,十月生芽,至春出土,红鲜可爱。丛生,高一、二尺,茎上三枝五叶,似牡丹而狭长。初夏开花,有红、白、紫数色,世传以黄者为佳。有千叶、单叶、楼子数种,结子似牡丹子而小。黄者有御衣黄、浅黄色,叶疏蕊差深,散出于叶间,其叶端色又肥碧,高广类黄楼子,此种宜升绝品,黄花之冠。黄楼子、盛者五、七层,间以金线,其香尤甚。袁黄冠子、宛如髻子,间以金线,色比鲍黄。峡石黄冠子、如金钱冠子,其色深如鲍黄。鲍黄冠子、大抵与大旋心同,而叶差不旋,色类鹅黄。道妆成、黄楼子也,大叶中深黄,小叶数重,又上展淡黄,大叶枝条硕而绝黄,绿叶疏长而柔,与红紫稍异,此品非今日小黄楼子,乃黄丝头,中盛则出四、五大叶。妒鹅黄、黄丝头也,于大叶中一簇细叶,杂以金线,条高,绿叶疏柔。红者有冠群芳、大旋心冠子也,深红,堆叶项分四、五旋.其英密簇,广可半尺,高可六寸,艳色绝妙,红花之冠,枝条硬,叶疏大。赛群芳、小旋心冠子也,渐添红而紧小,枝条及绿叶并与大旋心一同。凡品中言大叶、小叶、堆叶者,皆花瓣也,言绿叶者枝叶也。尽天工、柳蒲青心红冠子也,于大叶中小叶密直,妖媚出众,枝硬而绿叶青薄。点妆红、红缬子也,色红而小,并与白缬子同,绿叶微瘦长。积娇红、红楼子也,色淡红,与紫楼子无异。醉西施、大软条冠子也,色淡红,惟大叶有类大旋心状,枝条软细须以物扶助之,绿叶色深,厚疏长而柔。湖缬、红色深浅相杂,类湖缬。黾池红、开须并萼,或三头者,大抵花类软条。素妆残、退红茅山冠子也,初开粉红,即渐退白,青心而素淡,稍若大软条冠子,绿叶短厚而硬。浅妆匀、粉红冠子也,红缬中无点缬。醉娇红、深红楚州冠子也,亦若小旋心状,中心则堆大叶,叶下亦有一重金线,枝条高,绿叶疏而柔。

拟香英、紫宝相冠子也,紫楼子心中细叶上不堆大叶者。妒娇红、红宝相冠子也,红楼子心中细叶上不堆大叶者。缕金囊、金线冠子也,稍似细条深红者,于大叶中细叶下抽金线,细细相杂,条叶并同深红冠子。怨春红、硬条冠子也,色绝淡,甚类金线冠子,而堆叶条硬,绿叶疏平稍若柔。试浓妆、绯多叶也,绯叶五、七重,皆平头,条赤而绿叶硬背紫色。簇红丝、红丝头也,大叶中一簇红丝,细细枝叶同紫者。取次妆、淡红多叶也,色绝淡,条叶正类绯多叶,亦平头。效殷妆、小矮多叶也,与紫高多叶一同,而枝条低,随燥湿而出,有三头者、双头者、鞍子者、银丝者,俱同根,因土地肥瘠而异。合欢芳、双头并蒂而开,二朵相背。会三英、三头聚一萼而开。拟绣鞯、鞍子也,两边垂下如所乘鞍子状,地绝肥而生。紫者有宝妆成、冠子也,色微紫,于上十二大叶中密生曲叶,回环裹抱团圆,其高八、九寸,广半尺馀,每小小叶上络以金线,缀以玉珠,香欺兰麝,奇不可纪.枝条硬而叶平,为紫花之冠。叠香英、紫楼子也,广五寸,商盈尺,于大叶中细叶二、三十重上,又耸大叶如楼阁状,枝条硬而高,绿叶疏大而尖柔。蘸金香、蘸金蕊紫单叶也,是髻子开不成者,于大叶中生小叶,小叶尖蘸一线金色。宿妆殷、紫高多叶也,条叶花并类绯多叶,而枝叶色高,平头。凡槛中虽多,无先后开,并齐整。聚香丝、紫丝头也,大叶中一丛紫丝,细细枝条高,绿叶疏而柔。白者有杨花冠子、多叶白心色黄,渐拂浅红,至叶端则色深红,间以金线,白花之冠。菊香琼、青心玉板冠子也,本自茅山来,白荚团掬坚密,平头,枝条硬,绿叶短且光。晓妆新、白缬子也,如小旋心状,顶上四向叶端点小殷红色一朵,上或三点或四、五点,象衣中之点缬,绿叶柔而厚,条硬而低。试梅妆、白冠子也,白缬中无点缬者是。银含棱、银缘也,叶端一棱白色。

　　分植：芍药大约三年或二年一分，分花自八月至十二月，其津脉在根可移栽。春月不宜，谚云："春分分芍药，到老不开花。"以其津脉发散在外也。栽向阳则根长枝荣，发生繁盛。相离约二、三尺，一如栽牡丹法，不可太远太近。穴欲深，土欲肥，根欲直。将土锄虚，以壮河泥拌猪粪或牛羊粪，栽深尺馀尤妙。不可少屈其根梢，只以水注实，勿踏，筑覆以细土，高旧土痕一指。自惊蛰至清明，逐日浇水，则根深枝高，花开大而且久，不茂者亦茂矣。以鸡矢和土培花丛下渥以黄酒，淡红者悉成深红。余以牡丹天香国色而不能无绽云易散之恨，因复刱一亭，周遭悉种芍药，名其亭曰续芳。芍药本出扬州，故南都极佳。一种莲香白，初淡红，后纯白，香如莲花，故以名。其性尤喜粪，予课僮溉之，其大反胜于南都，即元驭所爱也。其他如墨紫砋砂之类，皆妙甚，已致数种归，开时客皆蚁集，真堪续芳矣。**王敬美**

　　修整：春间止留正蕊，去其小苞，则花肥大。新栽者，止留一、二蕊，一、二年后得地气可留四、五，然亦不可太多。开时扶以竹，则花不倾倒，有雨遮以箔则耐久。花既落，亟剪其蒂，盘屈枝条，以线缚之，使不离散，则脉下归于根。冬间频浇大粪，明年花繁而色润。处暑前后平土，剪去，来年必茂。冬日宜护，忌浇水。

【诠释】

　　芍药为毛茛科宿根草本，学名 *Paeonia albiflora*，是我国北部原产。茎高 1 米左右。叶为复叶，小叶卵圆形或披针形。花期在春夏之交,后牡丹而开。花大型,颜色有多种。《花镜》记载有 88 种,花瓣有单瓣、复瓣之分,颜色亦不一。扬州栽培芍药历史十分悠久,名闻全国。芍药不仅是观赏花木,而且也是重要的药材,应用很广。现从颜色方面酌分如下:

i. 黄色种　有御黄袍、凤头红、黄都胜、蕊红、金带围、御爱黄等。

ii. 深红种　有冠群芳、画天工、锦袍红、醉娇红、锦绣球等。

iii. 粉红种　有醉西施、怨春红、素妆残、效英红、红玉盘、玛瑙盘等。

iv. 紫色种　有金紫、宝妆成、宿妆殷、聚香丝、墨紫、紫罗袍等。

v. 白色种　有晓妆新、绿蝴蝶、蓬香白、玉逍遥、鸭蛋青等。

芍药宜栽培于日光充足、排水良好而不宜干燥之地,喜欢富含有机质的土壤。定植后,不宜随时改变植地,因为移植必多伤根,以致影响生势,开花不多。但在一处种植过久,亦属不宜。通常经数年以后,适当分株(一株留 5~6 芽),另行更植。栽植在 9~10 月间进行。掘深穴,多施腐熟的堆肥或马粪,然后栽植。芽上覆土 7 厘米左右。于 12 月间施马粪(马粪兼有防寒之效),更于发芽前及落花后施稀薄人粪尿或豆饼水。当土壤干燥时,适当浇水,不可陷于过湿。开花期间,浇水宜略多。夏季铺草,防止旱害。花蕾发生后,一茎留一花,并树立支柱。落花后宜速剪去花朵,免致草势之衰退。

由于各地每将芍药与大丽花混称,现特将大丽花录在下面,以供参证、对照。

35. 大丽菊(新增)

又名大丽花,学名 *Dahlia pinnata*,是菊科大丽菊属的球根植物,栽培甚广。其块根着生于茎下部,其数以劣等种为多。茎多汁,柔软,渐次粗大时,中心常空虚,高达 1~2 米。叶为对生之羽状复叶,小叶呈卵形或椭圆形。开花自 5 月起至 7 月而达满开期,尔后暂止开花,至 9 月间再开,10 月又满开,开至降霜为止。花序为头状,普通周围为舌状花冠,而中央为筒状花冠。但花形因品种不同而有双花者,花色亦种种不一。

大丽菊原种大部分为墨西哥原产, 1789 年始输入欧洲。当时均为平瓣之单瓣花,惟花之色彩稍有不同。至 1814 年始生重瓣种。其后经过改良,产生许多品种,现简列如下:

i. 普通单瓣型　此种为普通的单瓣花,四周为舌状花冠,颇形发达。

ii. 单瓣仙人掌型　此种亦为单瓣花,与前种相似,惟周围之舌状花冠稍稍卷屈,且不整齐。

以上均为单瓣种。下列各种则为重瓣种。

iii. 芍药型　此种为普通单瓣型与仙人掌型之杂种,花形为大丽菊中之冠,颇似芍药。

iv. 菊花型　花色虽有种种,花瓣均肥厚广大,稍带扁平,瓣端钝圆或尖锐。

v. 毛章型　花冠发育均等,稍带圆筒状,密集而成球形,花形以小为贵。

vi. 筒瓣型　型如毛章型而稍开展,花形亦相似,惟色彩不同。凡地色浅淡而有浓色之细条斑或瓣端之色浅淡者，为 Fancy dahlia；凡单色或地色浅淡而瓣端之色稍浓者，为 Show dahlia。两种花形均为球状花瓣卷缩成筒状。

vii. 仙人掌型　花形与以上各种不同，有细长屈曲之花瓣。

viii. 领状型　此种在其周围发育良好之平瓣与中央发育不良之筒瓣中间生有小形花瓣，有如普通单瓣种花心之周围发生一种小花瓣之观。

ix. 白头翁型　此种中央之筒状花冠颇形发达，与白头翁之花相似，故易与他种区别。

36. 水仙

丛生，宜下湿地。根似蒜头，外有薄赤皮。冬生叶，如萱草色绿而厚。冬间于叶中抽一茎，茎头开花数朵，大如簪头，色白，圆如酒杯，上有五尖，中心黄蕊颇大，故有金盏银台之名。其花莹韵，其香清幽。一种千叶者，花片卷皱，上淡白而下轻黄，不作杯状，世人重之，以为真水仙。一云单者名冰仙，千叶名玉玲珑，亦有红花者，此花不可缺水，故名水仙。根味苦微辛，寒滑无毒。治痈肿及鱼骨哽。花作香泽涂身、理发去风气。

种植：五月初收根，用小便浸一宿，晒干，拌湿土，悬当火烟所及处。八月取出，瓣瓣分开，用猪粪拌土植之。植后不可缺水。起时种时若犯铁器，永不开花。诀云："六月不在土，七月不在房，栽向东篱下，寒花朵朵香。"又云："和土晒半月方种,以收阳气,覆以肥土,白酒糟和水浇之则茂。"

【诠释】

水仙为石蒜科水仙属多年生植物,学名为 *Narcissus tazetta* var. *chinensis*。早春开花,栽培者多控制在春节前开花,观赏价值更大。花茎自叶丛间抽出。叶生自鳞茎,细长而无缺刻,叶脉并行。花为两性花,多丛生在花茎的顶花被,通常为白色或淡黄色,共 6 片,分内外两层,下端结合成筒状。花筒的入口有副花冠,雄蕊着生于花筒,子房分 3 室,果实为蒴果。水仙品种很多。法国水仙原产欧亚两洲,花茎之顶开花 4~8 朵,有花冠、副冠皆白色的,亦有副冠为黄色的,通常 3 月开花。黄色水仙为南欧原产,叶深绿色,有芳香。红色水仙亦为南欧原产,叶面平而带粉绿色。花被开展成白色,副冠浅而坚硬,其周缘呈红色。

栽培法:通常以球根繁殖。

37. 玉簪花

一名白萼,一名白鹤仙,一名季女,处处有之。有宿根,二月生苗成丛,高尺馀。茎如白菜,叶大如掌,团而有尖,面青背白。叶上纹如车前叶,颇娇莹。七月初丛中抽一茎,茎上有细叶十馀,每叶出花一朵,长二、三寸,本小末大。未开时,正如白玉搔头簪形;开时微绽四出,中吐黄蕊,七须环列,一须独长,甚香而清,朝开暮卷。间有结子者,圆如豌豆,生青熟黑,根连生,如鬼臼、射干之类,有须毛,死则根有一臼,新根生则旧根腐。亦有紫花者,叶微狭,花小于白者,叶上黄绿相间,名间道花。又有一种小紫,五月开花,小白叶,石绿色,此物损牙齿,不可着牙。

种植:春初雨后分其勾萌种以肥土,勤浇灌即活。分时忌铁器。

【诠释】

玉簪花是百合科多年生草本,学名 *Hosta plantaginea*。叶大,卵圆形,自生于山地或栽培于庭园。夏日叶间抽花茎,茎顶开花,排列成总状花序,花盖 6 片,白色或带紫色,有芳香,供观赏用。名见《本草纲目》。

又有紫玉簪,叶生黄绿间道而生,比白者要小,花亦小而无香,先白簪 1 个月而开。性多喜水,宜肥,盆栽亦可。学名 *Hosta undulata*,*名见《汝南圃史》。叶自根际生,夏日叶间抽的花茎中部有叶状的苞,呈深紫色,排列成总状花序,颇美丽。

种子宜直播,移植生势较差。播期在 9~10 月间或 3~4 月间。秋播者春夏之交开花。普通暖地可以秋播,播后略行覆土,稍加镇压。发芽后将过密的间拔,开花前施稀薄液肥 1~2 次,则生长更会良好。

38. 凤仙

一名海纳,一名旱珍珠,一名小桃红,一名染指甲草,人

---

*编者注:此拉丁学名指波叶玉簪。据《中国植物志》,紫玉簪学名为 *Hosta albomarginata*。

家多种之,极易生。二月下子,随时可种,即冬月严寒种之火坑,亦生苗。高二、三尺,茎有红、白二色。肥者大如拇指,中空而脆。叶长而尖,似桃柳叶,有钜齿,故又有夹竹桃之名。开花头翅羽足,俱翘然,如凤状,故又有金凤之名。色红、紫、黄、白、碧及杂色,善变,易有洒金者,白瓣上红色数点,又变之异者。自夏初至秋尽,开卸相续,结实累累,大如樱桃,形微长有尖,色如毛桃,生青熟黄,触之即裂,皮卷如拳,故又有急性之名。子似萝卜子而小,褐色,气味苦温,有小毒,治产难、积块、噎膈,下骨哽,透骨通窍。叶甘温滑无毒,活血消积。根苦甘辛,有小毒,散血通经,软坚透骨,治误吞铜铁。此草不生虫蛊,蜂蝶亦多不近,恐不能无毒。花卸即去其蒂,不使结子,则花益茂。

【诠释】

凤仙是凤仙科一年生草本,原产印度,学名 *Impatiens balsamina*。茎光滑,肉质。叶互生,狭长披针形,边缘有齿,叶柄两侧有疣状突点。花腋生,花冠不规则,萼的一片较大。果实为蒴果,椭圆形而尖,成熟时果皮开裂,弹出种子。重瓣的又称凤球花,自然杂交,变种极多。

凤仙花于 3~4 月间播种于苗床,苗高 1 分米时移植于花盆或花坛。生长颇为强健,略施稀肥 1~2 次,即可开花。易于杂交,花色变化颇多,有白色、红色、红白相杂等色,分单瓣和重瓣等等。果实成熟时,开裂散出种子,分散于附近地方。

39. 罂粟

　　一名米囊花,一名御米花,一名米壳花。青茎,高一、二尺。叶如茼蒿。花有大红、桃红、红紫、纯紫、纯白,一种而具数色。又有千叶、单叶,一花而具二类。艳丽可玩,实如莲房。其子囊数千粒,大小如葶苈子。

　　种艺:八月中秋夜或重阳月下子,下毕以扫帚扫匀。花乃千叶,两手交换撒子,则花重台。或云以墨汁拌撒,免蚁食。须先粪地极肥松,用冷饮汤并锅底灰和细干土拌匀,下讫,仍以土盖。出后,浇清粪,删其繁,以稀为贵,长即以竹篱扶之。若土瘦种迟,则变为单叶,然单叶者粟必满,千叶者粟多空。《花史》

【诠释】

　　系罂粟科一、二年生或宿根草本,原产亚洲北部与欧洲,学名为 *Papaver somniferum*。由于其幼果的乳状汁可制鸦片,含有生物碱,性毒,故已禁种。

　　目前多种其同科的虞美人,又曰赛牡丹或丽春花,学名为 *Papaver rhoeas*。一本有数十花,叶细而有茸毛。

40. 丽春

　　罂粟别种也。丛生,柔干,多叶,有刺。根苗一类而具数色,红者、白者、紫者、傅粉之红者、间青之黄者、微红者、半红者、白肤而绛理者、丹衣而素纯者、殷红如染茜者。姿状葱秀,色泽鲜明,颇堪娱目,草花中妙品也。江浙皆有,金陵更佳。

41. 金钱花

一名子午花,一名夜落金钱花,予改为金榜及第花。花秋开,黄色,朵如钱。绿叶柔枝,婀娟可爱。梁大同中进自外国,今在处有之,栽磁盆中,副以小竹架,亦书室中雅玩也。又有银钱一种,七月开,以子种。

42. 剪春罗

一名剪红罗。蔓生,二月生苗,高尺馀。柔茎绿叶,似冬青而小,对生抱茎。入夏开,深红花如钱大,凡六出,周回如剪成,茸茸可爱。结实如豆,内有细子。人家多种之盆盎中,每盆数株,竖小竹苇缚作圆架如筒,花附其上,开如火树,亦雅玩也。味甘寒无毒。

【诠释】

剪春罗亦称剪红罗或剪夏罗,学名 *Lychnis coronata*,系石竹科多年生草本。叶对生。夏季开花,花生茎顶或叶腋,红黄色或朱砂色,花冠齿状浅裂。产于我国中部。供观赏,根供药用,能消炎止泻,外用可治腰部癣。

43. 剪秋罗

一名汉宫秋。色深红,花瓣分数岐,尖峭可爱,八月间开。春时待芽出土寸许,分其根种之,种子亦可。喜阴地,怕粪触种肥土,清水灌之,用竹圈作架扶之,可玩春夏秋冬,以时名也。

【诠释】

亦称剪秋纱,学名 *Lychnis senno*,系石竹科多年生草本,被细毛。叶对生,长卵形。夏季开花,花疏生茎端和上部叶腋,深红色,稀白色,花瓣不规则深剪裂。产于我国北部和中部。供观赏,全草可药用,能解热、镇痛、消炎。

44. 金盏花

一名长春花,一名杏叶草。茎高四、五寸,嫩时颇肥泽。叶似柳叶,厚而狭,抱茎生,甚柔脆。花大如指顶,瓣狭长而顶圆,开时团团如盏子,生茎端,相续不绝。结实萼内,色黑,如小虫蟠屈之状,味酸寒无毒。

【诠释】

金盏花,菊科一、二年生草本,学名 *Calendula officinalis*。叶互生。茎下部的叶匙形,全缘;茎上部的叶长椭圆形,基部稍抱茎。头状花序,单生枝端,春夏间开花,为舌状花和管状花,淡黄色或桔黄色。原产南欧,我国庭园多有栽培,是常见的观赏花,亦供药用。春秋可播种。

45. 鸡冠花

　　有扫帚鸡冠,有扇面鸡冠,有缨络鸡冠,有深紫、浅红、纯白、淡黄四色。又有一朵而紫黄各半,名鸳鸯鸡冠。又有紫、白、粉红三色一朵者。又有一种五色者,最矮,名寿星鸡冠。扇面者,以矮为贵;扫帚者,以高为趣。今处处有之。三月生苗,入夏高者五、六尺,矮者才数寸。叶青柔颇似白苋菜而窄,梢有赤脉。红者茎赤,黄者、白者茎青白,或圆或扁,有筋起。五、六月茎端开花。穗圆长而尖者,如青箱之穗。扁卷而平者,如雄鸡之冠。花大,有围一、二尺者,层层叠卷可爱。穗有小筒子在其中,黑细光滑,与苋实无异。花最耐久,霜后始蔫。苗花子气味俱同,甘寒无毒。主治疮痔及血病,止肠风泻血、赤白痢崩中带下,分赤白用,子入药须炒。

　　种植:清明下种,喜肥地,用簸箕扇子撒种则成。大凡高者宜以竹木架定,庶遇风雨不摧折卷屈。

【诠释】

　　鸡冠花是苋科一年生草本,学名 *Celosia cristata*。据本谱以其形状不同,有缨络鸡冠、鸳鸯鸡冠、寿星鸡冠等。

46. 山丹

一名连珠，一名红花菜，一名红百合，一名川强瞿。根似百合，体小而瓣少，可食。茎亦短小。叶狭长而尖，颇似柳叶，与百合迥别。四月开花，有红、白二种，六瓣，不四垂，至八月尚烂熳。又有四时开花者，名四季山丹，结小子，燕齐人采其花晒干，名红花菜。气味甘凉无毒，治疮肿、惊邪，活血。一种高四、五尺，如萱花，花大如碗，红斑黑点，瓣俱反卷，一叶生一子，名回头见子，花又名番山丹。一种高尺许，花如硃砂，茂者一干两、三花，无香，亦喜鸡粪，其性与百合同，色可观，根同百合，可食，味少苦，取种者辨之，须每年八、九月分种则盛。

种植：一年一起，春时分种。取其大者供食，小者用肥土如种蒜法，以鸡粪壅之则茂，一干五、六花。

【诠释】

山丹（*Lilium concolor*）与小卷丹（*Lilium leichtlinii*）、白花百合（*Lilium brownii* var. *viridulum*）等几种，鳞茎可供食用、制淀粉，亦可入药。

47. 沃丹

一名山丹，一名中庭花。花小于百合，亦喜鸡粪，其性与百合略同，然易变化。开花甚红，诸卉莫及，故曰沃丹。

48. 石竹

　　草品,纤细而青翠。花有五色,单叶千叶,又有剪绒,娇艳夺目,婳娟动人。一云千瓣者名洛阳花,草花中佳品也。次年分栽则茂,枝蔓柔脆,易至散漫,须用细竹或小苇围缚,则不摧折。王敬美曰:"石竹虽野花,厚培之,能作重台异态。"他如夜落金钱、凤仙花之类,俱篱落间物。

【诠释】

　　石竹,一名洛阳花,学名 *Dianthus chinensis*,系石竹科多年生草本。全株粉绿色,叶对生,线状披针形。夏季开花,花单生或2~3 朵疏生枝端。萼生有尖状的苞片,花瓣淡红色或白色,先端浅裂成锯齿状。蒴果包于宿存萼内。原产于我国中部山野间,园艺上变种很多,全草作利尿药。

49. 四季花

　　一名接骨草。叶细花小,色白,自三月开至九月,午开子落。枝叶捣汁,可治跌打损伤。九月内剖根分种。

50. 滴滴金

　　一名夏菊,一名艾菊,一名旋覆花,一名叠罗黄。茎青而香,叶青而长,尖而无丫,高仅二、三尺。花色金黄,千瓣最细，凡二、三层，明黄色，心乃深黄。中有一点微绿者，巧小如钱，亦有大如折二钱者，所产之地不同也。自六月开至八月，苗初生，自陈根出，既则遍地生苗，緣花稍头露滴，入土即生新根，故名滴滴金。尝劚地验其根，果无联属。

【诠释】

滴滴金，又名金钱花、夏菊，系菊科多年生草本。夏日分枝，枝上开头状花，黄色，外围舌状花冠，中为筒状花冠。花供观赏用，晒干后可入药。名见《本草经》，学名为 *Inula britannica*。

群芳谱诠释之十一

*

卉 谱

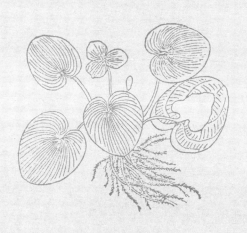

卉谱小序

盖闻窗草不除,谓与自家生意一般;而折柳必谏,岂为是拘拘者哉!古先哲人良有深意,非直为一植之微也。试睹勾萌之竞发,抚菁葱之娱目,有不欣然快然如登春台,如游华胥者乎?感柯条之憔瘁,触生机之萎蒴,有不戚然慨然如疾痛乍撄,痌瘝在体者乎?此何以故?自家之生意也。既为自家生意,而忍任其摧败,不为滋培,岂情也哉!然则培之植之,使邑茂条达,正以完自家之生意也。作卉谱。

济南王象晋荩臣甫题

卉谱首简

验 草

黄帝问于师旷曰:"欲知岁之苦乐善恶,可得闻乎?"师旷对曰:"岁欲丰,甘草先生。岁欲俭,苦草先生。岁欲恶,恶草先生,岁欲旱,旱草先生。岁欲潦,潦草先生。岁欲疫,病草先生。岁欲流,流草先生。"

又蒹葭初生,剥其小白花尝之,味甘主水,馊主旱。

卉之性

莩苃死于盛夏,款冬华于严冬。草木之向阳生者,性暖而解寒。背阴生者,性冷而解热。橘柚凋于北徙,石榴郁于东移。鸠食桑椹而醉,猫食薄荷而晕。芎藭以久服而身暴亡,黄颡杂荆芥而食必死。草谓之华,木谓之荣。不荣而实谓之秀,荣而不实谓之英。

卉之似

蛇床似蘼芜,荠苨似人参,百部似门冬,拔揳似萆薢,房葵似狼毒,杜蘅似细辛。南方之草木谓之南荣,草之长如带,薜荔之生似帷。唐诗云:"草带消寒翠,云霞生薜帷。"

卉之恶

《楚词》云:"蓫薁葹以盈室。"盈室,谓满朝也,比谗佞满朝也。蓫,蒺藜也。薁,薁薁也。葹,卷葹草,拔心不死。三者皆恶草也。

总　论

凡花、卉、蔬、果所产地土不同。在北者则耐寒,在南者则喜暖。故种植浇灌,彼此殊功;开花结实,先后亦异;高山平地,早晚不侔。在北者移之南多茂,在南者移之北易变。如橘生淮南,移之北则为枳。菁盛北土,移之南则无根。龙眼、荔枝繁于闽越,榛枣、瓜瓞盛于燕齐。物不能违时,人岂能强物哉!善植物者,必如柳子所云:"顺其天以致其性,而后寿且孳也。"斯得种植之法矣。

卉 谱

1. 蓍[一]

神草也,能知吉凶[二]。上蔡白龟祠傍生作丛,高五、六尺[三],多者五十茎。生便条直。秋后花生枝端,红紫如菊花。结实如艾实。蓍满百茎,其下神龟守之,其上常有青云覆之。《易》曰:"圣人幽赞于神明而生蓍。"又曰:"蓍之德圆而神。"天子蓍长九尺,诸侯七尺,大夫五尺,士三尺。传曰:"天下和平,王道得而蓍茎长丈,其丛生满百。"今八十茎以上者已难得,但得满六十茎长六尺者即可用。以末大于本者为主,次蒿,次荆,皆以月望浴之。然则揲卦无蓍,亦可以荆蒿代。

【诠释】

〔一〕蓍,系菊科多年生草本,学名 *Achillea sibirica*。叶互生,长线状披针形,羽状分裂如锯齿。夏秋间开花,淡红色或白色,头状花序。周围之花,舌状花冠;中部之花,筒状花冠。多生于北方山野,栽培供观赏用。名见《本草纲目》。

〔二〕古取蓍茎作占筮之用,故云。又古人每崇卜筮、尚鬼神,故下引《易经》云云,及神龟守蓍之说,均不足信,仅供参考。

〔三〕一般高至 0.7~1 米。

2. 芝

瑞草也,一名三秀,一名菌蕙。《神农经》所传五芝云:"赤者如珊瑚,白者如截肪,黑者如泽漆,青者如翠羽,黄者如紫金。气和畅,王者慈仁则芝草生。玉茎紫笋。"又云:"圣人休祥,有五色神芝含秀而吐荣。"《论衡》云;"芝草一年三花,食之令人眉寿。"有青云芝、生名山,青盖三重,上有云气,食之寿千岁,能乘龙通天。龙仙芝、状似飞龙,食之长生。金兰芝、生冬山阴金石之间,上有水盖,饮其水寿千岁。九曲芝、朱草九曲,每曲三叶。火芝、叶赤茎青,赤松子所服。月精芝、秋生山阳石上,茎青上赤,味辛苦,盛以铜器,十月服寿万岁。夜光芝、生华阳洞山之阴,有五色浮其上。萤火芝、生常良山,叶似草,实如豆。食一枚心中一孔明,食七枚七孔明,可夜书。白云芝、云母芝、皆生名山阴白石上,白云覆之,秋采食,令人身轻。商山紫芝、四皓避秦入蓝田,采而食之,共入商洛,隐地肺山。又转深入终南山,汉祖召之不出。九光芝、七明芝、皆瑞芝,实石也,状如盘槎,生临水之高山。凤脑芝、苗如匏,结实如桃。五德芝、状如车马。万年芝、金兰芝。句曲山有五芝,求之者投金环一双于石间,勿顾念,必得。第一龙仙芝,食之为太极仙。第二参成芝,食之为太极大夫。第三燕胎芝,食之为正一郎中。

第四夜光洞鼻芝,食之为太清左御史。第五玉料芝,食之为三官真御史。或云芝黄色者为善,黑色者为恶。

制用:灵芝,仙品也。山中采归,以箩盛置飯甑上,蒸熟晒干,藏之不坏。用锡作管,套根插水瓶中,伴以竹叶吉祥草,则根不朽。上盆亦用此法。

【诠释】

芝,亦称灵芝,系多孔菌科(一作灵芝科)多年生隐花植物,学名 *Ganoderma lucidum*。班固《西都赋》;"于是灵草冬荣,神木丛生。"李善注云:"神木灵草,谓不死药也。"又张衡《西京赋》:"神木灵草,朱实离离。"薛综注云:"灵草,芝英,朱赤色。"按灵草即芝,古以为仙草,故称灵芝或灵草。多生于枯朽的树木根际,可供药用。

3. 菖蒲[一]

一名昌阳,一名菖歜,一名尧韭,一名荪。有数种。生于池泽,蒲叶肥根,高二、三尺者,泥蒲也,名白菖。生于溪涧,蒲叶瘦根,高二、三尺者,水蒲也,名溪荪[二]。生于水石之间,叶有剑脊,瘦根密节,高尺馀者,石菖蒲[三]也。养以沙石,愈剪愈细,高四、五寸,叶茸如韭者,亦石菖蒲也。又有根长二、三分,叶长寸许,置之几案,用供清赏者,钱蒲也。服食入药,石蒲为上,馀皆不堪。此草新旧相代,冬夏常青。《罗浮山记》言:"山中菖蒲一寸二十节。"《本草》载:"石菖蒲一寸九节者良。"味辛温无毒。开心,补五脏,通九窍,明耳目,久服可以乌须发,轻身延年。《经》曰:"菖蒲九节,仙家所珍。"《春秋斗运枢》曰:"玉衡星散为菖蒲。"《孝经援神契》曰:"菖蒲益聪。"生石碛者,祁寒盛暑,凝之以层冰,暴之以烈日,众卉枯瘁,方且郁然丛茂,是宜服之却老。若生下湿之地,暑则根虚,秋则叶萎,与蒲柳何异,乌得益人哉? 种类有虎须蒲,灯前置一盆可收灯烟,不薰眼。泉州者不可多备,苏州者种类极粗。盖菖蒲本性,见土则粗,见石则细。苏州多植土中,但取其易活耳。法当于四月初旬收缉几许,不论粗细,用竹剪净剪,坚瓦敲屑,筛去粗头,淘去细垢,密密种实,深水蓄之,不令见日。半月后长成,粗叶修去。秋初再剪一番,斯渐纤细。至年深月久,盘根错节,无尘埃、油腻相染,无日色相干,则自然稠密,自然细短。或曰,四月十四菖蒲生日,修剪根叶无逾此时,宜积梅水渐滋养之。又有龙钱蒲,此种盘旋可爱,且变化无穷,缺水亦活。夏初取横云山砂土,拣去大块,以淘净粗者,先盛半盆,取其泄水细者盖面,与盆口相平。大窠一可分十,小窠一可分二、三。取圆满而差大者作主,馀则视盆大小旋绕明植。大率第一回不过五窠六窠,二回倍一,三回倍二,斯齐整可观。经雨后其根大露,以沙再壅之。只须置阴处,朝夕微微洒水,自然荣茂,不必盛水养之。一月后便成美观,一年后盆无馀地,二年尽可分植矣。藏法与虎须蒲略同。此外,又有香苗、剑脊、金钱、牛顶、台蒲,皆品之佳者,尝谓化工造物,种种殊途,靡不藉阳春而发育,赖地脉以化生,乘景序之推移,而荣枯递变均未足拟,卓然自立之君子也。乃若石菖蒲之为物,不假日色,不资寸土,不计春秋,愈久则愈密,愈瘠则愈细,可以适情,可以养性。书斋左右一有此君,便觉清趣潇洒,乌可以常品目之哉？他如水蒲虽可供菹,香蒲虽可采黄,均无当于服食,视石蒲不啻径庭矣。

栽种养盆蒲法:种以清泉洁石,壅以积年沟中瓦末,则叶细。畏热手抚摩,及酒气、腥味、油腻、尘垢污染,若见日及霜雪烟火皆然。喜雨露,遂挟而骄。夜息至天明,叶端有缀珠,宜作绵卷小杖挹去,则叶杪不黄。爱涤根,若留以泥土,则肥而粗。须常易去水滓,取清者续以新水养之。久则细短,油然葱蒨。水用天雨。严冬经冻则根浮萎腐。九月移置房中,不可缺水。十一月宜去水,藏于无风寒密室中,常墐其户。遇天日暖,少用水浇,或以小缸合之,则气水洋溢,足以滋生,不然便枯死。菖蒲极畏春风,春末始开,置无风处,谷雨后则无患矣。语云:"春迟出,春分出室,且莫见雨。夏不惜,可剪三次。秋水深,以天落水养之。冬藏密,十月后以缸合密。"又云:"添水不换水。添水使其润泽,换水伤其元气。见天不见日。见天挹雨露,见日恐粗黄。宜剪不宜分,频剪则短细,频分则粗稀。浸根不浸叶。浸根则滋生,浸叶则溃烂。"又云:"春初宜早除黄叶,夏日长宜满灌浆,秋季更宜沾重露,冬宜暖日避风霜。"又云:"春分最忌摧花雨,夏畏凉浆热似汤,秋畏水痕生垢腻,严冬止畏见风霜。"

养石上蒲法:芒种时种以拳石,奇峰清漪,翠叶蒙茸,亦几案间雅玩也。石须上水者为良。根宜蓄水,而叶不宜近水。以木板刻穴架置宽水瓮中,停阴所,则叶向上。若室内即向见明处长,当更移转置之。武康石浮松,极易取眼,最好扎根,一栽便活。然此等石甚贱,不足为奇品。惟昆山巧石为上,第新得深赤色者,火性未绝,不堪栽种。必用酸米泔水浸月馀,置庭中日晒雨淋。经年后,其色纯白,然后种之,篾片抵实,深水盛养一月后便扎根。比之武康诸石者,细而且短。羊肚石为次,其性最咸,往往不能过冬。新得者枯渴,亦须浸养期年,使其咸渴尽解,然后种之,庶可久耳。凡石上菖蒲,不可时刻缺水。尤宜洗根,浇以雨水,勿见风烟,夜移见露,日出即收。如患叶黄,壅以鼠粪或蝙蝠粪,用水洒之。若欲其直,以绵裹筋头,每朝捋之亦可。若种炭上,炭必有皮者佳。菖蒲梅雨种石上则盛而细,用土则粗。《艺花谱》

【诠释】

〔一〕菖蒲系天南星科多年生草本,有香气,学名 *Acorus calamus*。又名白菖蒲、水菖蒲(《名医别录》)。叶狭长,排列成两行,主脉显著。初夏叶间抽花茎,着生小花,淡黄色,穗状花序圆柱形。菖蒲味辛性温,有祛痰湿、开心窍的作用,并有散风湿之效,可治关节疼痛。全草可提取芳香油。

〔二〕溪荪,亦称水菖蒲,系鸢尾科多年生草本。叶细长。初夏自叶间抽花茎,顶端着花 2~3 朵,花大,色紫或白,花盖 6 片,外层 3 片下垂,其基部内面有网状斑纹。名见《本草》。

〔三〕石菖蒲,亦称细叶菖蒲,系天南星科多年生草本,生水边,有芳香,学名 *Acorus gramineus*。形似菖蒲,但植株矮小。叶线形,主脉不显著。初夏抽花茎,穗状花序圆柱形,着生多数黄色小花。变种颇多,小形者供盆栽观赏。

4. 吉祥草

丛生,不拘水土石上俱可种。色长青,茎柔,叶青绿色,花紫,蓓结小红子,然不易开花。候雨过,分其根种于阴崖处即活,惟得水为佳。亦可登盆,用以伴孤石灵芝,清雅之甚,堪作书窗佳玩。或云花开则有赦,一云花开则家有喜庆事。人以其名佳,多喜种之。或云吉祥草苍翠若建兰,不藉土而自活,涉冬不枯,杭人多植瓷盎,置几案间。今以土栽有岐枝者。非是。

〔**附录**〕吉利草。形如金钗股,根类芍药,最解蛊毒,入广者宜备之。

【诠释】

吉祥草,又名观音草、松寿兰,系百合科多年生草本,学名 *Reineckea carnea*。茎匍匐于地表。叶丛生于匍茎的顶端或节上,线形。生于花茎下部为两性花,上部为雄花。秋末冬初开花,花后结紫红色球形浆果。

5. 商陆

一名蓫薚,一名苋陆,一名当陆,一名白昌,一名夜呼,一名章柳,一名马尾。所在有之,人家园圃亦种为蔬。苗高三、四尺,青叶大如牛舌而长,茎青赤至柔脆。夏秋间开红紫花作朵。根如萝卜而长。八、九月采。气味辛平有毒。通大小肠,泻十种水病及蛊毒、堕胎、燋肿毒、傅恶疮,杀鬼精物。

【诠释】

商陆,系商陆科多年生草本,高 1~1.33 米,学名 *Phytolacca acinosa*。叶大、卵形、互生,稍似烟草叶,全缘。夏月梢上出花轴,开多数小花,总状花序,花无瓣,有萼片 5,白色或紫色。果实为扁球形浆果,紫黑色。产我国和日本。根俗称"章柳根",有毒素,供药用。名见《本草》。

6. 红花

一名红蓝,一名黄蓝,处处有之。花色红黄,叶绿,似蓝有刺。春生苗,嫩时亦可食。夏乃有花,花下作梂多刺,花出梂上。梂中结实,白颗如小豆大。其花可染真红,及作胭脂,为女人唇妆。其子捣碎煎汁入醋拌蔬食,极肥美。又可为车脂及烛花。味辛温无毒。行男子血脉,通女子经水。多则行血,少则养血润燥。止痛散肿,亦治蛊毒。

种植:地欲熟,二月雨后种,如种麻法。根下须锄净,勿留草秽。五月种晚花,春初即留子,入五月便种。若待新花取子便晚。新花熟取子,曝干收。若郁浥即不生。

收采:花生,须日日乘凉采尽,旋即碓捣熟水淘,布袋绞去黄汁。更捣以酸粟米清泔,又淘,又绞去汁。青蒿覆一宿,晒干收好,勿令浥湿,浥湿则色不鲜。晚花色更鲜明耐久不黦,胜春种者。入药酒洗用。

【诠释】

红花,原产埃及,系菊科二年生草本,名见《图经本草》,学名 *Carthamus tinctorius*。茎高 1 米许。叶互生,广披针形,边缘有锐刺,先端尖。夏日梢头开头状花,形似蓟,筒状花冠,呈红黄色,总苞有刺毛。中医入药称"杜红花",又可制胭脂。果实称"白平子",亦可药用,又可榨油。嫩叶可供食用。

7. 茜草〔一〕

一名蒨,一名茅蒐,一名茹藘,一名地血,一名牛蔓,一名染绛草,一名血见愁,一名过山龙,一名风车草。十二月生苗,蔓延数尺方。茎中空有筋,外有细刺。数寸一节,每节五叶。叶如乌药叶而糙涩,面青背绿。七八月开花,结实如小椒,中有细子。茜根〔二〕色红而气温,味微酸而带咸。色赤入营气温行滞,味酸入肝,咸走血。手足厥阴血分之药也,专行血活血。

【诠释】

〔一〕茜草,系茜草科多年生蔓草,学名 *Rubia cordifolia*。茎方形,逆刺。每节轮生 4 叶,2 片是叶,2 片是叶托,心脏形或长卵形,有长柄。秋季开黄色小花。多生于山野草丛中,我国长江流域及黄河流域均有分布。

〔二〕茜根呈粗髯状,色黄赤或紫赤,含茜素,可作红色染料。中医入药。

8. 蓝

染草也。有数种〔一〕。大蓝〔二〕,叶如莴苣而肥厚,微白似蘗,蓝色。小蓝〔三〕,茎赤,叶绿而小。槐蓝〔四〕,叶如槐叶。皆可作靛。至于秋月煮熟染衣,止用小蓝。崔寔曰:"榆荚落时可种蓝。五月可刈蓝。六月可种冬蓝、大蓝。"

种植:大蓝也,宜平地耕熟种之,爬匀,上用荻簾盖之。每早用水洒,至生苗去簾,长四寸移栽熟肥畦。三、四茎作一窠,行离五寸。雨后并力栽,勿令地燥。白背即急钼,恐土坚也。须钼五遍,日灌之。如瘦,用清粪水浇一、二次。至七月间,收刈作靛。今南北所种,除大蓝、小蓝、槐蓝之外,又有蓼靛,花叶梗茎皆似蓼。种法各土农皆能之。种小蓝,宜于旧年秋及腊月。临种时俱各耕地一次,爬平撒种后,横直复爬三、四次。仅生五叶即钼,有草再钼,五月收割,留根候长,再割一次。

打靛:夏至前后,看叶上有皱纹,方可收割。每五十斤用石灰一斤,于大缸内水浸。次日变黄色去梗,用木杷打转。粉青色变过至紫花色,然后去清水成靛。《便民图纂》

染蓝:小蓝每担用水一担。将叶茎细切,锅内煮数百沸,去渣,盛汁于缸。每熟蓝三停用生蓝一停。摘叶于瓦盆内,手揉三次,用熟汁浇,挼滤相合。以净缸盛用以染衣,或绿或蓝或沙绿沙蓝,染工俱于生熟蓝汁内斟酌。割后仍留蓝根,七月割,候八月开花结子,收来春三月种之。

【诠释】

〔一〕《本草纲目》云："蓝凡五种：一、蓼蓝，叶如蓼，开花成穗，细小，浅红色。二、菘蓝，叶如白菘。三、马蓝，郭璞所谓大叶冬蓝。四、吴蓝，长茎如蒿而花白。五、木蓝，叶如槐叶，七月开淡红花，结角长寸许。"按蓝系泛称可染青蓝之植物，种类甚多。例如，蓼科有蓼蓝；十字花科有菘蓝、甘蓝、芥蓝；豆科有木蓝；爵床科有马蓝等等。这里只列出 3 种。

〔二〕大蓝，即马蓝，系爵床科草本，学名 *Strobilanthes cusia*。茎高 0.7~1 米。叶对生，椭圆形，有锯齿。花生于茎顶和叶腋，唇形花冠，带紫色。其茎叶可制蓝靛。《尔雅·释草》："葴，马蓝。"郭璞注："今大叶冬蓝是也。"

〔三〕小蓝，古称葽，染草。《汉官仪》："葽园供染绿纹绶。葽，小蓝也。"又谢朓诗："弱葽既葱翠，轻莎方霢霂。"今名待查。

〔四〕槐蓝，即木蓝（《日本植物名彙》），系豆科多年生草本，学名 *Indigofera tinctoria*。茎高 0.33~0.66 米，呈灌木状。叶互生，羽状复叶，由多数小叶而成。秋日开蝶形小花，有柄，花色红紫或白，总状花序。结实为荚果。

9. 苜蓿

一名木粟，一名怀风，一名光风草，一名连枝草。张骞自大宛带种归，今处处有之。苗高尺馀，细茎分叉，而生叶似豌豆颇小，每三叶攒生一处，梢间开紫花，结弯角，角中有子黍米大，状如腰子。三晋为盛，秦齐鲁次之，燕赵又次之，江南人不识也。味苦平无毒,安中,利五脏,洗脾胃间诸恶热毒。

10. 疾藜

一名茨,一名推升,一名旁通,一名屈人,一名止行,一名休羽。多生道旁及墙头,叶四布。茎淡红色,旁出细茎,一茎五、七叶,排两旁如初生小皂荚。叶圆整可爱,开小黄花。结实每一朵蒺藜五、六枚,团砌如扣。每一蒺藜子如赤根菜子及小菱,三角四刺,子有仁。味苦无毒。治恶血,破积聚,消风下气,健筋益精,坚牢牙齿,止小便遗沥,洩精溺血,催生堕胎。久服长肌肉,明目轻身。

〔附录〕沙苑蒺藜。出陕西同州牧马草地,近道亦有之,细蔓绿叶绵布沙上。七月开花,黄紫色,如豌豆花而小。九月结荚,长寸许,形扁,缝在腹背,与他荚异。中有子似羊内肾,大如黍粒,褐绿色。味甘温无毒,微腥。补肾,治腰痛、洩精、虚损、劳乏。

【诠释】

蒺藜,系蒺藜科一年生草本,学名 *Tribulus terrestris*。茎平卧如蔓状。叶对生,偶数羽状复叶,由 5~7 对小叶而成。叶与茎均有细毛。夏日自叶腋开小黄花,5 瓣,有 10 雄蕊 1 雌蕊。果实为 5个分果,有刺。

《本草》著录蒺藜有刺蒺藜、白蒺藜两种,言"刺蒺藜状如赤根菜,子如细菱,三角四刺,实有仁。其白蒺藜结荚长寸许,内子大如芝麻,状如羊肾,带绿色,今人谓之沙苑蒺藜。"其所言之刺蒺藜即一般所言蒺藜。沙苑蒺藜出陕西同州(今陕西大荔)沙苑。

11. 阑天竹[一]

一名大椿。干生年久,有高至丈馀者。糯者矮而多子,粳者高而不结子。叶如竹,小锐有刻缺。梅雨中开碎白花。结实枝头赤红如珊瑚,成穗,一穗数十子,红鲜可爱,且耐霜雪,经久不脱。植之庭中,又能辟火[二]。性好阴而恶湿,栽贵得其地。秋后髡[三]其干,留孤根。俟春遂长条肆而结子,则身低矮,子蕃衍,可作盆景,供书舍清玩。浇用冷茶或臭酒糟水或退鸡鹅翎水最妙,壅以鞋底泥则盛。

种植:春时分根旁小株种之即活,亦可子种。

【诠释】

〔一〕即南天竹,小檗科常绿灌木,学名 *Nandina domestica*。干高 1.5~3.3 米。叶互生,二至三回羽状复叶,小叶披针形,冬季常变成红色,叶柄基部呈鞘状。初夏干上出花轴,开白色小花,间有红色者,排列成圆锥花序。果实小圆球形,多为鲜红色,间亦有白色或黄色。原产我国及日本。

〔二〕白色的果实中医作镇咳剂,有强烈的麻痹作用。至于辟火,仅系传说。

〔三〕髡,古代一种剃去头发的刑罚,引伸为削。

12. 虎刺^[一]

一名寿庭木。叶深绿而润,背微白,圆小如豆。枝繁细多刺。四月内开细白花,花开时子犹未落。花落结子,红如丹砂,子性坚,虽严冬厚雪不能败。产杭之萧山者,不如虎丘者更佳。最畏日炙,经粪便死,即枯枝。不宜热手摘剔,并忌人口中热气相近。宜种阴湿之地,浇宜退鸡鹅水及腊雪水。培护年久,绿叶层层如盖,结子红鲜,若缀火齐^[二]然。

种植:春初分栽。此物最难长,百年者止高三、四尺。

【诠释】

〔一〕虎刺,系茜草科常绿亚灌木,学名 *Damnacanthus indicus*。高 0.7 米左右,小枝甚繁,密生细刺。叶小,卵形,质硬。初夏枝梢开白色漏斗状小花,花瓣先端四裂。果实小而圆,红色,经久不落。多盆栽供观赏。名见《本草纲目》,又名寿星草、伏牛花。

〔二〕火齐,即火齐珠。《后汉书·班固传》:"翡翠火齐,流耀含英。"李贤注引《韵集》:"火齐,珠也。"

13. 芸香^[一]

一名山矾^[二],一名椗花,一名柘花,一名场花,一名春桂,一名七里香。叶类豌豆。生山野,作小蘽。三月开小白花而繁,香馥甚远。秋间叶上微白如粉。江南极多。大率香草花过则已,纵有叶香者,须采而嗅之方香。此草香闻数十步外,栽园亭间,自春至秋清香不歇,绝可玩。簪之可以松发。置席下去蚤虱,置书帙中去蠹^{〔三〕},古人有以名阁者。

种植:此物最易生。春月分而压之,俟生根移种。

〔**附录**〕茅香。闲地种之,一年数刈。洗手香终日,房中时烧少许亦佳。《本草》云:"苗叶煮作浴汤令身香,同藁本尤佳。"郁金:芳草也,产郁林州,十二叶,为百草之英。《周礼》:"凡祭祀宾客之祼事,和郁鬯以实彝。"盖酿之以降神者。又香又佩,宫嫔多服之。

【诠释】

〔一〕芸香,系芸香科多年生草本,亦单称芸。茎高 0.7~1 米,下部木质,上部富水分而柔软。叶淡绿,互生,羽状分裂。夏日开小花,4 瓣,黄绿色,复伞状花序。花茎叶均有强烈香味,供药用。名见《本草》,学名 *Ruta graveolens*。

〔二〕今植物学之山矾,与芸香不同,系山矾科常绿灌木,学名 *Symplocos caudata*。叶互生,单叶,广披针形,革质。花两性,白色,穗状花序。山矾之名,或言始自宋代黄庭坚,其《戏咏高节亭边山矾花二首序》云:"江南野中有一种小白花,高数尺,春开极香,野人号为郑花,予请名曰山矾。"

〔三〕蠹,系一种蛀食衣物、书籍的小虫,亦称蠹鱼或衣鱼。按芸香有强烈药香味,能防蠹。其叶液能消虫毒。古人书斋藏书,每置芸以辟蠹,故借称书斋为"芸窗",秘书省又称"芸台"或"芸阁"。

14. 蕉

　　一名甘蕉，一名芭蕉，一名芭苴，一名天苴，一名绿天，一名扇仙。草类也。叶青色，最长大，首尾稍尖。鞠不落花，蕉不落叶。一叶生，一叶焦，故谓之芭蕉。其茎软重皮相裹，外微青，里白，三年以上即著花，自心中抽出一茎，初生大萼，似倒垂菡萏，有十数层。层皆作瓣，渐大则花出瓣中，极繁盛。大者一围馀，叶长丈许，广一尺至二尺，望之如树。生中土者，花苞中积水如蜜，名甘露。侵晨取食，甚香甘，止渴延龄，不结实。生闽广者，结蕉子，凡三种。未熟时苦涩，熟时皆甜而脆。一种大如指者，长六七寸，锐似羊角，两两相抱。剥其皮，黄白色，味最甘，名羊角蕉，性凉去热。一种大如鸡卵，类牛乳，名牛乳蕉，味微减。一种大如莲子，长四五寸，形正方，味最劣。《建安草木状》云，芭树子房相连，味甘美，可蜜藏。根堪作脯，发时分其匀萌，可别植小者，以油簪横穿其根二眼，则不长大，可作盆景。书窗左右不可无此君。此物捣汁，治火鱼毒甚验。性畏寒，冬间删去叶，以柔穰苴之，纳地窖中，勿着霜雪冰冻。

　　又有美人蕉、自东粤来者，其花开若莲，而色红若丹。产福建福州府者，其花四时皆开，深红照眼，经月不谢，中心一朵晓生甘露，其甜如蜜，即常芭蕉。亦开黄花，至晓瓣中甘露如饴，食之止渴。产广西者，树不甚高，花瓣尖大，红色如莲，甚美。又有一种叶与他蕉同，中出红叶一片，亦名美人蕉。一种叶瘦，类芦箬，花正红如榴花，日拆一两叶，其端一点鲜绿可爱，春开，至秋尽犹芳，亦名美人蕉。胆瓶蕉、根出土时肥饱状如胆瓶。朱蕉、黄蕉、牙蕉。皆花也。色叶似芭蕉而微小,花如莲而繁,日放一瓣,放后即蕤,而结子名蕉黄,味甘可食。《霏雪录》云,蕉黄如柿,味香美胜瓜。冬收严密,春分匀萌,一如芭蕉法。

【诠释】

蕉类除香蕉、大蕉、鼓槌蕉等供作生食(列入《果谱》)外,美人蕉、胆瓶蕉可供观赏,如恐其长大不适盆景,可用"油簪横穿其根二眼,则不长大","书窗左右不可无此君"。

美人蕉,系美人蕉科(亦作昙华科)多年生草本,学名 *Canna indica*。原产热带美洲。叶长椭圆形,绿色或黄紫褐色。由茎内抽出花梗开花,总状花序,花有深红、浅红,花期全年。花后结蒴果。

另有黄花美人蕉(*Canna flaccida*),花黄色,萼片绿色,颇美丽。又有兰花美人蕉(*Canna orchoides*),夏秋开花,花甚大,鲜黄色至深红色。

胆瓶蕉,系芭蕉科的美人蕉,学名 *Musa uranoscopes*。形似芭蕉,但较小。叶有长叶柄,夏日自叶心抽生直立的花茎,生卵状披针形的苞数十片,呈鲜红色。苞内开花,呈黄色。原产我国,供观赏用。

15. 蘘荷

一名蘘草,一名菖苴,一名覆菹,一名猼菹,一名嘉草。似芭蕉而白色。花生根中,花未败时可食,久则消烂。根似姜而肥。宜阴翳地,依荫而生,树阴下最妙。二月种,一种永生不须锄耘,但加粪耳。八月初踏其苗令死,则根滋茂。九月初取其傍生根为菹,亦可醃贮以备蔬果。有赤、白二种,制食赤者为胜,入药白者为良。其叶冬枯。十月中以糠厚覆其根,免致冻死。气味辛温。叶名蘘草,气味苦甘寒,主温疟寒热、酸嘶邪气、诸恶疮虫毒,辟不祥。

【诠释】

蘘荷,亦称阳霍,系姜科多年生草本,学名 *Zingiber mioga*。高0.7~1 米。叶长椭圆形而尖,长约 0.33 米。夏日自地下茎抽生穗状花序,花被淡黄色,花下有鳞片状叶片包之。花穗和嫩芽可供食用,茎与叶可制纤维,根可药用。名见《本草》。

16. 书带草〔一〕

丛生,叶如韭而更细,性柔纫,色翠绿鲜妍。出山东淄川县城北黉山郑康成读书处,名康成书带〔二〕。草蓺之盆中,莲蓬四垂,颇堪清赏〔三〕。

【诠释】

〔一〕书带草,又称秀墩草、沿阶草,系百合科多年生常绿草本。地下有连株状的根。叶丛生,线形,革质。初夏叶间抽花轴,上部开花,排列成穗状花序。花盖 6 瓣,形小,微向外卷,淡紫色,花后结碧色果实。名见《江西通志》,学名 *Ophiopogon japonicus*。

〔二〕康成,郑玄字。郑玄系后汉著名的经学家,著书凡百馀万言,今存《毛诗笺》《周礼注》《仪礼注》《礼记注》。《三齐记》

云："郑康成教学处有草如薤,俗谓之郑康成书带。"

〔三〕书带草的块根与麦门冬的块根都称"麦冬",可供药用。

17. 翠云草〔一〕

性好阴,色苍翠可爱,细叶柔茎,重重碎蹙,俨若翠钿。其根遇土便生,见日则消,栽于虎刺、芭蕉、秋海棠下极佳。

种植:春雨时,分其勾萌,种于幽崖深谷之间即活〔二〕。

【诠释】

〔一〕系卷柏科多年生常绿草本,学名 *Selaginella communis*,又名蓝地柏。茎纤细,匍匐地面,分枝蔓生。叶为鳞片状,在主茎上排列疏松,侧枝上排列紧密,叶面有翠蓝色光泽,颇美丽。

〔二〕原生于暖地,在北方冬季应移入温室内。

18. 虞美人草

独茎,三叶,叶如决明,一叶在茎端,两叶在茎之半,相对而生,人或抵掌讴歌《虞美人》曲,叶动如舞,故又名舞草,出雅州。

19. 老少年〔一〕

一名雁来红〔二〕。至秋深脚叶深紫,而顶叶娇红。与十

样锦〔三〕俱以子种,喜肥地。正月撒于耪熟肥土上,加毛灰盖
之,以防蚁食。二月中即生,亦要加意培植,若乱撒花台,则
蜉蚰伤叶,则不生矣。谱云,纯红者老少年,红紫黄绿相兼者
名锦西风,又名十样锦,又名锦布衲。以鸡粪壅之,长竹扶
之,可以过墙。二种俱壮秋色。

【诠释】

〔一〕又名三色苋,系苋科一年生草本,庭园间栽培。茎高
0.7~1 米。叶长椭圆形,两端尖,叶柄长,常有红黄二色之斑纹,颇
美观。秋季开花,花形小,单性,簇生于叶腋及茎梢。学名 *Amaranthus tricolor*。

〔二〕《本草纲目》:"雁来红茎叶穗子并与鸡冠同。其叶九月
鲜红,望之如花,故名。吴人呼为老少年。"

〔三〕系苋科苋属的观赏草本,学名同老少年。因其颜色、生
性、花期等的差异,分为雁来红、雁来黄、老少年、十样锦等名。原
产东亚。

20. 鸳鸯草

叶晚生,其稚花在叶中,两两相向,如飞鸟对翔。

21. 芦

一名苇,一名葭。花名蓬蕽。笋名虇。生下湿地,处处

有之。长丈许,中虚,皮薄,色青,老则白。茎中有白肤,较竹纸更薄。身有节如竹,叶随节生,若箬叶,下半裹其茎,无旁枝。花白作穗,若茅花。根若竹根而节疏,堪入药。取水底味甘辛者,去须节及黄赤皮。其露出水外及浮水中者不堪用。

种植:春时取其勾萌,种浅水河濡地即生。有收其花絮,沾湿地即成芦体,总不如成株者,横埋湿地内,随节生株,最易长成。

〔附录〕荻、一名炎,一名蒹,一名萑。短小于苇而中空皮厚,色青苍。江东呼为乌蓲,或谓之薍。蒹。一名薕。似萑而细,高数尺,中实,是数者皆芦类也。其花皆名芳,其名蘆萌,堪食如竹笋,可煮食,亦可盐腌。致远又有名苫者,亦芦之一种,用以被屋可数十年。

【诠释】

通称芦苇,系禾本科多年生草本,学名 *Phragmites communis*。地下有粗壮匍匐的根茎。叶片广披针形,排列成两行。夏秋开花,圆锥花序,分枝稍伸展,小穗含 4~7 小花。短小的又叫荻或萑。

22. 蓼〔一〕

一名水荭花,其类甚多。有青蓼〔二〕、香蓼〔三〕,叶小,狭而薄。紫蓼〔四〕、赤蓼〔五〕,叶相似而厚。马蓼〔六〕、水蓼〔七〕,叶阔大,上有黑点。木蓼〔八〕,一名天蓼,蔓生,叶似柘。六蓼花皆红白,子皆大如胡麻,赤黑而尖扁。惟木蓼花黄白子,皮生青熟黑。人所堪食者三种：一青蓼，叶有圆有尖，圆者胜。一紫蓼，相似而色紫。一香蓼，相似而香，并不甚辛，可食。诸蓼春苗夏茂，秋始花，花开蓓蕾而细，长二寸，枝枝下垂，色粉红可观，水边更多，故又名水荭花。身高者丈馀，节生如竹，秋间烂熳可爱。一种丛生，高仅二尺许，细茎弱叶似柳，其味香辣，人名辣蓼，并冬死。惟香蓼宿根重生，可为生菜。青蓼可入药。古人用蓼和羹，后世饮食不复用，人亦鲜种艺。今但以平泽所生香、青、紫三蓼为良。辛温无毒。实主明目温中，耐风寒，下水气，去癥疡，止霍乱，去面浮肿，疗小儿头疮。苗叶除大小肠邪气，利中益智。一云青色者蓼，紫者荼。

【诠释】

〔一〕蓼，系蓼科部分植物之泛称。草本，节常膨大，托叶鞘状，抱茎。花淡红色或白色，穗状花序或头状花序。此类有多种，我国各地均产。

〔二〕青蓼，即春蓼，学名 *Polygonum persicaria*，一年生草本。5 月间梢上开花，排成穗状花序，初白色，后变紫红色。它在蓼类中花期最早。

〔三〕香蓼，学名 *Polygonum viscosum*。茎高 1 米左右，往往带红色，节颇膨大。叶大披针形，先端尖，密被腺毛，有香气。9 月枝梢着生小花，穗状，红色，形态甚美。

〔四〕紫蓼，即蚕茧蓼，学名 *Polygonum japonicum*。9 月间梢上出花穗，微向下垂，花较大，色淡紫，为蓼类中花最美丽的。

〔五〕赤蓼，即朱蓼，蓼科大型草本，一名荭草，学名 *Polygonum*

orientale。茎和叶都很大,且密生毛茸。秋日茎端枝梢出花穗,着生多数小花,红色,向下垂。供观赏用。

〔六〕马蓼,学名 *Polygonum blumei*。夏秋间枝梢出花轴,着生穗状小花,通常红紫色,偶有白色的。

〔七〕水蓼,学名 *Polygonum hydropiper*。高约 0.7 米,秋日开小形穗状花,白色,有 4 萼片,微带红晕。除供造酒曲外,又可供食用。

〔八〕木蓼,即竹节蓼,系灌木状多年生草本,学名 *Homalo-cladium platycladum*。茎扁平,有显著的节,数回分枝,茎高 0,7~1 米。叶互生,披针形或戟形。夏日节上簇生小花,绿白色,供观赏用。

23. 蓴

一名茆,一名锦带,一名水葵,一名露葵,一名马蹄草,一名缺盆草。生南方湖泽中,最易生。种以水浅深为候,水深则茎肥而叶少,水浅茎瘦而叶多。其性逐水而滑,惟吴越善食之。叶如荇菜而差圆,形似马蹄。茎叶色,大如箸,柔滑可羹。夏月开黄花,结实青紫,大如棠梨,中有细子。三、四月嫩茎未叶,细如钗股,黄赤色,名稚蓴,又名雉尾蓴,体软味甜。五月叶稍舒,长者名丝蓴。九月萌在泥中,渐粗硬,名瑰蓴,或作葵蓴。十月、十一月名猪蓴,又名龟蓴,味苦体涩,不堪食。取汁作羹,犹胜他菜。味甘寒无毒。治消渴、热痹,厚肠胃,安下焦逐水,解百药毒并蛊气。

【诠释】

　　蓴,即莼菜,又称蓴菜,系睡莲科多年生草本,生江南地区浅水中,学名 *Brasenia schreberi*。叶椭圆形,如楯状,有长叶柄。茎与叶之背面分泌一种透明沾液。夏季抽生花茎,花小,暗红色,萼3片,花冠3瓣,嫩叶供食用。《本草》云:"蓴生南方湖泽中,唯吴越人善食之。春夏嫩茎未叶者名稚蓴,叶稍舒长者名丝蓴。"晋张翰入洛,见秋风起思故乡吴中蓴菜及鲈鱼脍,故后人谓思乡曰"蓴鲈之思"。

24. 荇菜〔一〕

　　一名莕菜,一名凫葵,一名水葵,一名莕公须,一名荇丝菜,一名水镜草,一名蘩,一名屏风,一名靥子菜,一名金莲子,一名接余〔二〕,处处地泽有之。叶紫赤色,形似蓴而微尖长,径寸馀,浮在水面。茎白色,根大如钗股,长短随水浅深。夏月开黄花,亦有白花者。实大如棠梨,中有细子。气味甘冷无毒。治小渴,利小便,去诸热毒火丹游肿。

【诠释】

　　〔一〕荇菜,系龙胆科多年生草本,生沼泽中。茎细长,节上生根,沉没水中。叶圆心脏形,有长柄,叶面绿色,背面微紫,浮于水面。夏日叶腋生花轴,伸出水面。花小瓣5裂,色黄。名见《本草》,学名 *Nymphoides peltatum*。

　　〔二〕《诗经·周南·关雎》:"参差荇菜,左右流之。"《集传》

谓 :"荇,接余也。"诸异名亦见《尔雅·释草》。

25. 萍[一]

一名水花,一名水白,一名水簾,一名藻,处处池沼水中有之。季春始生,杨花入水所化[二]。一叶经宿即生数叶,叶下有微须,即其根也。浮于流水则不生,浮于止水一夕生九子,故名九子萍。无根而浮,常与水平。有大小二种。小者面背俱青,为萍。大者面青背紫,为藻,一名紫萍[三]。今藻有麻藻异种,长可指许,叶相对联缀,不似萍之点点清轻也。萍乃阴物,静以承阳,故曝之不死。惟七月中采取拣净,以竹筛摊晒,盆水在下承之,即枯死。晒干为末,可驱蚊虫。味辛寒。能疗暴热身痒,下水气胜酒,长须发,久服身轻,善治疯疾。

【诠释】

〔一〕萍,即浮萍,又称青萍,系浮萍科多年生小草本。植物体叶状,扁平,倒卵形,浮生水面上,下有小根。叶状枝自植物体下部生出,对生。夏季开白花,着生于叶状体侧面。学名 *Lemna minor*。

〔二〕杨花入水化萍,仅系传说。

〔三〕紫萍,亦名水萍,又称紫背浮萍,学名 *Spirodela polyrrhiza*。《日本有用植物图说》:"叶面与背皆绿色者谓之青萍。有须根二条,面绿背紫者,谓之紫背浮萍。"

26. 蘋

一名芣菜，一名四叶，一名田字草。叶浮水面，根连水底，茎细于蓴荇。叶大如指顶，面青背紫，有细纹，颇似马蹄决明之叶。四叶合成，中折十字。夏秋开小白花，故称白蘋。其叶攒簇如萍，故《尔雅》谓大者为蘋也。气味甘寒滑，无毒。主治暴热下水，利小便。

辨讹：其叶径一、二寸，有一缺而形圆如马蹄者，蓴也。似蓴而稍尖长者，荇也。其花并有黄白二色。叶径四、五寸，如小荷叶而黄花，结实如小角黍者，萍蓬草也。楚王所得萍实，乃此萍之实也。四叶合成一叶，如田字形者，蘋也。如此分别，自然明白。

【诠释】

蘋，系蘋科多年生草本，生浅水中。茎细长，匍匐泥中，其下为变形之根状体。叶柄长，顶端轮生小叶4片。夏秋时，叶柄下部歧出小枝，生2~3个孢子果。学名 *Marsilea quadrifolia*。

27. 藻

水草也。有二种：水藻叶长二、三寸，两两相对生，即马藻也。聚藻叶细如丝，节节连生，即水蕰也。俗名鳃草，又名牛尾蕰。《尔雅》云："莙牛，藻也。"郭璞注云："细叶蓬茸如丝，可爱，一节长数寸，长者二、三十节。"气味甘大寒滑，无毒,去暴热、热痢,止渴。凡天下极冷无过藻菜。荆扬人遇岁饥,以叶当谷食。

【诠释】

藻,为藻类植物之总称,均隐花植物,无根茎叶等部分,由单细胞或多细胞而成。含叶绿素或类似叶绿素之辅助色素。除部分海产种类体型较大外,一般都相当微小。主要分布在淡水和海水中,部分生在土壤、岩石和树干上。种类甚多,供食用的有海带、紫菜;供药用的有鹧鸪菜;供工业用的有石花菜,等等。此外,还有红藻、褐藻、绿藻、矽藻等类。

28. 淡竹叶

根名碎骨子,生原野,处处有之。春生苗,高数寸,细茎绿叶,俨如竹米落地所生茎叶。根一窠数十须,须结子如麦冬,但坚硬耳。八、九月抽茎,结小长穗,采无时。性甘寒无毒。叶去烦热,利小便,清心。根能堕胎催生。取根苗捣汁,和米作曲酿酒,甚芳烈。

【诠释】

淡竹叶,俗名竹叶麦冬,系禾本科多年生草本,学名 *Lophatherum gracile*。须根稀疏,其中部或膨大呈纺锤形块根。叶广披针形而尖。夏秋开花,圆锥花序,开长形绿色小花。名见《本草》。

29. 卷耳^{〔一〕}

宿莽也，一名枲耳，一名常思，一名菤草，一名必栗香。叶如<u>鼠耳</u>，<u>丛生</u>如盘。性甚奈拔，其心不死。可以毒鱼，捣碎置上流，鱼悉暴鳃。入书笥中，白鱼^{〔二〕}不能损书。

【诠释】

〔一〕卷耳，即苍耳，亦称枲耳，菊科一年生草本。茎高 1.3~1.7 米。叶互生，有长柄，叶片心脏三角形，先端尖，边缘有缺刻和不规则粗锯齿。夏日开花，头状花序，顶生或腋生，单性，雌雄同株。花后结实，倒卵形，比桑椹小而多刺，常钩着人衣。果实名"苍耳子"，可入药。名见《本草》，学名 *Xanthium sibiricum*。

〔二〕即蠹，亦称蠹鱼或衣鱼。

30. 虎耳草

一名石荷叶。茎微赤，高二、三寸，有细白毛。一茎一叶，状如荷盖，大如钱，又似初生小葵叶，及虎耳之形。面青背微红，亦有细赤毛。夏开小花，淡红色。生阴湿处，栽近水石上亦得。气味辛寒微苦。

【诠释】

虎耳草，系虎耳科多年生常绿草本，学名 *Saxifraga sarmentosa*。叶小，沿地面<u>丛生</u>，圆心脏形，密生茸毛，叶面有白色斑点。

生匍匐枝,细长如丝状,呈紫红色,蔓延地面,随处生新苗。夏秋间自叶丛生花轴,开小白花,圆锥花序,花瓣 5 片, 3 瓣小,下 2 瓣大。名见《本草纲目》,俗称"金线吊芙蓉"、"金丝荷叶"。药用,全年可采。

31. 车前〔一〕

一名芣苢〔二〕,一名地衣,一名当道,一名牛舌,一名牛遗,一名马舄,一名车轮菜,一名虾蟆衣。好生道旁及牛马迹中,处处有之,开州者胜。春初生苗,叶布地如匙面,年久者长及尺馀。中抽数茎作长穗,结实如葶苈,赤黑色,围茎上如鼠尾。花青色微赤,甚细密。五月采苗,八、九月采实。人家园圃或种之。味甘寒无毒。养肺、强阴、益精,除湿痹,利水道,导小肠热不走气,止暑湿泻痢,治难产,压丹石毒,去心胸烦热。久服轻身明目、耐老、令人有子。

【诠释】

〔一〕车前,系车前科多年生草本,学名 *Plantago asiatica*。有须状根。叶自根际丛生,广椭圆形,全缘,有长柄。夏日自叶丛中央抽花轴,穗状花序,花冠漏斗状,淡紫色。果实为盖果,种子供药用。名见《本草纲目》。

〔二〕苢,同苜。《诗经·周南·芣苢》:"采采芣苢,薄言采之。" 传云 :"芣苢,车前也。"

32. 茵陈蒿

生泰山及丘陵坡岸上。近道亦生,不如泰山者佳。初生苗高三、五寸。叶似青蒿而紧细,背白。经冬不死,更因旧苗而生,故名茵陈。五月、七月采茎叶阴干。性苦平微寒,无毒。治风湿寒热、邪气热结、黄疸、小便不利。江南所用者,茎叶皆似家茵陈而大,高三、四尺,气极芬香,味甘辛。吴中所用,乃石香荥也,叶至细,色黄,味辛,甚香烈,性温。若误作解脾药服,大令人烦。

〔附录〕山茵陈。二月生苗。其茎如艾,叶如淡青蒿,背白,叶岐紧细而匾整。九月开细黄花,结实大如艾子,亦有无花实者。

【诠释】

茵陈蒿,系菊科多年生草本,学名 *Artemisia capillaris*。多生于河岸及海滨之砂砾地。茎生叶,二回羽状,全裂,裂片丝状,有灰白色细柔毛。夏秋时丛叶间抽花轴,头状花序密集成圆锥形花丛,色微绿。名见《本草纲目》。亦作"因陈",《广雅》作"因尘"。

33. 蒲公英〔一〕

一名金簪花,一名紫花地丁〔二〕,一名黄花地丁,一名耩耨草,一名蒲公罂,一名凫公英,一名白鼓丁,一名耳瘢草,一名狗乳草。处处有之,亦四时常有。小科布地,四散而生。茎叶花絮并似苦苣,但差小耳。叶有细刺。中心抽一茎,高三、四寸,中空。茎叶断之皆有白汁。茎端出一花,色黄如金钱,嫩苗可生食。花罢成絮,因风飞扬,落湿地即生。二月采花,三月采根。有紫花者,名大丁草。甘平无毒。解食毒,化滞气,散热毒,消恶肿、结核、丁肿,乌须发,壮筋骨。白汁涂恶刺、狐尿刺疮,即愈。

【诠释】

〔一〕蒲公英,系菊科多年生草本。叶自根出,丛生,匙形或狭长倒卵形,边缘羽状浅裂或齿裂。春月叶间生花轴,内有乳状汁液,顶上着花,头状花序,舌状花冠,深黄色。果实成熟时形似一白色绒球,可随风飞散。中医以全草入药。学名 *Taraxacum mongolicum*。

〔二〕与《花镜》所载属堇菜科"紫花地丁"异。

34. 灯心草

一名虎须草,一名碧玉草。生江南泽地,陕西亦有。丛生,茎圆细而长直,即龙须之类。但龙须紧小瓤实,此草稍粗,瓤虚白。性甘寒无毒。泻肺,治阴窍涩不利行水,除水肿癃闭,降心火,止血通气,止渴散肿。吴人莳之,取瓤为炷,以草织席及蓑。外丹家用以伏硫砂。

【诠释】

灯心草,系灯芯草科多年生草本,生山野沼泽。茎细圆而长,高达 1.3~1.7 米,中有白髓,即俗称"灯心"。叶片退化成鳞状,多在茎之基部。夏日茎上部侧生花梗,伞状或复伞状花序,花淡绿色。茎可织席、造纸。灯心可点灯,并可入药。学名 *Juncus effusus*。

35. 凤尾草

柔茎青色,叶长寸馀,附茎对生,每边各七八叶相连,本宽以渐而狭,顶尖,叶边亦有小尖,俨如凤尾。喜阴,春雨时移栽,见日则瘁。

36. 酸浆草

一名醋浆,一名苦耽,一名苦葴,一名灯笼草,一名皮弁草,一名王母珠,一名洛神珠,即今所称红姑娘也。酸浆、醋浆,以子之味名也。灯笼、皮弁,以壳之形名也。苦耽、苦葴,以苗之味名也。王母、洛神珠,以子之形名也。所在有之,惟川陕者最大。苗如天茄子,高三、四尺,叶嫩时可食。四、五月开小白花,结薄青壳,熟则红黄色。壳中实大如龙眼,生青,熟则深红。实中复有细子如落苏之子。食之有青草气,小儿喜食之。性苦寒无毒。治内热烦满、黄病、大小便涩、骨热、咳嗽、小儿无辜癥子、寒热大腹,杀虫去蛊毒,煮汁或生捣汁服。其实产难吞之立产,能落胎,孕妇忌。研膏傅小儿闪癖。

辨讹:世有以龙葵为酸浆者,不知二物苗叶虽同,但龙葵茎光无毛,五月入秋开小白花,五出,黄蕊,结子五、六颗,多者十馀颗,累累下垂,无壳有盖,蒂长一、二分,生青熟紫黑。酸浆同时开小花,黄白色,紫心白蕊,花如杯,无瓣,有五尖,结一壳,含五棱,一枝一颗,下悬如灯笼状,壳中子一颗。以此分别,便自明白。

【诠释】

酸浆草,茄科多年生草本。茎高 0.7~1 米。叶卵形,先端尖,有时边缘有不规则缺刻。夏日开花,白色,略带淡白,合瓣花冠。浆果包藏在鲜艳的花萼内,成熟时红色,果实入药。名见《本草》,学名 *Physalis alkekengi*。

37. 三叶酸

一名酸浆草,一名三角酸,一名雀儿酸,一名酸啾啾,一名酸母,一名酸箕,一名鸠酸,一名小酸茅,一名雀林草,一名赤孙施。苗高一二寸,极易繁衍,丛生道旁阴湿处。一茎三叶如浮萍,两片至晚自合帖如一。四月开小黄花,结小角,长一二分,中有黑实,至冬不凋。嫩时小儿喜食,用揩瑜石,器白如银。食之解热渴,捣傅治恶疮、疡瘘及汤火伤、蛇虺螫伤,煎汤洗痔痛脱肛甚效。

38. 兔丝[一]

一名兔缕,一名兔藆,一名兔芦,一名兔丘,一名女萝[二],

一名赤网,一名玉女,一名唐蒙,一名火焰草,一名野狐丝,一名金线草。蔓生,处处有之,以冤司者为胜,生怀孟及黑豆上者入药更良。夏生苗,色红黄如金,细丝遍地,不能自起,得草梗则缠绕而生。其子入地,初生有根。及长延草物,其根自断。无叶有花,白色微红,香亦袭人。结实如粃豆而细,色黄,生于梗上。味辛甘平无毒。主续绝伤,补不足,坚筋骨,添精益髓,养肌强阴,去腰痛膝冷,泻精尿血,溺有馀沥。久服去面䵟,悦颜色。

【诠释】

〔一〕又称菟丝子,系旋花科一年生缠绕寄生草本,学名 *Cuscuta chinensis*。茎细柔,呈丝状,橙黄色,多缠络他植物之上,出类似盘状之吸根,吸取其他植物养分而生。叶退化成小鳞片或无。夏秋间开小花,白色带红,花冠之缘端 5 裂,常簇生于茎侧。蒴果扁球形,种子入药。名见《本草》。

〔二〕松萝亦名女萝,系地衣类松萝科,常自树梢悬垂,全体丝状,灰绿色。与此种形态相似的种类颇多,名见《本草》。

39. 屋游 〔一〕

一名瓦衣,一名瓦苔,一名瓦藓,一名博邪,一名昨叶,一名兰香。此瓦屋上苔衣也 〔二〕。生久屋之瓦,木气泄则生,其长数寸。叶圆而肥嫩,长寸馀。顶生小白花,名瓦松。甘寒无毒。治浮热在皮肤、往来寒热、时气烦闷、小儿痫热。

【诠释】

〔一〕屋游,系景天科肉质草本,学名 *Orostachys fimbriatus*。叶细长,先端尖,肉质,初生时密集于短茎,呈莲座状。夏秋间自叶心抽出塔形花穗,密生小花,白色微红。常生于瓦缝中或岩石上。民间多采全草入药,有清热、止血等功效。名见《本草》,又名瓦松、昨叶荷草、向天草。

〔二〕《本草纲目》:"苔衣之类有五:在水曰陟厘,在石曰石濡,在瓦曰屋游,在墙曰垣衣,在地曰地衣。其蒙翠而长数寸者亦有五:在石曰乌韭,在屋曰瓦松,在墙曰土马鬃,在山曰卷柏,在水曰藫也。"这里所举地衣类凡十,在今植物学上虽均属隐花植物,但多不是同科。

40. 苔

一名绿苔,一名品藻,一名品萰,一名泽葵,一名绿钱,一名重钱,一名圆藓,一名垢草。空庭幽室阴翳无人行则生苔藓。色既青翠,气复幽香。花钵拳峰,颇堪清赏。欲石上生苔,以苃泥马粪和匀涂润湿处,不久即生。

〔**附录**〕水苔。一名石发,一名石衣,一名水衣,一名藫。生石上,色青绿,蒙茸如蔓。初生嫩者择去虫石,以石压干,入盐油酱姜椒,切韭芽同拌食,亦可油酱炒食。海藻,一名海苔。在屋曰昔邪,在墙曰墙衣。

【诠释】

苔系苔类植物之总称。此类植物通常扁平,匍匐生长,呈叶状或有茎、叶的分化,但茎、叶通常较柔弱,孢子囊通常4裂,生于柔细之蒴柄上。孢子常借弹丝的水湿运动而散布。一般多生于阴湿之处,热带常绿雨林中生长特别茂密。苔类植物种类繁多,我国约有四百多种。

41. 含羞草(新增)

又名喝呼草或知羞草,系豆科一年生植物,学名 *Mimosa pudica*。有毛和刺,二回羽状复叶,感应性强。触动时,小叶扎合,叶柄下垂。夏秋开小花,花淡红色,头状花序。荚果成熟时,分节脱落。原产南美巴西,我国各地均有栽培,供观赏用。全草可供药用,能安神镇静、止血收敛、散瘀止痛。

42. 垂盆草(新增)

又名佛甲草、鼠牙半支莲,系景天科多年生肉质植物,学名 *Sedum sarmentosum*。高10~20厘米。茎秆纤细,匍匐或倾斜,近地面部分易生根。叶3片轮生,倒披针形至长圆形,先端尖。夏季开黄色小花,无柄,疏松的排列在顶端呈二歧分出的聚伞花序。生长于山坡或岩石上,广布于我国东北、华北以及长江流域一带。全草入药,性凉,味甘淡微酸。功能清热解毒、利尿,主治烫伤、疮疡痈肿、蛇咬伤等症,可内服或捣烂敷患处。现用治急慢性肝炎,肝肿大等症。

43. 卷柏（新增）

　　又名还魂草，多年生蕨类植物，卷柏科草本，学名 *Selaginella tamariscina*。高约 5~15 厘米，茎棕褐色。分枝丛生，绿色，扁平。叶 4 裂。耐干旱，旱时枝叶内卷如拳，湿润时复平展。我国分布至广，生于裸露山顶岩石上。全草入药，性平，味淡微涩。功能收敛、止血，主治脱肛、吐血、鼻衄、带下、血崩等症。植株亦足供观赏。

群芳谱诠释之十二

*

鹤鱼谱

鹤鱼谱小序

鹤，羽禽也。鱼，鳞虫也。于群芳何与？然而羽衣蹁跹，锦鳞游泳，一段活泼之趣，亦足窥化机之一班，动护惜之一念。书窗外间一寓目，何减万绿一红，动人春色！夫闻野闻天，在渊在渚，诗人与园檀园谷，并侈咏歌，安见鹤与鱼不可偶群芳也？作鹤鱼谱。

济南王象晋荩臣甫题

鹤鱼谱首简

淮南八公《相鹤经》

鹤，阳鸟也，因金气依火精以自养。金数九，火数七。七年小变，十六年大变，百六十年变止，千六百年形定。体尚洁，故色白。声闻天，故头赤。食于水，故喙长。轩于前，故后指短。栖于陆，故足高而尾彫。翔于云，故毛丰而肉疏。大喉以吐故，修头以纳新，故寿不可量。所以体无青黄二色者，木土之气内养，故不表于外。鹤之上相，瘦头朱顶，露眼玄睛，高鼻短喙，鲑颏骶耳，长颈促身，燕膺凤翼，龟背鳖腹，轩前垂后，高胫粗节，洪髀纤指，此相之备者也。鸣则闻于天,飞则一举千里。二年落子,毛易黑点,三年产伏,复七年羽翮具,复七年飞薄云汉,复七年舞应节,复七年昼夜十二时鸣中律。复百六十年不食生物,腹大毛落,茸毛生,雪白或纯黑,泥水不污。复百六十年雄雌相视,目睛不转而孕。千六百年后,饮而不食,鸾凤同为群,圣人在位,则与凤皇翔于甸。

又

鹤不难相,人必清于鹤而后可以相鹤。夫顶丹颈碧,毛羽莹洁,踁纤而修,身耸而正,足癯而节高,颇类不食烟火,人乃可谓之鹤。望之如雁鹜鹅鹳然,斯下矣。养以屋,必近水竹;给以料,必备鱼稻;蓄以笼,饲以熟食,则尘浊而乏精采。岂鹤俗也?人俗之耳。欲教以舞,俟其馁,寘食于阔远处,拊掌诱之,则奋翼而鸣若舞状,久则闻拊掌必起。此食化也,岂若仙家和气自然之感召哉?

养鱼经

尝怪金鱼之色相变幻,遍考鱼部,即《山海经》《异物志》亦不载。读《子虚赋》有曰,网玳瑁紫贝,及鱼藻同置五色文鱼,固知其色相自来本异,而金鱼特总名也。惟人好尚与时变迁。初尚纯红、纯白,继尚金盔、金鞍、锦被,及印红头、裹头红、连鳃红、首尾红、鹤顶红,若八卦,若骰色。继尚黑眼、雪眼、珠眼,紫眼、玛瑙眼、琥珀眼、四红至十二红、二六红,甚有所谓十二白及堆金砌玉、落花流水、隔断红尘、莲台八瓣,种种不一。总之,随意命名,从无定颜者也。至花鱼,俗子目为癞,不知神品都出是。花鱼将来变幻,可胜纪哉!而红头种类竟属庸板矣。第眼虽贵于红凸,然必泥此无全鱼矣。乃红忌黄,白忌蜡,又不可不鉴。如蓝鱼、水晶鱼自是陂塘中物,知鱼者所不道也。若三尾四尾品尾,原系一种,体材近滞而色都鲜艳,可当具品。第金管、银管,广陵、新都、姑苏竞珍之。夫鱼一虫类,而好尚每异,世风之华实,兹非一验与?

鹤鱼谱

1. 鹤〔一〕

仙人之骐骥〔二〕也。一说鹤,曤〔三〕也,其羽白色,曤曤然也。一名仙客,一名胎仙。阳鸟而游于阴,行必依洲渚,止不集林木,秉金气依火精以生。有白者,有玄者,有黄者,有苍者,有灰者,总共数色〔四〕。首至尾长三尺,首至足高三尺馀。喙碧绿色,长四寸。丹顶赤目,赤颊青脚,修颈高足,粗膝洞尾,缟衣玄裳,颈有黑带。雌雄相随如道士步斗之状,履迹而孕〔五〕。又曰雄鸣上风,雌鸣下风,声交而孕,岁生数卵。四月雌鹤伏卵,雄往来为卫,见雌起则啄之,见人窥其卵则啄破而弃之。常以夜半鸣,声唳霄汉。雏鹤三年顶赤,七年翮具,十年十二时鸣,三十年鸣中律,舞应节,六十年氄毛生,泥不能污,一百六十年雌雄相视而孕,一千六百年形始定,饮而不食,乃胎生。大喉以吐故,长颈以纳新,能运任脉无死气于中,故多寿。一曰鹤为露禽,逢白露降,鸣而相警。即驯养于家者,亦多飞去。相鹤之法,隆鼻短口则少眠,高脚疏节则多力,露眼赤睛则视远,回翎亚膺则体轻,凤翼雀尾则善飞,龟背鳖腹则能产,轻前重后则善舞,洪髀纤指则能行,羽毛皓洁,举则高至,鸣则远。闻鹤以扬州吕四场者为佳,其声较他产者更觉清亮,举止耸秀,别有一番庄雅之态。别鹤胫黑鱼鳞纹,吕四产者绿色龟纹,相传为吕仙遗种。

〔附录〕鹤子草。当夏开花,形如飞鹤,嘴翅尾足无所不备,出南海,云是媚草。有双虫生蔓间,食其叶,久则蜕而为蝶,赤黄色。女子佩之,号为媚蝶,能致其夫怜爱。《草木状》

【诠释】

〔一〕鹤,系鹤科各种类鹤的总称。大型涉禽,外形象鹭和鹳。喙、翼和跗蹠颇长,但足趾甚短。常活动于水原水际或沼泽地带。言"鹤"多系指丹顶鹤,又名白鹤,属涉禽类鹤科。

〔二〕骐骥,谓乘骑。屈原《九章·惜往日》:"乘骐骥以驰骋兮。"又薛道衡《老氏碑》:"蜺裳鹤驾,往来紫府。"(紫府,仙府。)

〔三〕曤,白也。《史记·司马相如传》:"曤然白首。"曤曤,白的样子。何晏《景福殿赋》:"曤曤白鸟。"

〔四〕种类有玄鹤、辽鹤、白顶鹤、蓑衣鹤、冠鹤、白头鹤等。在我国有丹顶鹤、灰鹤、蓑羽鹤等数种。

〔五〕言鹤"履迹而孕",及下言"声交而孕"、"相视而孕",均系传说。

2. 金鱼〔一〕

有鲤鲫鳅鳖数种,鳅鳖尤难得。独金鲫耐久,肉味短而韧,甘咸平无毒。自宋以来始有蓄者,今在在养玩矣。初出黑色,久乃变红,又或变白,名银鱼。有红白黑斑相间者,名玳瑁鱼。鱼有金管者、三尾者、五尾者,甚且有七尾者,时颇尚之〔二〕。然而游衍动盪,终乏天趣,不如任其自然为佳。

喂养:金鱼最畏油,喂用无油盐蒸饼,须过清明日,以前忌喂。

生子:金鱼生子多在谷雨后。如遇微雨,则随雨下子。若雨大,则次日黎明方下,雨后将种鱼连草捞入新清水缸内,视雄鱼缘缸赶咬雌鱼,即其候也。咬罢,将鱼捞入旧缸,取草映日,看其上有子如粟米大,色如水晶者即是。将草捞于浅瓦盆内,止容三、四指水,置微有树阴处晒之,不见日不生,烈日亦不生,一、二日便出。大鱼不捞,久则自吞唼咬子。时草不宜多,恐碍动转。

筑池:土池最佳,水土相和,萍藻易于茂盛。鱼得水土气,性适易长,出没于萍藻间,又有一种天趣。勿种莲蒲,惟置上水石一、二于池中,种石菖蒲其上,外列梅竹金橘,影沁池中,青翠交荫。草堂后有此一段景致,即蓬莱三岛未多让也。一云金鱼宜瓮中养,不近土气则色红鲜。

收藏:冬月将瓮斜埋地内,夜以草盖覆之。裨严寒时常有一、二指薄冰,则鱼过岁无疾。

占验:鱼浮水面必雨,缸底热也,此雨征也。鱼病:鱼翻白及水有沫,亟换新水,恐伤鱼。芭蕉根或叶捣碎入水,治火鱼毒神效。鱼瘦生白点名鱼虱,用枫树皮或白杨皮投水中即愈。一法,新砖入粪桶浸一日,晒干投水,亦好。

鱼忌:橄榄渣、肥皂水、莽草捣碎或诸色油入水,皆令鱼死。鱼池中不可沤麻及着咸水、石灰,皆令鱼泛。鱼食鸽粪、食杨花及食自粪,遍皆泛,以圊粪解之。缸内宜频换新水,夏月尤宜勤换。鱼食鸡鸭卵黄则中寒而不子。

卫鱼:池傍树芭蕉可解汛。树葡萄架可免鸟雀粪,且可遮日色。岸边种芙蓉可避水獭。

【诠释】

〔一〕金鱼属喉鳔类鲤科,一名锦鱼,是我国珍贵的特产,它的远祖是鲫鱼。我国在宋代就有嘉兴饲养观赏用的金色种鲫鱼的记载。鲫鱼经过了大约九百多年的家化和人工选育,变成现在的、和原始鲫鱼大不相同的各式品种的金鱼。

〔二〕金鱼的品种很多。如以颜色的变异来分,有橙色、黑色、棕色、蓝色等种类。如以金鱼头部的变形特点来分,则有头顶长有肉瘤的"虎头"、"鹤顶红"、"裹头红",有头部的鼻隔发展成为一对肉质球的"绒球",有眼球突出于眼眶以外的"龙睛"、"雪眼"、"玛瑙眼",有眼球突出瞳孔向上的"望天",有在眼眶上长出一对水泡似的半透明组织的"水泡眼",有鳃盖的后部向外翻转的"翻鳃"。如以金鱼鳞片的变异来分,则有鳞片象小蛤壳,甚至变得圆如球子的"珍珠"等等。

附 录

本书条目索引

说明：本索引为本书之条目索引，包括各条目下的附录条目，以音序排序。前标索引项，后标注索引项所在谱名及序号。凡附录条目，单列一条，而于其上标＊以别。如"穄子＊　谷谱5"，即穄子条见《谷谱》第5条附录。

植物拉丁名索引

新旧学名对照表

说明:《群芳谱诠释》一书成书较早,书中不少植物拉丁学名已经修订,部分植物中文名与现行中文名有所差别,另外还有部分植物的拉丁学名与书中所言的植物中文名存在"分指同属两种植物"的情况,不便读者阅读,现根据书中出现的情况,编制以下格表,并加以注释,以便读者查阅。

本书使用中文名	本书使用拉丁名	现通行中文名	现使用拉丁名
五加[①]	*Acanthopanax spinosus*	细柱五加	*Eleutherococcus nodiflorus*
蓍	*Achillea sibirica*	高山蓍	*Achillea alpina*
韭	*Allium odorum*	野韭	*Allium ramosum*
蜀葵	*Althaea rosea*	蜀葵	*Alcea rosea*
苋	*Amaranthus mangostanus*	苋	*Amaranthus tricolor*
旱芹	*Apium graveolens* var. *dulce*	旱芹	*Apium graveolens*
山竹	*Arundinaria simonii*	川竹	*Pleioblastus simonii*
疏节竹	*Arundinaria tootsik*	唐竹	*Sinobambusa tootsik*
黄芪[②]	*Astragalus complanatus*	蔓黄芪	*Phyllolobium chinense*
苍术	*Atractylodes chinensis*	苍术	*Atractylodes lancea*
凤尾竹	*Bambusa multiplex* var. *nana*	凤尾竹	*Bambusa multiplex* f. *fernleaf*
白及	*Bletilla hyacinthina*	白及	*Bletilla striata*
芥蓝	*Brassica alboglabra*	白花甘蓝	*Brassica oleracea* var. *albiflora*
白菜	*Brassica pekinensis*	白菜	*Brassica rapa* var. *glabra*

续表

本书使用中文名	本书使用拉丁名	现通行中文名	现使用拉丁名
山茶	*Camellia chinensis*	山茶	*Camellia japonica*
兰花美人蕉	*Canna orchioides*	兰花美人蕉	*Canna × orchioides*
决明	*Cassia tora*	决明	*Senna tora*
椿	*Cedrela sinensis* Juss.	香椿	*Toona sinensis* (Juss.) Roem.
贴梗海棠	*Chaenomeles lagenaria*	贴梗海棠	*Chaenomeles speciosa*
木瓜	*Chaenomeles sinensis*	木瓜	*Pseudocydonia sinensis*
茼蒿	*Chrysanthemum coronarium*	茼蒿	*Glebionis coronaria*
樟	*Cinnamomum camphora*	樟	*Camphora officinarum*
西瓜	*Citrullus vulgaris*	西瓜	*Citrullus lanatus*
酸橙	*Citrus aurantium*	酸橙	*Citrus × aurantium*
柚	*Citrus grandis*	柚	*Citrus maxima*
香橙	*Citrus junos*	香橙	*Citrus × junos*
川芎③	*Conioselinum univittatum*	鞘山芎	*Conioselinum vaginatum*
仙茅	*Curculigo ensifolia*	仙茅	*Curculigo orchioides*
中国兰花	*Cymbidium virescens*	春兰	*Cymbidium goeringii*
菊花	*Dendranthema morifolium*	菊花	*Chrysanthemum × morifolium*
山药	*Dioscorea batatas*	薯蓣	*Dioscorea polystachya*
香薷	*Elsholtzia patrini*	香薷	*Elsholtzia ciliata*
淫羊藿④	*Epimedium macranthum*	黔岭淫羊藿	*Epimedium leptorrhizum*
谷精草	*Eriocaulon sieboldianum*	白药谷精草	*Eriocaulon cinereum*
龙眼	*Euphoria longan*	龙眼	*Dimocarpus longan*
茴香	*Foeniculum officinale*	茴香	*Foeniculum vulgare*
斑枝花	*Gossampinus malabarica*	木棉	*Bombax ceiba*
三七	*Gynura pinnatifida*	菊三七	*Gynura japonica*
竹节蓼	*Homalocladium platycladum*	竹节蓼	*Muehlenbeckia platyclada*

续表

本书使用 中文名	本书使用拉丁名	现通行 中文名	现使用拉丁名
大风子	*Hydnocarpus anthelminthica*	泰国大风子	*Hydnocarpus anthelminthicus*
地肤	*Kochia scoparia*	地肤	*Bassia scoparia*
当归⑤	*Ligusticum acutilobum*	东当归	*Angelica acutiloba*
丝瓜	*Luffa cylindrica*	丝瓜	*Luffa aegyptiaca*
剪春罗	*Lychnis coronata*	剪春罗	*Silene banksia*
剪秋罗	*Lychnis senno*	剪红纱花	*Silene bungeana*
番茄	*Lycopersicon esculentum*	番茄	*Solanum lycopersicum*
玉兰花	*Magnolia denudata*	玉兰	*Yulania denudata*
木兰	*Magnolia liliflora*	紫玉兰	*Yulania liliiflora*
西府海棠	*Malus micromalus*	西府海棠	*Malus × micromalus*
锦葵	*Malva sylvestris* var. *mauritiana*	锦葵	*Malva cathayensis*
香蕉	*Musa nana*	香蕉	*Musa acuminata*（AAA）
甘蕉	*Musa paradisiaca* var. *sapientum*	大蕉	*Musa × paradisiaca*
胆瓶蕉	*Musa uranoscopes*	红蕉	*Musa coccinea*
杨梅	*Myrica rubra*	杨梅	*Morella rubra*
水仙	*Narcissus tazetta* var. *chinensis*	水仙	*Narcissus tazetta* subsp. *chinensis*
莲	*Nelumbo speciosum*	莲	*Nelumbo nucifera*
夹竹桃	*Nerium indicum*	夹竹桃	*Nerium oleander*
荇菜	*Nymphoides peltatum*	荇菜	*Nymphoides peltata*
屋游	*Orostachys fimbriatus*	瓦松	*Orostachys fimbriata*
芍药	*Paeonia albiflora*	芍药	*Paeonia lactiflora*
牡丹	*Paeonia moutan*	牡丹	*Paeonia × suffruticosa*
紫苏	*Perilla frutescens* var. *arguta*	茴茴苏	*Perilla frutescens* var. *crispa*
牵牛子	*Pharbitis nil*	牵牛	*Ipomoea nil*
赤豆	*Phaseolus angularis*	赤豆	*Vigna angularis*

续表

本书使用中文名	本书使用拉丁名	现通行中文名	现使用拉丁名
绿豆	*Phaseolus aureus*	绿豆	*Vigna radiata*
白豆⑥	*Phaseolus radiatus*	绿豆	*Vigna radiata*
楠	*Phoebe nanmu*	润楠	*Machilus nanmu*
芦苇	*Phragmites communis*	芦苇	*Phragmites australis*
刚竹	*Phyllostachys bambusoides*	桂竹	*Phyllostachys reticulata*
四季竹	*Phyllostachys hindsii*	䇡竹	*Pseudosasa hindsii*
江南竹	*Phyllostachys pubescens*	毛竹	*Phyllostachys edulis*
酸浆草	*Physalis alkekengi*	酸浆	*Alkekengi officinarum*
油松	*Pinus tabulaeformis*	油松	*Pinus tabuliformis*
何首乌	*Polygonum multiflorum*	何首乌	*Pleuropterus multiflorus*
赤蓼	*Polygonum orientale*	红蓼	*Persicaria orientalis*
春蓼	*Polygonum persicaria*	春蓼	*Persicaria maculosa*
香蓼	*Polygonum viscosum*	香蓼	*Persicaria viscosa*
水蓼	*Polygonum hydropiper*	水蓼	*Persicaria hydropiper*
茯苓	*Poria cocos*	茯苓	*Wolfiporia cocos*
扁桃	*Prunus amygdalus*	欧洲李	*Prunus domestica*
葛	*Pueraria lobata*	葛	*Pueraria montana* var. *lobata*
使君子	*Quisqualis indica*	使君子	*Combretum indicum*
绿月季花	*Rosa chinensis.* var. *viridiflora*	绿萼月季	*Rosa chinensis* 'Viridiflora'
漆	*Rhus verniciflua*	漆	*Toxicodendron vernicifluum*
荼蘼	*Rubus rosaefolius* var. *coronarius*	重瓣空心藨	*Rubus rosifolius* var. *coronarius*
乌桕	*Sapium sebiferum*	乌桕	*Triadica sebifera*
山白竹	*Sasa albo-marginata*	山白竹	*Sasa veitchii*
虎耳草	*Saxifraga sarmentosa*	虎耳草	*Saxifraga stolonifera*
景天	*Sedum spectabile*	长药八宝	*Hylotelephium spectabile*

续表

本书使用 中文名	本书使用拉丁名	现通行 中文名	现使用拉丁名
翠云草	*Selaginella communis*	翠云草	*Selaginella uncinata*
脂麻	*Sesamum orientale*	芝麻	*Sesamum indicum*
豨莶	*Siegesbeckia orientalis*	豨莶	*Sigesbeckia orientalis*
箭竹	*Sinarundinaria nitida*	华西箭竹	*Fargesia nitida*
麻竹	*Sinocalamus latiflorus*	麻竹	*Dendrocalamus latiflorus*
槐	*Sophora japonica*	槐	*Styphnolobium japonicum*
蜀黍	*Sorghum vulgare*	高粱	*Sorghum bicolor*
紫萍	*Spirodela polyrrhiza*	紫萍	*Spirodela polyrhiza*
山矾	*Symplocos caudata*	山矾	*Symplocos sumuntia*
楂⑦	*Thea japonica*	山茶	*Camellia japonica*
茶 / 皋卢	*Thea sinensis* var. *macrophylla*	茶 / 皋卢	*Camellia sinensis*
豇豆	*Vigna sinensis*	豇豆	*Vigna unguiculata*
卷耳	*Xanthium sibiricum*	苍耳	*Xanthium strumarium*
文冠果	*Xanthoceras sorbifolia*	文冠果	*Xanthoceras sorbifolium*
秦椒	*Zanthoxylum piperitum*	花椒	*Zanthoxylum bungeanum*
菰	*Zizania caduciflora*	菰	*Zizania latifolia*

编者按:

① 选释者以 *Acanthopanax spinosus* 对应五加,现根据《中国植物志》,该拉丁名实际对应五加属模式种疏刺五加(产日本),而五加一般指 *Acanthopanax gracilistylus*,也即细柱五加。今照五加定为细柱五加,并移录其修订后的拉丁名。

② 选释者以 *Astragalus complanatus* 对应黄芪,但这一拉丁名实际对应蔓黄芪,根据《中国植物志》,蔓黄芪生境较为广阔,不仅分部于我国北部和东北部,西南地区如四川等亦产,不太合乎选释者所言,反而黄芪 *Astragalus membranaceus* 仅产于东北、华北以及西北地区,合乎选释者所言。蔓黄芪拉丁名今已修订为 *Phyllolobium chinense*。

③ 选释者以 *Conioselinum univittatum* 对应川芎, 根据这一拉丁名, 知选释者所言乃一种伞形科前胡族山芎属植物, 然根据《中国植物志》, 川芎一般指 *Ligusticum chuanxiong*, 乃伞形科阿米芹族藁本属植物。前者 (山芎属) 较为稀见, 而后者 (藁本属) 颇为常见, 未知选释者何以捏合二物。选释者所指拉丁名, 今已修订为 *Conioselinum vaginatum*, 指鞘山芎, 更稀见。川芎拉丁名今已修订为 *Ligusticum sinense* 'Chuanxiong'。

④ 选释者以 *Epimedium macranthum* 对应淫羊藿, 然根据《中国植物志》, 该拉丁名为黔岭淫羊藿的异名, 今据拉丁名定选释者所言为黔岭淫羊藿, 并移录其修订后的拉丁名。

⑤ 选释者以 *Ligusticum acutilobum* 对应当归, 然据《中国植物志》, 该拉丁名为东当归的异名, 今据拉丁名定选释者所言东当归, 并移录其修订后的拉丁名。

⑥ 选释者分别使用 *Phaseolus aureus* 和 *Phaseolus radiatus* 来对应绿豆和白豆, 现根据《中国植物志》, 这两个拉丁名都是绿豆 *Vigna radiata* 的异名, 白豆、绿豆或品种之别。

⑦ 选释者以 *Thea japonica* 对应楂 (油茶), 但这一拉丁名实际对应山茶, 今根据拉丁名定选释者所言为山茶, 并移录其修订后的拉丁名。按, 楂当指油茶 *Camellia oleifera*, 详见《木谱》"楂"条页下脚注。